特殊炉窑用耐火材料

侯　谨　王诚训　陈晓荣
赵　亮　张义先　刘　芳　编著

北　京
冶　金　工　业　出　版　社
2010

内 容 提 要

本书主要介绍熔融还原炼铁炉、钢液真空处理装置、感应炉、铜熔炼转炉、高纯铝熔炼炉、炭黑反应器、渣化煤气化装置、石油裂化器、废弃物熔融炉以及生产高纯镁砂的超高温油竖窑、超高温隧道窑等高温炉窑各自不同的苛刻操作条件和对耐火材料的要求，以及这些高温炉窑关键部位用耐火材料的选择和应用技术。

本书可供钢铁、有色、建材、轻工、石化、耐火和电力专业的有关工程技术人员阅读，也可供大专院校有关专业的师生参考。

图书在版编目(CIP)数据

特殊炉窑用耐火材料/侯谨等编著．—北京：冶金工业出版社，2010.11

ISBN 978-7-5024-5380-0

Ⅰ.①特…　Ⅱ.①侯…　Ⅲ.①工业炉窑—耐火材料　Ⅳ.①TQ175.6

中国版本图书馆 CIP 数据核字(2010)第 193477 号

出 版 人　曹胜利

地　　址　北京北河沿大街嵩祝院北巷 39 号，邮编 100009

电　　话　(010)64027926　电子信箱　yjcbs@cnmip.com.cn

责任编辑　王　楠　张　晶　美术编辑　李　新　版式设计　孙跃红

责任校对　王贺兰　责任印制　张祺鑫

ISBN 978-7-5024-5380-0

北京印刷一厂印刷；冶金工业出版社发行；各地新华书店经销

2010 年 11 月第 1 版，2010 年 11 月第 1 次印刷

850mm×1168mm　1/32；7.5 印张；199 千字；229 页

22.00 元

冶金工业出版社发行部　电话：(010)64044283　传真：(010)64027893

冶金书店　地址：北京东四西大街 46 号(100010)　电话：(010)65289081(兼传真)

(本书如有印装质量问题，本社发行部负责退换)

前　言

耐火材料是高温工业不可缺少的基础材料。钢铁、有色金属、建材、玻璃、轻工、石化、陶瓷和电力工业等的高温化学反应过程都使用耐腐蚀、抗渗透、抗应力以及热震稳定性高的耐火材料作为其高温容器（窑炉）的内衬和部件。因此，跟踪高温炉窑用耐火材料的动向，总结科学研究、材料开发、生产工艺和应用技术的成果是推动耐火材料发展的重要方法。

本书主要阐述特殊炉窑各自苛刻的使用条件和对耐火材料的基本要求、耐火材料蚀损的影响因素，介绍耐火材料的使用寿命以及提高使用寿命的技术途径和今后的发展方向。书中涉及炉窑对耐火材料特殊性能的要求，主要内容如下：

(1) 以节能减排和代替或者补充高炉产能为目的的熔融还原炼铁工艺（如COREX法和DIOS法等）为还原气氛，熔渣碱度（CaO/SiO_2 比）低，FeO_n 含量高，对耐火材料具有极强的腐蚀性。

(2) 钢液真空处理特殊钢种时，采用高度真空或者减压操作，而且碱度变动往往较大，需要使用挥发损失少、耐侵蚀的耐火材料。

(3) 炼铜转炉处于氧化性气氛（SO_2 含量达14%）中，传统炉渣为 FeO_n-SiO_2 系，对耐火材料具有极强的腐蚀性。为了提高从粗铜中除去难以除去的Sb、As、Bi等杂质的效率，需采用铁酸钙基熔渣代替 FeO_n-SiO_2 系渣，这会导致传统含 Cr_2O_3 的内衬对环境造成危害，而需开发无铬耐火材料进行替代。

(4) 铝熔炼炉的温度虽然只有800℃，但高纯铝熔炼容易从耐火材料中吸收杂质（如Si、Fe、C等），因而熔炼炉内衬必须使用纯刚玉质耐火材料。

(5) 生产寿命长、滚动摩擦小的轮胎需要非常硬的炭黑，而炭黑需燃油，其反应器内的温度高达2000～2100℃，因此需要使用高耐火度而且稳定的氧化物系耐火材料作为炭黑燃油炉反应器内衬材料。

(6) 石油裂化器内的温度虽然不高，但其内衬经受高压气体的冲刷，易磨损，而且内衬很薄，所以其内衬耐火材料需具备高耐磨性和低热传导率这两个互相矛盾的性能才能满足使用要求。

(7) 为了减少焚烧炉产生的二噁英，抑制 CO_2 大量排放，需采用熔融炉对城市垃圾和工业废弃物进行熔融处理。熔融炉熔渣碱度低，而且往往含大量碱和 P_2O_5，黏度小，侵蚀力极强，只有高抗侵蚀性耐火材料才能适应这种工作条件。

(8) 电-热储能装置所使用的耐火材料则需要具备高热容量、高导热性，而且要求其在冷-热循环条件下使用寿命较长（约30年）。

有关上述特殊条件下应用的高温炉窑，都存在各自不同的恶劣操作条件，因而需要使用能适应各种不同的操作条件的耐火材料，才能获得高寿命。为此作者收集了上述高温炉窑的操作条件以及相关耐火材料的设计、生产和使用资料编著了本书。希望本书能对提高我国高温窑炉的寿命，改善和优化经济、技术指标以及降低耐火材料消耗有所帮助，同时对从事耐火材料新品开发、工艺技术研究和耐火材料应用的科技人员有所参考。

在本书编写过程中，得到了姜永奇、张铁军等同志的关心和帮助，在本书出版之际，作者谨向他们表示衷心的感谢。由于作者水平所限，书中有不妥之处，恳请读者不吝赐教。

编　者

2010 年 5 月

目　录

1 熔融还原炼铁用耐火材料

1.1 熔融还原炼铁工艺及其优点

熔融还原炼铁法是以代替或者补全高炉为目的的新型炼铁工艺。这种新型炼铁工艺技术受到国内外钢铁冶炼工作者的普遍重视，并已发展成为钢铁工业的前沿技术。各国科技人员根据本国的资源和技术条件进行开发研究，提出了许多试验方案，从基础理论、实验室试验到进行半工业或者工业试验研究，已取得了许多重要成果，积累了丰富经验，并提出了多达数十种的工艺流程，其中有代表性并具有良好发展前景的工艺流程为COREX 法和 DIOS 法。

COREX 法（原名 KP 法）是法国的 KORF 公司研制并转让给奥地利 West-Alpine 公司的一项技术，该法为二步法熔融还原工艺，矿石在预还原竖窑内经过预还原，还原率达 90%以上。与高炉相比，COREX 工艺除了具有不依赖焦炭、污染较低、工艺流程短、投资小、操作容易等优点外，还具有燃料加入速度和添加剂加入灵活、可以把碱金属从整个过程中连续排除的优点，并且此工艺对原料中碱金属的含量不敏感。

DIOS 法是以氧气顶吹转炉为基础、采用预还原炉和熔融还原炉的二段方法，为铁浴熔融还原法之一，被认为是最有发展前途的一种熔融还原工艺。DIOS 流程的主要特点是直接使用粉、粒状普通煤和铁矿石，而省去了传统的炼焦和烧结工艺，其特征是在炉内积极进行二次燃烧，用排除的气体进行矿石等原料的预热和轻度的预还原。DIOS 法与通常的顶吹转炉的主要不同点是有很高的二次燃烧率，并且是连续操作的方法。

1.2 熔融还原炉用耐火材料的类型

熔融还原炼铁炉的操作条件严酷，对耐火材料提出了很大的挑战。例如，在 COREX 法工艺中，铁水熔池出铁槽、还原炉、直接还原铁（DRI）的下烟道及出铁口等处的耐火材料侵蚀严重，而且温度波动大，损毁严重，导致其使用寿命较短，成为停炉的主要原因。寿命短的原因主要是结构剥落导致超前损毁。又如，在 DIOS 熔融还原工艺中，由于必须有很高的二次燃烧率，这就导致残渣部位长时间处于相当高的温度下。研究结果表明，当二次燃烧率达到 40% 时，铁浴上方的气相温度可高达 2000℃，耐火材料表面温度与气相温度相近，如此高的环境温度必定会导致耐火材料严重过热而损毁。

上述情况说明，耐火材料已成为限制熔融还原炼铁发展的主要问题，解决的方法有两种：一是改进工艺流程，最大限度地降低耐火材料的蚀损；二是开发新型耐火材料，使其在恶劣的操作条件下仍能保持较高的使用寿命。

在熔融还原炼铁的工艺中，耐火材料长时间处于高温、低碱度、高 FeO 渣的应用条件下，只有高水平耐火材料，例如特殊 MgO-C 材料和 Al_2O_3-C 材料等才能与之相适应。现分述如下。

1.2.1 MgO-C 质耐火材料

含碳耐火材料，如 MgO-C 和 Al_2O_3-C 等，已经在熔融还原工艺中得到应用。图 1-1 和图 1-2 示出了 FeO 试样对低碱性渣的耐腐蚀性的影响（低碱性渣的化学成分见表 1-1），图 1-3则示出了低碱性渣中 FeO 含量对 MgO-C 试样耐腐蚀性的影响。

图 1-1 表明，当 MgO-C 试样中碳的质量分数为 5% ~10% 时，其抗蚀性最好。但随温度上升，MgO-C 试样的蚀损速度明显增加（见图 1-1 和图 1-2）。

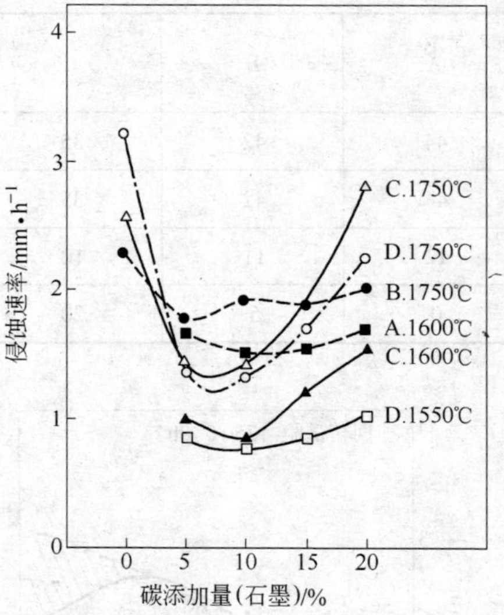

图 1-1　MgO-C 砖对低碱性渣的耐蚀性的影响

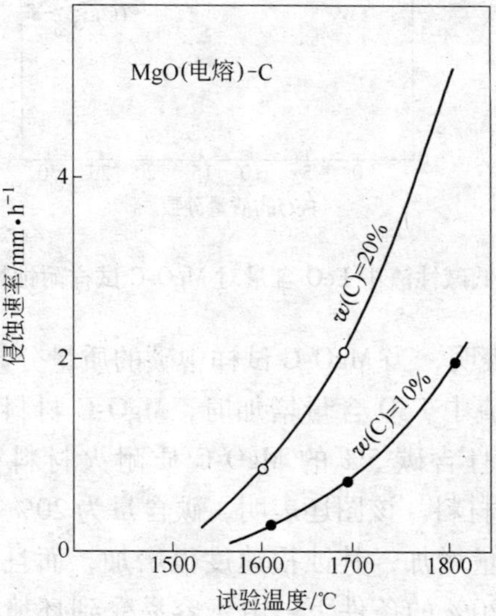

图 1-2　MgO-C 试样(不同 C 含量)在不同温度下的侵蚀结果

表 1-1 渣的化学成分（质量分数,%）

成分 \ 渣	A	B	C	D
CaO	44	42	35	31
SiO_2	44	42	35	31
Al_2O_3	12	11	10	8
FeO	0	5	20	30

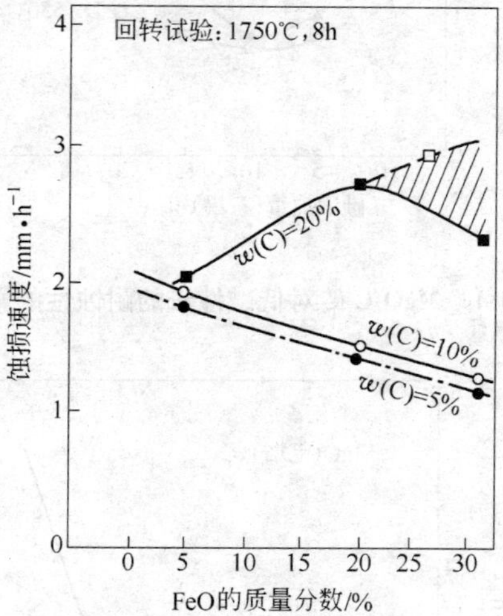

图 1-3 低碱性渣中 FeO 含量对 MgO-C 试样耐蚀性的影响

图 1-3 则表明，当 MgO-C 试样中碳的质量分数在 5%～10% 以内，低碱性渣中 FeO 含量增加时，MgO-C 材料蚀损速度有下降的趋势，而且含碳 5% 的 MgO-C 质耐火材料稍好于碳含量 10% 的 MgO-C 材料。该图还表明，碳含量为 20% 的 MgO-C 材料随渣中 FeO 含量增加，其蚀损速度也增加，而且在低碱性渣中 FeO 含量高于 20% 的条件下，由于容易受到环境气氛特别是渣中 FeO 的影响，其蚀损速度在很宽的范围内变化。

MgO-C 砖损毁的主要原因是 MgO 骨料的熔出反应和由气相、液相氧化反应以及 MgO-C 反应导致的碳基质的脱碳反应，其蚀损形态为碳基质先行蚀损，如图 1-4 所示。该图表明，用后 MgO-C 砖的工作面上，在熔渣层和反应层（脱碳）之间存在涂渣层（起屏障作用）。然而，高碳 MgO-C 砖由于 MgO 颗粒密集度小，脱碳后形成的涂渣层很薄（见图 1-5a)，容易受到侵蚀；相反，当碳含量低时，由于 MgO 颗粒密集度大，脱碳后容易形成较厚的涂渣层起屏障作用，而使 MgO-C 砖受到保护（见图 1-5b)。结果，在 MgO-C 砖—低碱性高 FeO 熔渣系统中，容易产生氧化脱碳导致 MgO-C 砖损毁的情况下，低碳 MgO-C 砖的优点即显现出来。

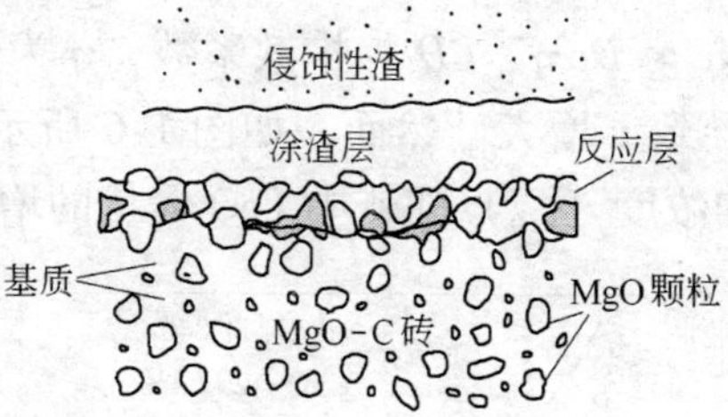

图 1-4 镁碳砖工作面示意图

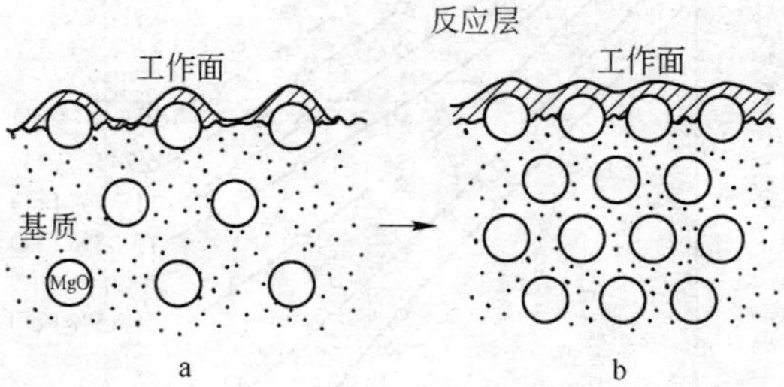

图 1-5 通过减少碳含量保护工作面的示意图

a—高碳；b—低碳

由于低碳 MgO-C 砖的蚀损是由 MgO 熔出速度控制的，所以，MgO-C 砖蚀损反应速度 v_a 为：

$$v_a = L_c^n v \approx v \tag{1-1}$$

式中，L_c 为脱碳层厚度；v 为 MgO 的熔解速度；n 为次方，$n = 0 \sim 1/2$。

虽然如图 1-6 所示的，熔渣中 FeO 含量增加会降低其黏度，根据式（1-2）可知，这会增加 MgO-C 砖的损毁速度（v）：

$$\frac{1}{S_0}v = K_c(C_0 - C) \tag{1-2}$$

式中，S_0 为耐火材料与熔渣接触表观表面积；K_c 为 MgO 熔解反应速度常数，C_0和 C 为 MgO 在熔渣中的饱和浓度和时间为 t 时的浓度。由于 $K_c \propto D\alpha\eta^{-1}$（$D$ 为扩散系数，η 为熔渣黏度），表明 η 值下降会导致 v 增大。然而，如图 1-6 所示，MgO 在低碱性熔渣中的饱和浓度（C_0）随渣中 FeO 含量的增加而明显减小，

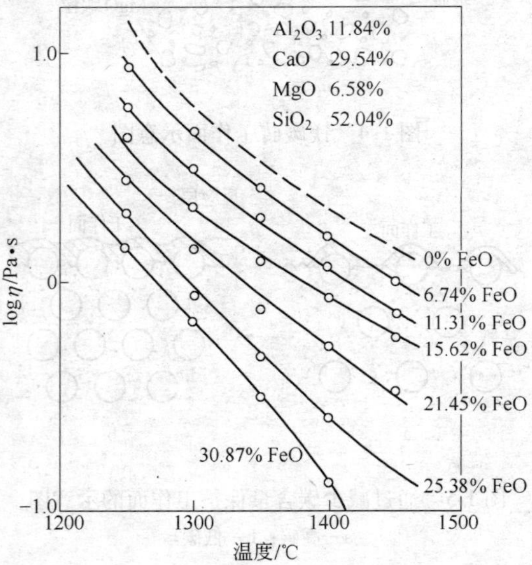

图 1-6 （Al_2O_3-CaO-MgO-SiO_2）-FeO 系的黏度

因而会导致 MgO-C 砖的损毁速度明显降低。正是由于上述两种相反的作用，结果则出现随着低碱性高 FeO 熔渣中 FeO 含量增加，低碳 MgO-C 砖的损毁速度反而有下降的趋势。

低碳 MgO-C 砖存在的问题是其抗剥落性能较差，根据实际观察，熔融还原炉 MgO-C 质内衬发生剥落损毁也是导致在操作期间停炉的一个主要原因。产生剥落的原因是 MgO 骨料紧密填充，颗粒相互之间接触频率高，经高温处理或者使用后，其模数和强度显著增加，结果便会使低碳 MgO-C 砖的抗剥落性能显著下降。因此，如何提高低碳 MgO-C 砖中碳的分散度便成为设计这种 MgO-C 砖的重要课题。

提高低碳镁碳砖中碳的分散度的技术方案主要有：

（1）通过使用薄片石墨，增加石墨同 MgO 颗粒的接触面积，使镁砂颗粒隔开以降低其接触频率，从而提高低碳 MgO-C 砖的抗热震性。

（2）通过应用石墨粒子微细化，增加石墨分散度以隔开镁砂颗粒，降低它们之间的接触频率，结果则提高了低碳 MgO-C 砖的抗热震性。

（3）应用纳米技术，即以纳米级碳粒子，如炭黑，或者以特殊高残碳量有机树脂作为结合剂生产低碳 MgO-C 砖。前者是通过炭黑中微小碳粒子均匀分布于低碳 MgO-C 砖中，结果则明显改善了低碳 MgO-C 砖的抗热震性。后者则是通过在结合剂碳化时所获得的微小碳粒子将镁砂颗粒完全包覆，使镁砂颗粒之间的接触被连续分布的微细碳粒子隔开，从而抑制了烧成后低碳 MgO-C 砖的弹性模量的升高，使其强度迅速增加，抗剥落性能也有所提高。

（4）通过向低碳 MgO-C 砖中添加直径为纳米尺度的碳纤维，由于碳纤维的拉拔效应而使扩散裂纹的方向改变或者某些能量被消耗，从而增加低碳 MgO-C 砖的韧性。

上述技术已在低碳 MgO-C 砖的开发中获得了实用，是提高低碳 MgO-C 砖抗剥落性能的重要措施。

表 1-2 列出了各种低碳 MgO-C 砖的组方和性能，可供选择低碳 MgO-C 砖时参考。

表 1-2 低碳 MgO-C 砖的组方和性能

编 号	1	2	3	4	5	6	7	8（对比）	
$w(MgO)/\%$	95	92	92	92	82	80	97	77	77
F. C/%	○	○	3	3	8	10	3	19	20
石 墨	—	○	—	—	○	○	—	18	○
混合结合剂	—	—	○	—	—	—	—	—	—
高性能结合剂	○	—	—	○	—	—	—	—	—
树脂结合剂	—	○	—	—	○	○	○	○	○
添加剂	○	○	○	○	○	○	○	○	○
A. P/%	4.6	4.0	5.3	4.9	5.9	6.1	4.0	3.0	2.92
B. D/$g \cdot cm^{-3}$	3.18	3.21	3.17	3.18	3.00	3.02	3.22	2.94	2.2
备 注	残碳 40%的结合剂	—	添加炭黑	添加炭黑	添加纳米碳	添加纳米碳	添加纳米纤维		

注：1. “○”表示有，“—”表示无；
2. 所有试样都具有良好的抗热震性。

1.2.2 $MgO\text{-}Cr_2O_3$ 质耐火材料

$MgO\text{-}Cr_2O_3$ 质耐火材料对于熔融还原炉渣具有很高的抵抗能力。关于熔融还原炉熔渣对 $MgO\text{-}Cr_2O_3$ 质耐火材料的侵蚀，陶再南和向井楠宏等人曾经做过深入的研究。他们利用表 1-3 中的 $MgO\text{-}Cr_2O_3$ 质耐火材料和组成接近的熔融还原炉的熔渣（表 1-4）在氩气气氛中进行试验，并采用装有 X 射线衍射装置或者光学观察装置的高温炉，直接观察了 $MgO\text{-}Cr_2O_3$ 质耐火材料蚀损的发生，研究了熔渣所引起的 $MgO\text{-}Cr_2O_3$ 质耐火材料的蚀损形态和影响因素等，得出了以下重要结论。

表 1-3 氧化镁铬试样的特性

试 样		A	B	C
化学成分（质量分数）/%	MgO	70.15	54.57	38.99
	Cr_2O_3	17.11	30.48	43.85
	Al_2O_3	4.38	5.42	6.45
	Fe_2O_3	7.06	8.54	10.02
	SiO_2	0.60	0.55	0.50
	CaO	0.70	0.45	0.20
体积密度/mg·m^{-3}		3.23	3.16	3.11
表面密度/mg·m^{-2}		4.10	3.94	3.79
表面孔隙率/%		21.3	20.0	18.0

表 1-4 熔渣的化学成分 （质量分数,%）

熔 渣	CaO	SiO_2	Al_2O_3	TFe	MgO	Cr_2O_3
No. 1	<u>40.00</u> 34.77	<u>40.00</u> 36.22	<u>8.0</u> 15.73	<u>10.00</u> …	<u>0</u> 4.03	<u>0</u> 0.45
No. 2	<u>34.86</u> 31.97	<u>34.86</u> 34.03	<u>17.43</u> 22.92	<u>10.00</u> …	<u>0</u> 2.16	<u>0</u> 0.35
No. 3	<u>37.42</u> …	<u>37.42</u> …	<u>18.17</u> …	<u>5.00</u> …	<u>0</u> …	<u>0</u> …
No. 4	<u>34.02</u> …	<u>34.02</u> …	<u>17.10</u> …	<u>5.00</u> …	<u>8.51</u> …	<u>0</u> …
No. 5	<u>43.00</u> 34.62	<u>43.00</u> 41.28	<u>0</u> 12.52	<u>10.00</u> …	<u>0</u> 2.81	<u>0</u> 0.21

注：下面加横线的为蚀损实验以前的值；不加横线的为蚀损实验 1.8ks 以后的值；…代表未分解。

（1）在渣相本身处于静止状态下，熔融还原炉熔渣引起 $MgO\text{-}Cr_2O_3$ 质耐火材料的蚀损状态主要有渣表面（水平面）附近产生的局部蚀损，渣相自身中的本体蚀损和耐火材料底部等所产生的孔状蚀损，如图 1-7 和图 1-8 所示。其中，局部蚀损远远大于本体蚀损，是导致 $MgO-Cr_2O_3$ 质耐火材料损毁的原因。

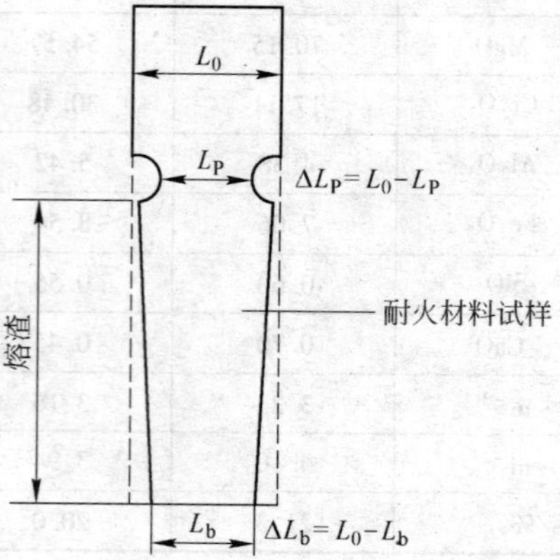

图 1-7　试样的典型蚀损侧面

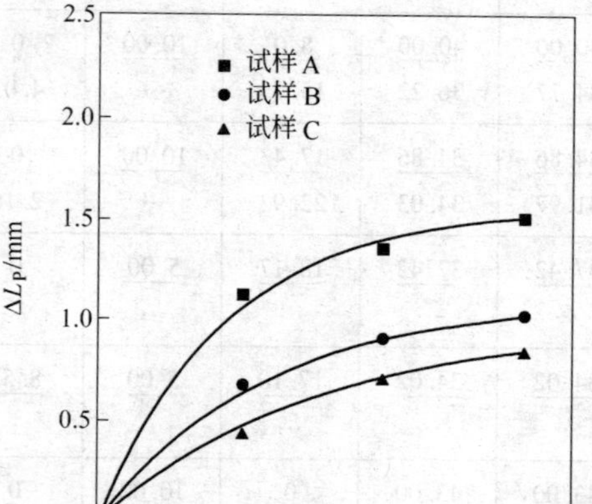

图 1-8　1 号试样在 1500℃溶渣中浸入时间 t 和局部侵蚀深度 ΔL_P 的关系

（2）局部蚀损量随着渣中 TFe 浓度的增加和 Al_2O_3、MgO 浓度的降低而增大，随着 $MgO-Cr_2O_3$ 质耐火材料中 Cr_2O_3 含量的提高而减少，如图 1-9 和图 1-10 所示。

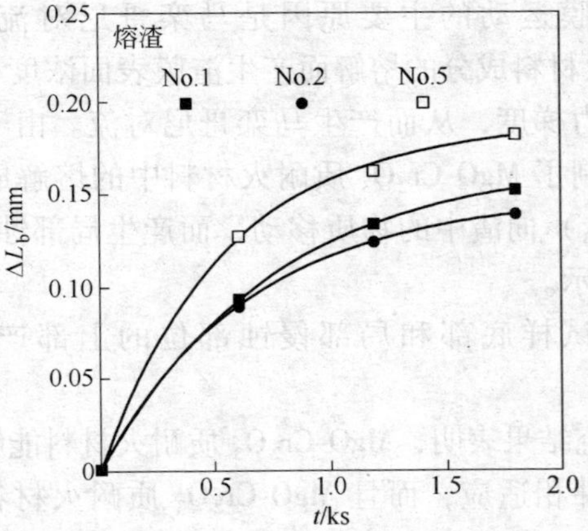

图 1-9 氧化镁铬试样 A 在 1500℃ 的体积侵蚀深度 ΔL_b 和浸入时间 t 的关系

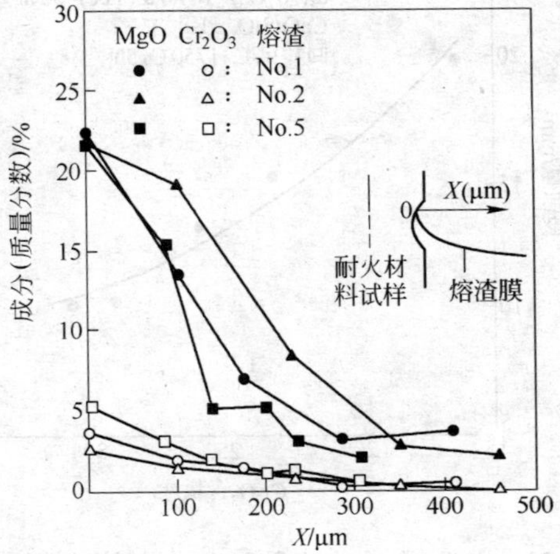

图 1-10 MgO 和 Cr_2O_3 沿着熔渣膜表面的含量变化

(温度：1500℃，试样：A，浸入时间 1.8ks)

(3) 在位于渣水平面之上的 MgO-Cr_2O_3 质耐火材料试样表面生成渣膜所导致的局部蚀损，主要是由于表面张力沿着渣膜表面递减而形成的马栾哥尼对流所造成的。

（4）渣膜运动的主要原因是马栾哥尼对流。伴随 $MgO-Cr_2O_3$ 质耐火材料成分的熔解而产生渣膜表面浓度梯度，并由此产生表面张力梯度，从而产生马栾哥尼对流。由于马栾哥尼对流有效地抑制了 $MgO-Cr_2O_3$ 质耐火材料中的熔解成分（主要是 MgO 和 Cr_2O_3）向渣中的物质移动，而产生局部蚀损，如图 1-8 和图 1-10 所示。

（5）在试样底部和局部侵蚀部位的上部产生了孔状蚀损。

上述研究结果表明，$MgO-Cr_2O_3$ 质耐火材料能够同熔融还原炉的使用条件相适应，而且 $MgO-Cr_2O_3$ 质耐火材料中 Cr_2O_3 含量越高，其抗蚀性就越强（图 1-11 和图 1-12）。

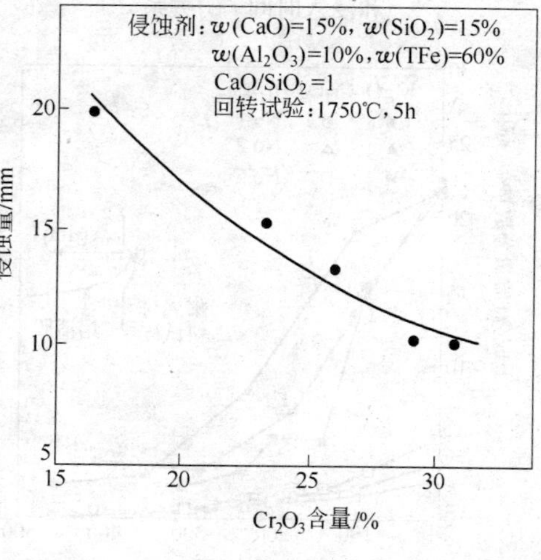

图 1-11　Cr_2O_3 含量对 $MgO-Cr_2O_3$ 材料抗蚀性的影响

实际熔融炉试验（图 1-13）结果表明，当 $MgO-Cr_2O_3$ 质耐火材料中 Cr_2O_3 含量超过 30% 时，其抗蚀性的提高幅度已经较小，这表明用于熔融还原炉的 $MgO-Cr_2O_3$ 质耐火材料的 Cr_2O_3 配入量最好不要低于 30%，以便延长其使用寿命。

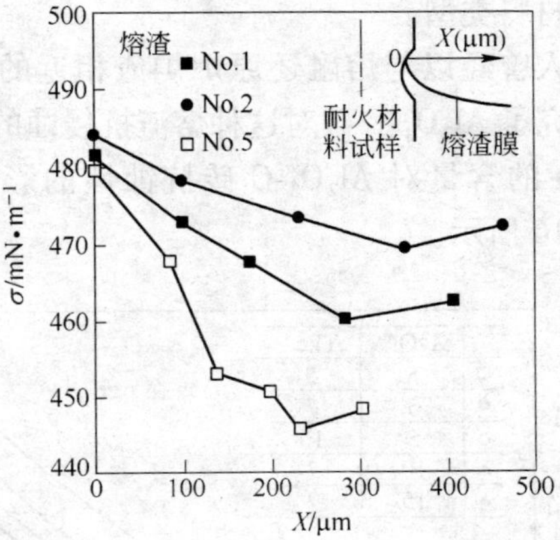

图 1-12 由于表面张力因素熔渣膜沿表面张力值的变化
（温度：1500℃，试样：A，浸入时间 1.8ks）

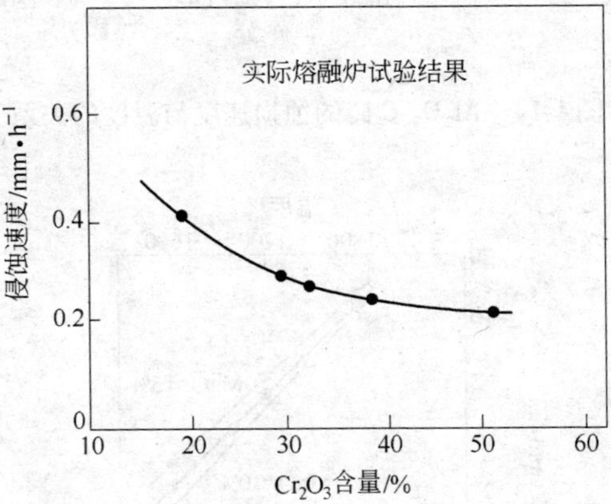

图 1-13 Cr_2O_3 含量对 MgO-Cr_2O_3 试样抗蚀性的影响

1.2.3 Al_2O_3-C 质耐火材料

熔融还原炉由于处在高温氧化性气氛下的低碱度高 FeO 的熔渣条件下，因而不能采用铁水预处理所使用的 Al_2O_3-SiC-C 质耐火材料。在此种条件下，认为 Al_2O_3-C 质耐火材料也是可供选择的一种耐火材料类型。

中尾淳等人曾经以与熔融还原炉炉渣相近的合成低碱度渣为侵蚀剂，研究了 Al_2O_3-C 砖对这种熔渣抗侵蚀的情况以及熔渣中 FeO 和 MgO 的含量对 Al_2O_3-C 砖抗蚀性的影响。其结果如图 1-14 ~ 图 1-16 所示。

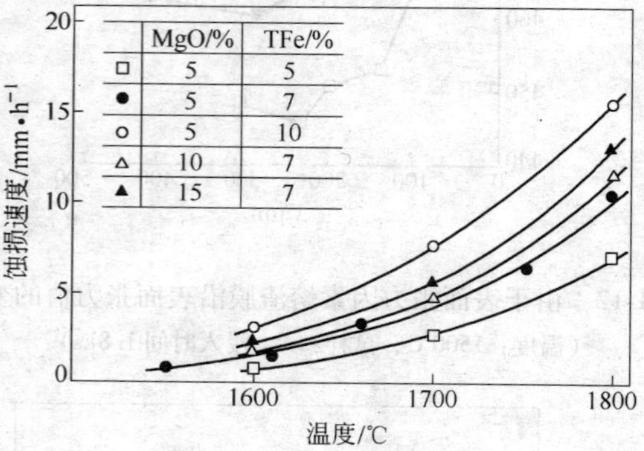

图 1-14　Al_2O_3-C 砖的蚀损速度与温度的关系

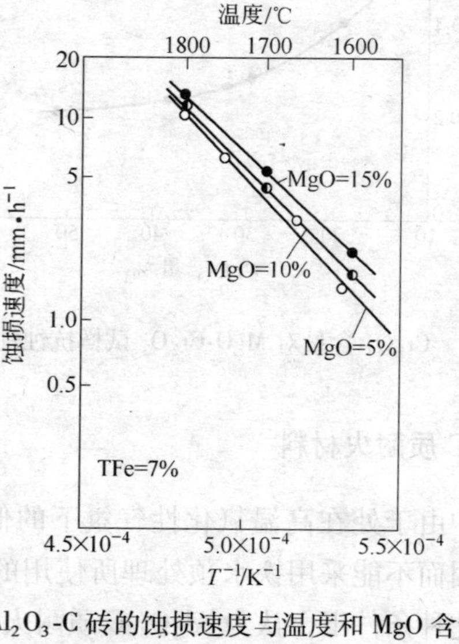

图 1-15　Al_2O_3-C 砖的蚀损速度与温度和 MgO 含量的关系

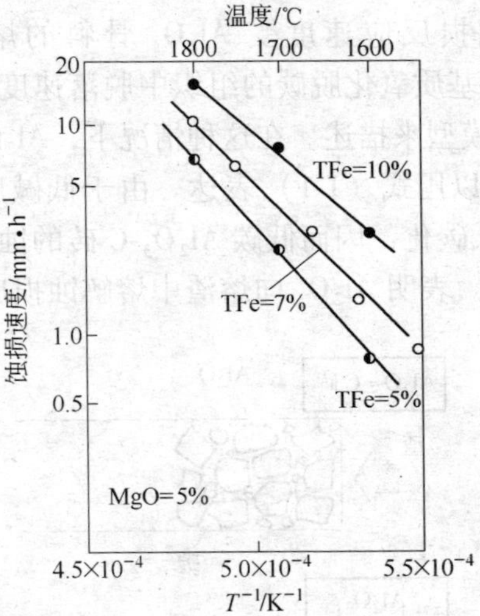

图 1-16 Al_2O_3-C 砖的蚀损速度与温度和总的 Fe 含量的关系

图 1-14 表明，试验操作温度每降低 100℃，Al_2O_3-C 试样的蚀损反应速度下降 1/3 ~ 1/2，说明试验操作温度对 Al_2O_3-C 砖的蚀损反应速度的影响非常显著。图 1-15 表明，当熔渣中 TFe 含量一定时，其 MgO 含量由 15% 降低到 5%，Al_2O_3-C 砖的蚀损反应速度则减少 20% ~40%。由此可见，熔渣中 TFe 的含量比熔渣中 MgO 的含量对蚀损速度的影响大得多。

从试验后的 Al_2O_3-C 砖显微镜照片可以判断出，Al_2O_3-C 试样与熔渣接触后，Al_2O_3 骨料突出于熔渣中，说明 Al_2O_3-C 试样的蚀损形态是基质先行蚀损型。另外，完全没有看到工作面上有碳基质比 Al_2O_3 骨料更突出的现象，而工作面附近的渣层中却有游离的 Al_2O_3 颗粒，这显然是因脱碳而劣化的组织内 Al_2O_3 骨料受到炉渣等流动熔体冲刷而产生流动磨损，劣化组织内的 Al_2O_3 骨料脱落而流入熔渣中。说明碳基质的氧化脱碳反应也是影响 Al_2O_3 移动的一个重要原因。由此不难得出结论：Al_2O_3-C 砖对于高温氧化气氛下的低碱度高 FeO 渣的侵蚀机理应当是碳基质的氧化脱碳反应和 Al_2O_3 熔解蚀损反应同时进行。因此，Al_2O_3-C 砖的蚀损反应速度受 Al_2O_3 骨料的熔出反应速度和 Al_2O_3 骨料从碳基质氧化脱碳的组织中脱落速度所控制，这可用图 1-17 所示的模型来描述。在这种情况下，Al_2O_3-C 砖的蚀损反应速度（v）可以用式（1-1）表达。由于低碱度高 FeO 熔渣的使用条件需要低碳化，因而低碳 Al_2O_3-C 砖的蚀损反应速度则用式（1-2）描述。表明 Al_2O_3 向熔渣中熔解蚀损反应是控制环节。

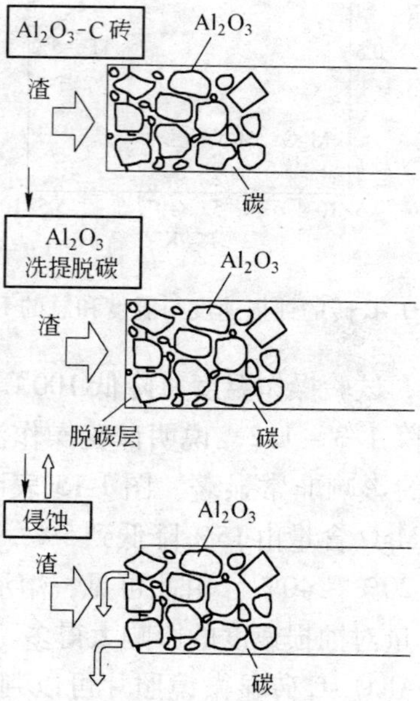

图 1-17　Al_2O_3-C 砖的损毁机理

1.2.4　上述三类耐火材料的比较

沼田哲始等人在 5t 铁冶炼熔融炉上分别砌上各种耐火材料进行试验，其结果如图 1-18 所示。该图表明，$MgO-Cr_2O_3$ 砖显示了最佳的耐用性（图 1-18a），增加铬矿含量，其抗热震性得到改善，损耗速度下降（图 1-18b）。这同图 1-11 和图 1-13 所示出的结论是一致的。

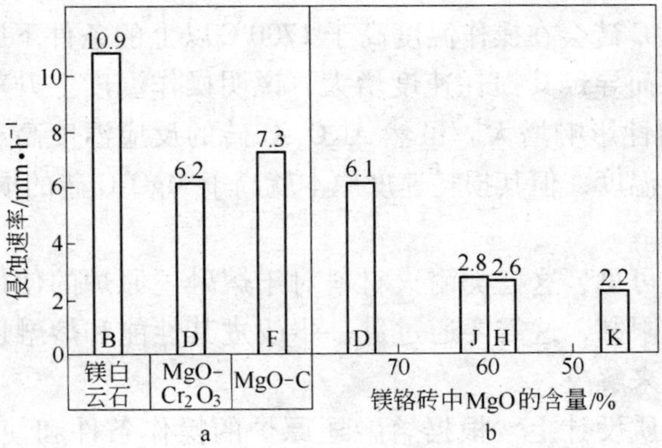

图 1-18 5t 炉上 7 种试验砖的侵蚀速率比较

图 1-19 对比了 $MgO-Cr_2O_3$ 质、MgO-C 质和 Al_2O_3-C 质耐火材料的抗蚀性，结果表明 B D $MgO-Cr_2O_3$ 砖（含 Cr_2O_3 29%）具有最佳的耐蚀性，MgO-C 砖和 Al_2O_3-C 砖具有同等的耐蚀性，超过 1500℃时，MgO-C 砖具有超过 Al_2O_3-C 砖的耐蚀性，但差异不是很大。

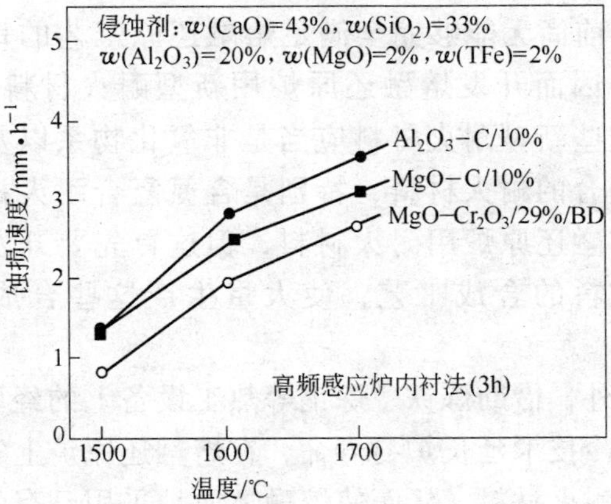

图 1-19 耐火材料蚀损速度与试验温度的关系

虽然如此，但由于操作条件不同，$MgO-Cr_2O_3$ 质砖不只是熔蚀，热震导致的剥落产生超前损毁也是导致其损毁的原因。另外，MgO-C 砖会在操作温度高于 1700℃以上的条件下因 MgO-C 反应急剧而导致其损耗速度增大，说明操作温度上升对 MgO-C 砖的耐用性影响增大。虽然 Al_2O_3-C 砖的反应温度高于 MgO-C 砖的反应温度，但其损耗速度原本就高于 MgO-C 砖的损耗速度，见图 1-19。

由此可见，这三类耐火材料对于熔融还原炉的使用条件各有一定的限制，这需要通过进一步改进其性能和熔融还原炉的熔炼工艺来解决。

在材质设计上，根据熔融还原炉的操作条件和使用要求，选用能减少生成液相数量的材质，以提高耐火材料的高温性能和耐蚀性能。

在制造工艺上，通过原料颗粒组成和分布的控制（PSD）以及相应的工艺控制来增强结合状态，改善显微结构，降低气孔率，减小气孔径，以达到限制熔渣渗透、提高抗渣性的要求。

通过配入抗氧化剂、添加剂已达到提高含碳复合耐火材料的抗氧化性、增加其强度和提高其耐用性能的效果。

由于目前尚无能够完全满足熔融还原工艺的苛刻要求的耐火材料，因而开发熔融还原炉用新型耐火材料是必要的。一般认为这些新型耐火材料应当是非氧化物系以及非氧化物同氧化物复合的耐火材料，特别是含氮复合耐火材料等更有可能成为熔融还原炉用耐火材料，但这首先要开发出价格便宜的含氮材料的合成工艺，使大量生产这些合成材料成为可能。

除此之外，借助炼铁、炼钢等热工设备上的经验，即通过推广新型水冷技术延长炉衬寿命，在熔融还原炉上实行用水或者气体冷却耐火材料，从而使熔融还原炉采用已有的耐火材料时也可达到获得高的使用寿命的目的。

1.2.5 Al_2O_3-TiO_2-C 质耐火材料

早已发现将 TiO_2 添加到 Al_2O_3-C 质耐火材料中所获得的 Al_2O_3-TiO_2-C 质耐火材料，用于炼铁操作环境和炼钢电炉内衬耐火材料时可延长其寿命。同时，还观测到高铝-石墨-二氧化钛质耐火材料在还原冶炼熔体中的抗蚀性是相当高的。考虑到 TiO_2 对铁质熔渣中 SiO_2 成分有明显的过滤作用，而且又能限制熔渣中 FeO_n 向含 TiO_2 的耐火材料深处渗透，因而认为 Al_2O_3-TiO_2-C 质耐火材料可成为熔融还原炉内衬的一类可选耐火材料。

由于 TiO_2 在还原性气氛中的高温条件下不够稳定，例如在 2000K（1727℃）时，被碳还原的平衡分压和自由能为：

$$\frac{1}{2}TiO_2 + \frac{3}{2}C = \frac{1}{2}TiC + CO \quad (1\text{-}3)$$

$p_{CO} = 45.29MPa$，$\Delta G^{\ominus}_{2000} = -100863.4J$。因而认为，$Al_2O_3$-$TiO_2$-C 质复合耐火材料中，氧化物组分（$Al_2O_3$-$TiO_2$）应采用合成材料。

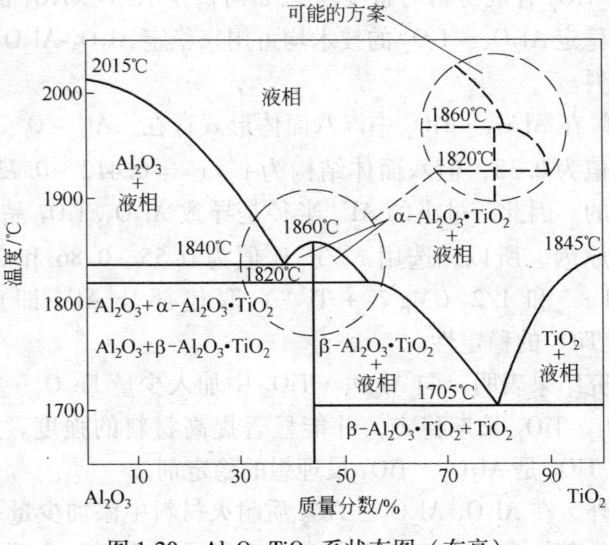

图 1-20 Al_2O_3-TiO_2 系状态图（布亭）

按照图 1-20，Al_2O_3-TiO_2 二元系中存在一个二元化合物：$Al_2O_3 \cdot TiO_2$，熔点为 1860℃，在 1820℃时 β-$Al_2O_3 \cdot TiO_2$ 转化为 α-$Al_2O_3 \cdot TiO_2$。考虑到这一晶型转化温度很接近其熔点温度，故可认为 $Al_2O_3 \cdot TiO_2$ 是无晶型转化的物相。

然而，$Al_2O_3 \cdot TiO_2$ 在 1200℃以下是不稳定的，可分解为刚玉和金红石：

$$Al_2O_3 \cdot TiO_2 = Al_2O_3 + TiO_2 \qquad (1\text{-}4)$$

$Al_2O_3 \cdot TiO_2$ 的分解速度较为缓慢，分解温度为 850～1280℃，在 1100～1150℃时的分解速度最快，这表明需要对 $Al_2O_3 \cdot TiO_2$ 进行稳定处理。

图 1-20 表明，少量 TiO_2 配进 Al_2O_3 中会使材料出现液相的温度由 2015℃下降到 1860℃。为了提高 Al_2O_3-TiO_2 质合成材料的耐火性能，合成材料中 TiO_2 最好不要超过 20%，相应合成材料完全熔化的温度仅由 Al_2O_3 熔点温度（2015℃）下降到约 1950℃（仅下降 65℃）。

由于 $Al_2O_3 \cdot TiO_2$ 存在不稳定的缺点，所以，在设计 Al_2O_3-$Al_2O_3 \cdot TiO_2$ 合成材料时也要考虑如何稳定 $Al_2O_3 . TiO_2$ 的问题。原则上稳定 $Al_2O_3 \cdot TiO_2$ 的技术均可用来稳定 Al_2O_3-$Al_2O_3 \cdot TiO_2$ 合成材料。

Al^{3+} 在 $Al_2O_3 \cdot TiO_2$ 中以八面体形式存在，Al^{3+}/O^{2-} 的离子半径比值为 0.38，但八面体结构为 $r^+/r^- = 0.412 \sim 0.732$ 时才是稳定的。因此，过小的 Al^{3+} 半径是导致 $Al_2O_3 . TiO_2$ 晶体失稳的重要原因。所以，选用 r^+/r^- 比值为 0.55、0.86 和 0.74 的 Fe^{3+}、La^{3+} 和 1/2（$Mg^{2+} + Ti^{4+}$）取代部分 Al^{3+} 即可提高 $Al_2O_3 \cdot TiO_2$ 的稳定性。

研究结果表明，向 $Al_2O_3 \cdot TiO_2$ 中加入少量 $Fe_2O_3 \cdot TiO_2$ 能使 $Al_2O_3 \cdot TiO_2$ 长期稳定，并能显著提高材料的强度。这说明 $Fe_2O_3 \cdot TiO_2$ 是 $Al_2O_3 \cdot TiO_2$ 最理想的稳定剂。

另外，在 Al_2O_3-$Al_2O_3 \cdot TiO_2$ 质耐火材料中添加少量 CoO 时也能优化其性能，如表 1-5 和表 1-6 所示。表 1-6 表明，添加

5% CoO 的 Al_2O_3-Al_2O_3 · TiO_2 质材料，其体积密度大为提高，显气孔率明显下降，抗折强度显著增加，并且热膨胀系数降低（图 1-21）。

表 1-5 试样的化学成分

试 样	A	B
$w(TiO_2)$/%	44	44
$w(Al_2O_3)$/%	56	56
$w(CoO)$/%	0	5

表 1-6 试样的物理性能

试 样	体积密度/$g \cdot cm^{-3}$	显气孔率/%	抗折强度/MPa
A	2.92	20.5	6.7
B	3.17	9.1	14.0

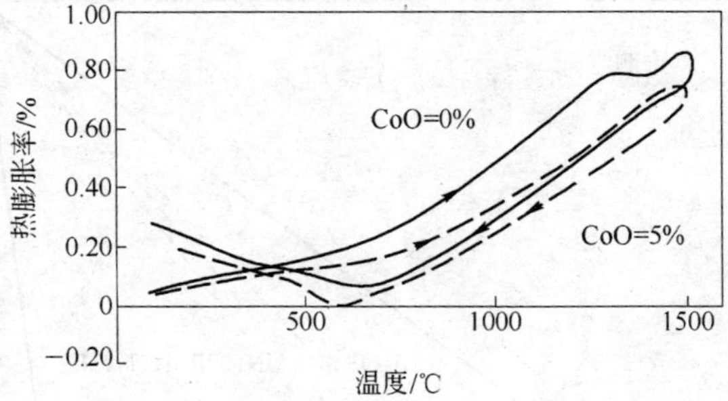

图 1-21 试样的热膨胀曲线

进一步研究发现，CoO 可明显地提高 Al_2O_3-Al_2O_3 · TiO_2 质耐火材料的抗热震性，抑制 Al_2O_3 · TiO_2 在还原气氛中的分解。

Al_2O_3-TiO_2-C 质耐火材料采用（Al_2O_3-Al_2O_3 · TiO_2）合成材料与石墨搭配制取（主要采用酚醛树脂为结合剂），其生产工艺与 Al_2O_3-C 质耐火材料相同。对于用于熔融还原炉内衬的 Al_2O_3-TiO_2-C 质耐火材料亦需要低碳化，因而其碳含量不应超过 10%。

1.2.6　MgO-Al_2O_3-Spinel(N)-C 系耐火材料

1.2.6.1　MgO-Al_2O_3-Spinel(N) 系统

图 1-22 示出的是 Mg-Al-O-N 系 1800℃ 等温截面。图中表明，在 1800℃的温度条件下 MgO-Al_2O_3-AlN 系统中不存在液相，因而说明 MgO-Al_2O_3-AlN 系统均为高温复相材料，可大致划分为：

（1）MgO-Spinel(N) 系耐火材料；

（2）Al_2O_3-Spinel(N) 系耐火材料；

（3）Spinel(N) 系耐火材料；

（4）MgO-Spinel(N)-AlN 系耐火材料。

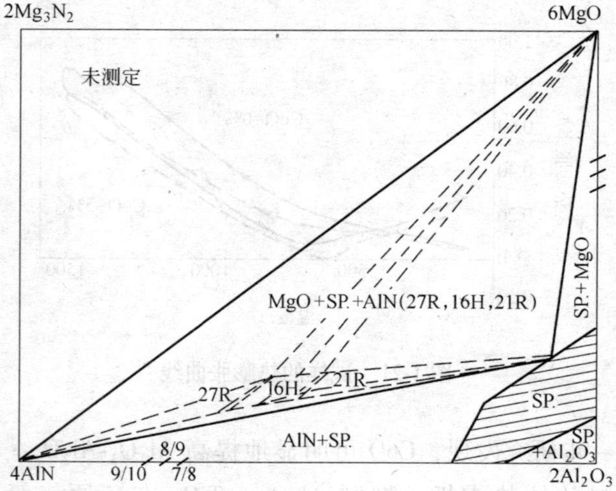

图 1-22　Mg-Al-O-N 系统在 1800℃时的等温截面

Spinel(N)系代表含有氮的复合尖晶石。其中前两类耐火材料已进行过研究，由于它们具有独特的性能，因而具有广泛的用途。不过，这些含氮 $MgO-Al_2O_3$ 质耐火材料，只有在还原性环境中使用才能获得高寿命。在氧化性环境中使用时，由于含 MgO 的 AlON(MgAlON)被氧化而遭受损坏（被侵蚀）。这说明，应向这些含氮 $MgO-Al_2O_3$ 混合料中添加碳素，制成含氮的 $MgO-Al_2O_3$-C质耐火材料($MgO-Al_2O_3$-Spinel(N)-C 系耐火材料)。

1.2.6.2 MgAlON 的制取 CaO/SiO_2 比

Weiss 等人在研究 Mg-Al-O-N 系统发现在该系统中存在氮氧化铝镁尖晶石（Magncaliunfminum oxynitride spinel，简称 MgAlON）固溶区。Willems 等人研究 $MgO-Al_2O_3$-AlN 三元系相图后认为这一固溶区与温度和组成有关，随温度升高将由 $MgO-Al_2O_3$ 系统扩展到 $AlN-Al_2O_3$ 系统。Granon 等人发现，MgAlON 在 MgO-AlN($9Al_2O_3 5AlN$)、$MgO-Al_2O_3$-AlN 和 $AlN-Al_2O_3$ 系统中均可生成，但后两者在制取过程中氮成分会因生成易挥发的 Mg_3N_4 而损失。李亚伟、李楠等人通过碳热还原含 MgO 和 $MgO \cdot Al_2O_3$ 的氧化铝一步合成了这种稳定的 MgAlON。众多研究结果表明，MgO 和 $MgO \cdot Al_2O_3$ 是 AlON 的最好的稳定剂。这种被 MgO 和 $MgO \cdot Al_2O_3$ 稳定的 AlON 即为人们常说的镁阿隆（MgAlON）。

由于 MgAlON 的稳定存在只与氧分压和温度有关，所以图 1-23 是制取合成 MgAlON 的依据。由该图看出，当 $T = 1900K$ 时，MgAlON 稳定的氧分压范围为 $\lg p_{O_2} = -9.20$ 到 $\lg p_{O_2} = -16.52$（$p_{O_2} = 6.31 \times 10^{-11} \sim 3.00 \times 10^{-18}$ MPa）。

与 AlON 不同，MgAlON 可在常温下稳定存在，晶体结构为尖晶石结构。其组成可表示为：

$$Mg_y Al_{3-y-\frac{1}{3}x} \square_{\frac{2}{3}x} O_{3+x+y} N_{1-x-y}$$

式中，$1 \geqslant x \geqslant 0$，$1 \geqslant y \geqslant 0$，$1 \geqslant x+y$。

MgAlON 晶格常数 a_0 等于：

$$a_0 = 0.7900 + 0.0375[\mathrm{Mg}] + 0.015[\mathrm{N}] \tag{1-5}$$

式中，[Mg] 和 [N] 分别表示 MgO 和 AlN 的摩尔分数，%。

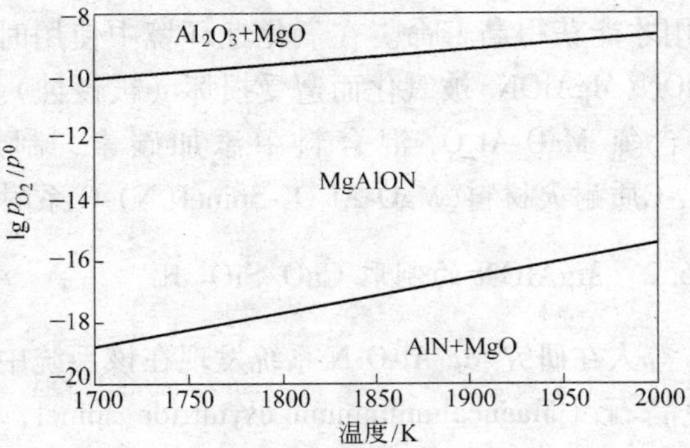

图 1-23　$Al_{23}O_{27}N_5$ 稳定存在的区域与 p_{O_2} 和 T 的关系

张厚兴和周宁生等人在利用反应烧结制取法制取 MgAlON 时发现，以 AlN、MgO 和 Al_2O_3 为起始原料合成 MgAlON 时，在氮气气氛中，当温度不超过 1200℃时，仅 MgO 和 Al_2O_3 反应形成 Spinel，此后随温度上升，Al_2O_3 不断向形成的 Spinel 中固溶。1300℃以前，AlN 基本上不参与反应，而在更高的温度下，AlN 才开始向 Spinel 中固溶形成 MgAlON。约在 1550℃时形成单一的 MgAlON 相。

上述研究者同时发现，以 MgO、Al_2O_3 和 AlON 为起始原料在氮气气氛中利用反应烧结工艺合成 MgAlON 时，如要获得致密的材料，其烧结温度应高于 1500℃，而且 MgAlON 烧结初期的致密化机理主要为体积扩散，材料的线收缩量（ΔL，mm）与保温时间可以用下式来描述：

$$\lg\Delta L = 0.443\lg t - 1.96 \tag{1-6}$$

式中，t 为保温时间，s。

此外，也可以用 Al-Al_2O_3-MgO 混合物作为起始原料在 N_2 中通过反应烧结合成 MgAlON。同时，采用这种方法可以原位反应烧结制取 MgAlON 结合的复合耐火材料。研究结果表明，温度和基质组成对材料烧结性能和显微结构有影响，对于 Al-Al_2O_3-MgO 系混合料，通过降低气氛中的 p_{O_2}，可在较低的温度下合成 MgAlON。例如，以镁砂和 Spinel 为骨料，而以 Al-Al_2O_3-MgO 系混合细粉为基质可采用上述工艺直接制得 MgO-MgAlON 质耐火材料。研究表明，基质 Al/Al_2O_3 比等于 1/5 ~ 1/7 时烧结试样具有较低的气孔率、较大的体积密度和较高的强度，而基质中含有适当的 MgO 有利于试样性能的提高。

1.2.6.3 Al_2O_3-MgAlON-C 质耐火材料

曾经发现，在 Al_2O_3-MgO 质耐火浇注料中添加 MgAlON 可以显著地提高其抵抗高氧化铁含量熔渣侵蚀的能力。这种耐火材料在高温氮气中烧成，在使用中 MgO 和 Al_2O_3 会熔于 MgAlON 中，因而属于 Al_2O_3-MgAlON 质耐火材料。不过，上述耐火材料只有在还原气氛中应用才能显现出较佳的抗渣性。因此，可按碳复合耐火材料进行设计。

使用 MgO 和 Al_2O_3 为主要原料，通过添加适量 MgAlON 系粉和石墨以及抗氧化剂，制取的 Al_2O_3-MgO-MgAlON-C 质耐火材料（$w(C) < 10\%$）具有较佳的抗渣性和抗热震性，用作熔融还原炉内衬耐火材料，能够获得高寿命。

1.2.7 SiC-Sialon 质耐火材料

陈海龚和吴学真等人曾经采用旋转圆柱体法研究过 Sialon (22.08%) 结合 SiC (72.34%) 质 (SiC-Sialon 质) 耐火材料在 COREX 熔融还原炉炉渣（33.5% CaO，32.0% SiO_2，20.0% MgO，14.0% Al_2O_3，0.5% FeO）中的溶解动力学，其结果如图 1-24 和图 1-25 所示。

图 1-24 表明，SiC-Sialon 试样的熔解速度（v）随着转速的增加基本保持不变，说明转速对材料熔解速度几乎没有影响。根据陈肇友的研究可以认为，SiC-Sialon 质耐火材料在 COREX

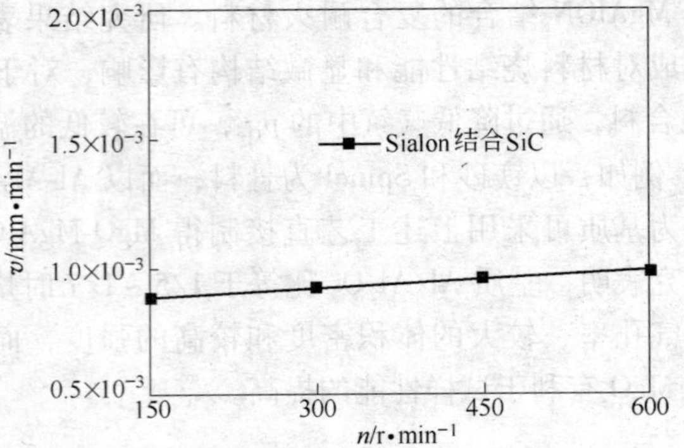

图 1-24　Sialon 结合 SiC 试样的熔解速度（v）与转速（n）的关系（1600℃）

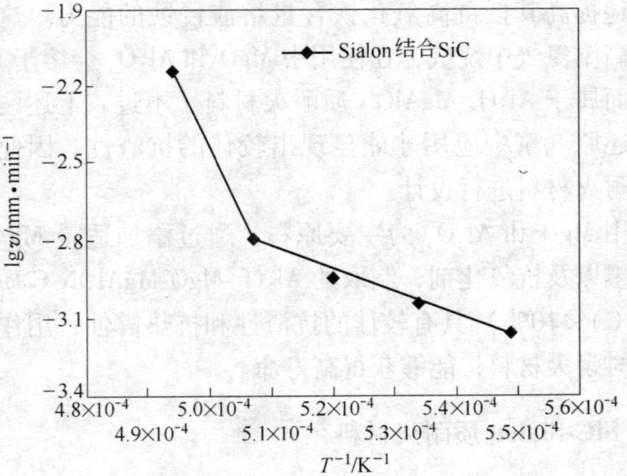

图 1-25　Sialon 结合 SiC 试样在炉渣中熔解速度（v）与温度（T）的关系（300r/min）

炉渣中的熔解蚀损反应属于化学反应控制机理，因而预示 SiC-Sialon 质耐火材料对 COREX 炉渣的侵蚀具有良好的抵抗能力。

图 1-25 则表明，在 1550 ~ 1700℃ 之间，SiC-Sialon 在 COREX 炉渣中的熔解速度（v）与温度（T）的关系遵循 Arrehinus 方程式：

$$v = A\exp(-E/RT) \tag{1-7}$$

式中，A 为常数；R 为气体常数；E 为活化能，由图 1-25 直线斜率可求得 $E = 197.671\text{kJ/mol}$，式（1-7）取对数得：

$$\ln v = -197671/(197.38T) + 2.491 \tag{1-8}$$

温度每升高 100℃，SiC-Sialon 试样的熔解速度则增加近 2 倍，在 1750℃时，其熔解速度出现异常（见图 1-25），说明 v_{1750} 不遵循 Arr-ehinus 方程式，其原因显然是 β'-Sialon 相在 1700℃时与 X 相平衡共存，如图 1-26 所示。可见，在 Si_3N_4-AlN-SiO_2-

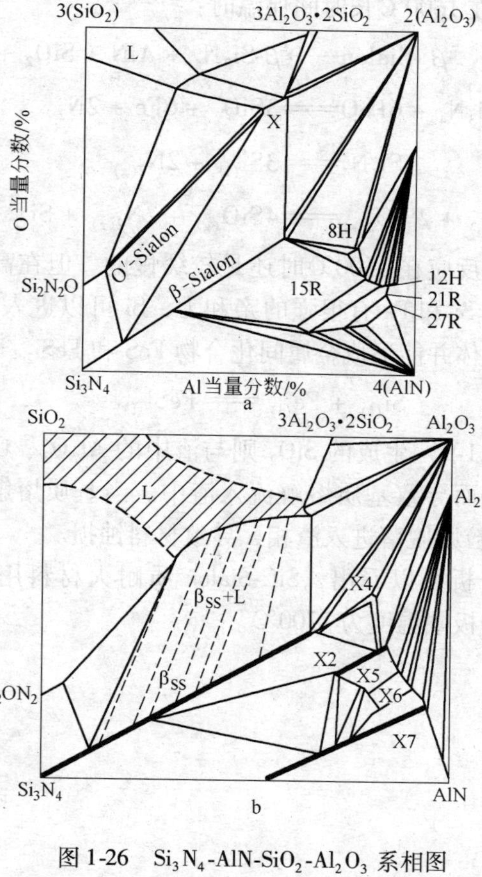

图 1-26 Si_3N_4-AlN-SiO_2-Al_2O_3 系相图

a—1700℃；b—1750℃

Al_2O_3 系固液平衡相图中，X 相的熔点约为 1720℃，在 1700℃ 时，SiC-Sialon 质耐火材料中的液相量很少。温度上升到 1750℃ 时，由于 X 相完全溶化，其液相量明显增加，β'-Sialon 同液相平衡共存。此时，耐火材料基质相中的 Sialon 会吸收渣中的 SiO_2 和 Al_2O_3，并反应生成大量液相，导致材料熔解速度急剧增加（参见图 1-25）。

熔渣中 FeO-S 材料基质中 Sialon 反应生成 $FeSi_x$ 和 SiO_2 如下：

Sialon 相在 1600℃ 长时间保温时：

$$\beta'\text{-Sialon} \longrightarrow \beta\text{-}Si_3N_4 + AlN + SiO_2 + N \quad (1\text{-}9)$$

$$Si_3N_4 + 6FeO = 3SiO_2 + 6Fe + 2N_2 \quad (1\text{-}10)$$

$$Si_3N_4 = 3Si_{(l)} + 2N_{2(g)} \quad (1\text{-}11)$$

$$Si_3N_{4(s)} + 2SiO_{2(s)} = 4SiO_{(g)} + 2N_{2(g)} + Si_{(l)} \quad (1\text{-}12)$$

不过上述反应在 1600℃ 时还是较缓慢的。但在高温液态的情况下，由于 Si 和 Fe 有很强的亲和力，Si 可以进入 Fe 的晶格形成有限固溶体并能形成金属间化合物 FeS 和 $FeSi_2$：

$$Si_{(l)} + Fe_{(l)} = FeSi_{x(l)} \quad (1\text{-}13)$$

反应式（1-9）生成的 SiO_2 则与渣中的 Al_2O_3、CaO 反应形成低溶物，从而导致基质熔解流入渣中。当基质熔解到一定程度时，SiC 颗粒则脱落进入渣相，导致材料蚀损。

由上述分析可以看出，SiC-Sialon 质耐火材料用于 COREX 熔融还原炉的极限温度为 1700℃。

2 钢液真空处理装置用耐火材料

钢液真空处理特殊钢种主要是通过钢液真空处理装置完成的。钢液真空处理装置主要有：钢液真空提升装置（DH）、钢液真空循环脱气装置（RH）、真空吹氧脱气炉（VOD）、真空电弧加热脱气装置（VAD）和真空电弧加热装置（ASEA-SKF）等。各种真空处理装置的简图如图 2-1 ~ 图 2-6 所示。

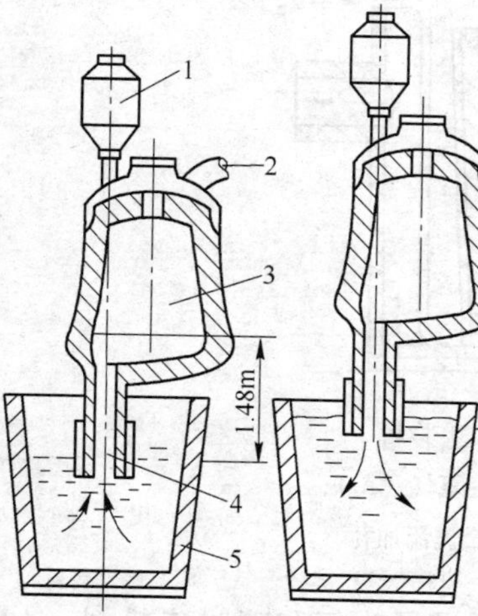

图 2-1　DH 法装置

1—合金添加装置；2—排气孔；3—真空室；4—吸升管；5—钢包

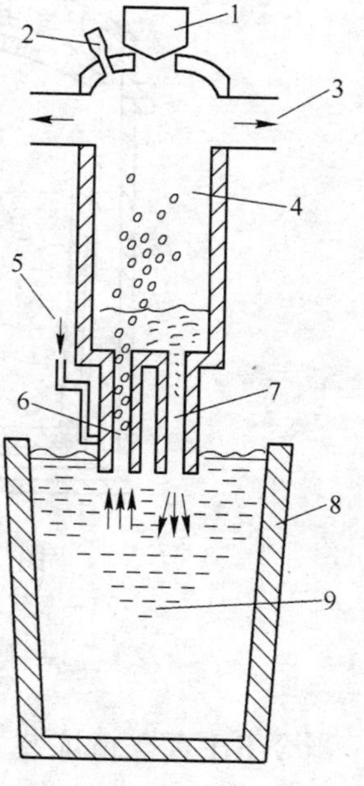

图 2-2　RH 法脱气装置

1—合金添加孔；2—观察孔；3—排气孔；4—真空室；5—气体；6—上升管；7—下降管；8—钢包；9—钢水

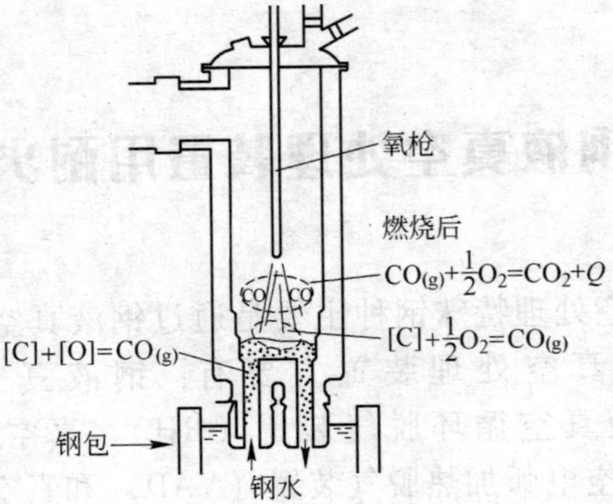

图 2-3 RH-KTB 法的原理图

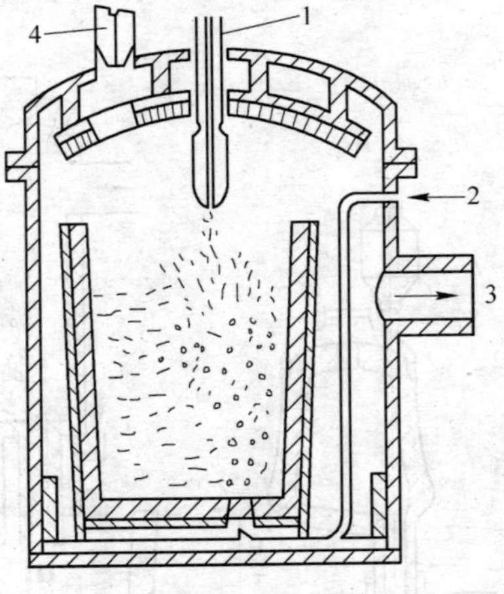

图 2-4 VOD 法装置
1—氧气（O_2）；2—氩气（Ar）；
3—排气孔；4—金属添加孔

当今 RH 真空精炼装置由于增设了吹氧和喷脱硫粉剂（如 RH-O，RH-OB，RH-KTB、TOB、OTB，RH-IJ，RH-PB 和 RH-KPB 等）等功能，因而具有吹氧脱碳、提温、脱硫、排除非金属夹杂物、控制钢液成分、均匀化金属等作用，对钢质量有保证，可精炼许多洁净钢种。

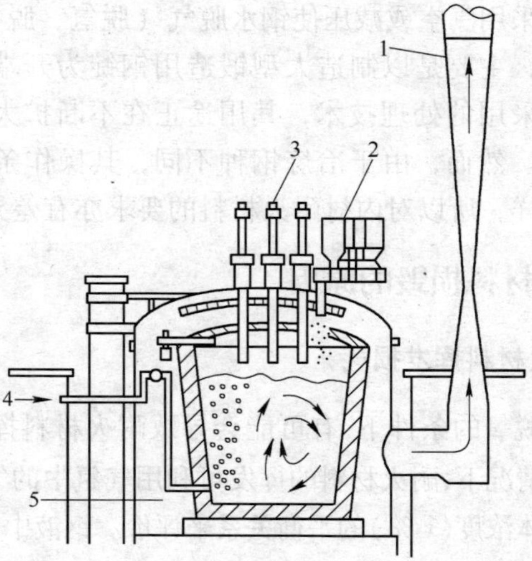

图 2-5　VAD 法装置
1—排气装置；2—合金料斗；3—电极；4—氩气；5—真空室

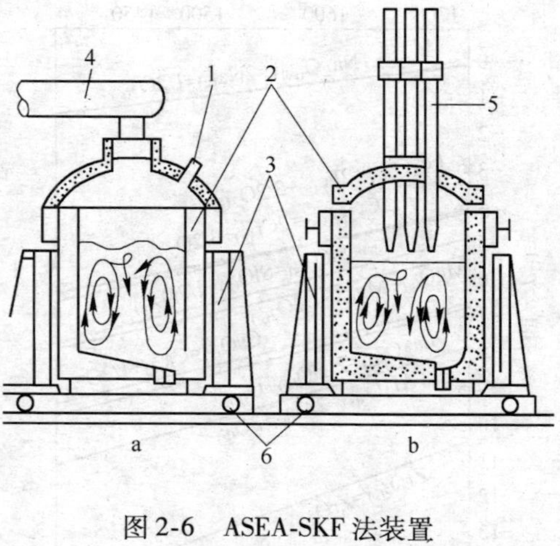

图 2-6　ASEA-SKF 法装置
a—真空处理；b—加热；
1—合金添加孔；2—钢包；3—感应器；
4—排气装置；5—电极；6—台车

此外，采用真空或减压使钢水脱气（脱氢、脱氮）、脱碳和脱氧的方法，主要是以制造大型锻造用钢锭为开端，以特殊制品为对象而采用的处理技术，其用途正在不断扩大，使用范围也日渐广泛。然而，由于冶炼钢种不同，其操作条件以及工艺过程也不一样，所以对内衬耐火材料的要求亦有差异。

2.1　耐火材料损毁的原因

2.1.1　耐火材料挥发损耗

在真空脱氧的条件下，有可能会导致耐火材料挥发损耗的问题。在这种情况下，耐火材料的挥发可利用气氛中的气体分压(p_i)和钢液中气体浓度($x_i\%$)的平衡关系来评价。钢液中气体浓度：

$$K_x = a_x/p_i^{\frac{1}{2}} = (x_i\%)/p_i^{\frac{1}{2}} \tag{2-1}$$

式中，K_x 为各元素在处理温度时的平衡常数；a_x 为各元素的活度。

耐火氧化物在高温真空中使用时具有显著的蒸气压，如图 2-7

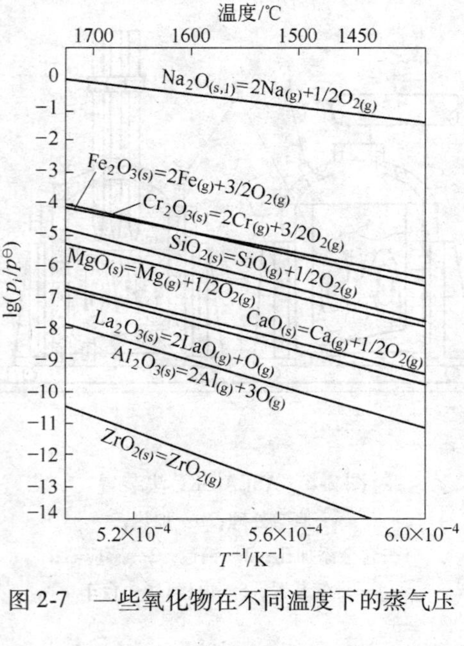

图 2-7　一些氧化物在不同温度下的蒸气压

所示。图中表明，$MgO-Cr_2O_3$ 砖中的主要组元 MgO、Cr_2O_3 和 Fe_2O_3，在精炼温度下，其蒸气压是不小的，属于易挥发性氧化物。耐火氧化物的挥发可以是分解成元素或者与固体组成不同的稳定气体分子，或直接升华为与固体组成相同的气体分子。挥发程度可以用计算耐火氧化物的分解压力作为其限值。例如：

$$MO_{2(s)} = M_{(g)} + O_{2(g)} \tag{2-2}$$

分解压力 p 等于：

$$p = p_{M(g)} + p_{O_{2(g)}} = 2p_{O_{2(g)}} \tag{2-3}$$

式中，$p_{O_{2(g)}}$ 为固体达到平衡时的氧分压。分解压力 p 可以由下式计算出来：

$$\Delta G_T^{\ominus} = RT\ln K_p \tag{2-4}$$

$\Delta G_T^{\ominus}$ 在高温（T）时为反应式（2-2）的标准自由能变化值，平衡常数 K_p 等于：

$$K_p = p_{M(g)} \cdot p_{O_{2(g)}} = p^2_{O_{2(g)}} \tag{2-5}$$

如果挥发是以升华形式进行，即：

$$MO_{2(s)} \rightleftharpoons MO_{2(g)} \tag{2-6}$$

则实际蒸气压力会高于由式（2-4）计算所得出的压力。某些耐火氧化物在 2000K 时的蒸气压力和分解压力见表 2-1。

表 2-1　某些耐火氧化物的蒸气压和分解压

氧化物	温度范围 /K	蒸气压计算简式 p/atm	蒸气压（在 2000K 时）/MPa	分解压（在 2000K 时）/atm
Al_2O_3	2600 ~ 2900	$\lg p = -\frac{2.732}{T} + 8.415$	5.69×10^{-7}	2.6×10^{-9}
MgO	1800 ~ 2200	$\lg p = -\frac{2.73}{T} + 10.25$	3.95×10^{-5}	5.04×10^{-6}
CaO	1600 ~ 1750	$\lg P = -\frac{2.74}{T} + 6.85$	2.45×10^{-8}	2.08×10^{-8}
La_2O_3	—	—	—	4.34×10^{-13}
ZrO_2	—	—	1.0×10^{-7}	3.34×10^{-15}

根据兰米尔公式可知，耐火氧化物的挥发速度（v）与其蒸气压力成正比：

$$v = 4.44p(M/T)^{\frac{1}{2}} \tag{2-7}$$

式中，v 为挥发速度，g/(cm^2·s)；p 为蒸气压力，MPa；M 为相对分子质量；T 为绝对温度，K。

如表2-1所列，MgO 在2000K 时，$p = 3.95 \times 10^{-5}$MPa，可根据式（2-7）算得 $m = 90$kg/(cm^2·h)，然而由于 MgO 质耐火材料表面上存在其他的物相反应，其 $p_{实际}$ 要比 $p_{理} = 3.95 \times 10^{-5}$MPa 低得多。实测结果表明其实际挥发速度远少于90kg/(cm^2·h)。不过，在高温减压条件下，耐火氧化物的挥发现象却是不能忽视的。

通常，真空处理装置内衬耐火材料属于多相系统，因而其挥发现象应是相当复杂的，只有经过实际测定才能获得它们的数值，表2-2列出了一些耐火材料在1905K，4h，5μmHg 柱时重量减少速度的实测数据，而表2-3则列出了 $MgO\text{-}Cr_2O_3$ 材料在各种温度的真空中加热2h 的重量、气孔率和体积密度的变化情况。由表2-2和表2-3可以看出，同含有稳定的氧化物 Al_2O_3、ZrO_2 和 CaO 的耐火材料相比，含不稳定氧化物 SiO_2 和 Cr_2O_3 等的耐火材料重量减少速度大，其挥发速度则因化合物的种类不同而异。例如含 SiO_2 的化合物的挥发速度大致有以下关系：

$$\begin{matrix} 3CaO \cdot SiO_2 \\ 2CaO \cdot SiO_2 \end{matrix} > 2MgO \cdot SiO_2 \geqslant \begin{matrix} 3Al_2O_3 \cdot 2SiO_2 \\ Al_2O_3 \cdot SiO_2 \end{matrix}$$

表2-2 各种耐火材料在真空中的重量减少速度（1905K，4h，5μmHg 柱）

序号	砖的材质	重量减少/%	重量减少速度/g·(cm^2·min)$^{-1}$	
			实际测定	文献
1	高纯氧化铝质（99% Al_2O_3）	0.2	0.2×10^{-4}	0.5×10^{-4}
2	莫来石质（72% Al_2O_3）	2.1	1.5×10^{-4}	

续表 2-2

序号	砖的材质	重量减少/%	重量减少速度/g·$(cm^2 \cdot min)^{-1}$ 实际测定	文献
3	高铝质 （60% Al_2O_3）	4.4	3.0×10^{-4}	
4	电熔氧化铝质 （96% Al_2O_3）	1.2	1.1×10^{-4}	
5	高纯稳定氧化锆质 （96% ZrO_2）	0.15	0.17×10^{-4}	0.4×10^{-4}
6	锆英石质 （66% ZrO_2）	3.8	3.9×10^{-4}	
7	高纯镁质 （73% MgO）	6.2	5.4×10^{-4}	5.2×10^{-4}
8	直接结合镁铬质 （73% MgO）	6.6	5.2×10^{-4}	
9	再结合镁铬质 （62% MgO）	5.0	4.2×10^{-4}	
10	铬质 （19.5% MgO）	6.5	7.5×10^{-4}	
11	石灰质 （96% CaO）	1.0	0.6×10^{-4}	0.2×10^{-4}
12	高纯白云石质 （99% MgO + CaO）	0.6	0.4×10^{-4}	
13	电熔镁铬质	14.0	12.0×10^{-4}	
14	电熔镁尖晶石质	4.8	3.2×10^{-4}	

注：$1\mu mHg = 133.322\times10^{-3}Pa$。

表 2-3 镁铬砖在真空中的性状

温度/℃	时间/h	重量减少 g/$(cm^2 \cdot min)$	重量减少 %	气孔率变化/%	体积密度变化 /g·cm^{-2}
1200	2	0.35	0.42	−0.1	−0.02
1300	2	0.49	0.61	+1.8	+0.04
1400	2	0.78	0.96	+1.2	+0.02
1500	2	1.9	2.4	+2.2	+0.06
1600	2	8.27	10.3	+2.6	+0.08

减压对 $MgO\text{-}Cr_2O_3$ 系耐火材料高温蒸发的影响如图 2-8 和图 2-9 所示。这说明，Cr_2O_3 和 $MgO\cdot Cr_2O_3$ 在低氧压或真空条件下产生如下变化：

$$MgO_{(g)} = Mg_{(g)} + \frac{1}{2}O_{2(g)} \tag{2-8}$$

$$Cr_2O_{3(s)} = 2Cr_{(g)} + \frac{3}{2}O_{2(g)} \tag{2-9}$$

$$MgO \cdot Cr_2O_3 = Mg_{(g)} + 2Cr_{(g)} + 2O_{2(g)} \tag{2-10}$$

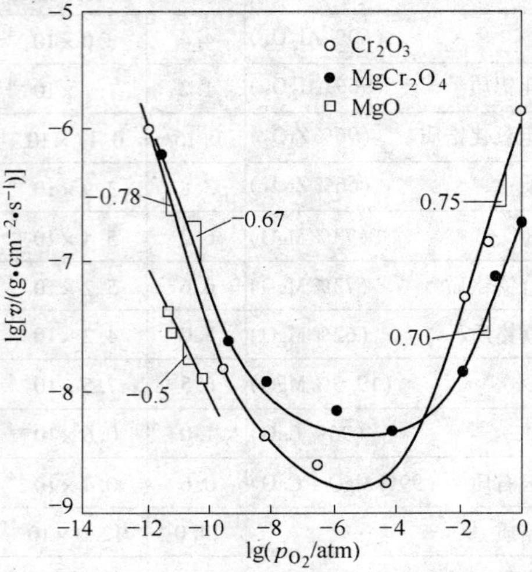

图 2-8　1600℃时氧分压 p_{O_2} 对 MgO-Cr_2O_3 系蒸发速率的影响

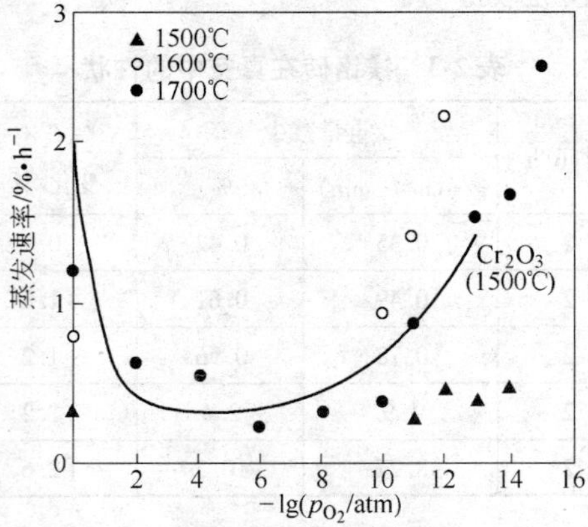

图 2-9　氧分压对不同温度时 $MgCr_2O_4$ 蒸发速率的影响（实线）为 1600℃时 Cr_2O_3 的蒸发速率

与此同时，还伴随耐火材料多孔化现象的产生。并且，温度越高，真空影响也就越大（参见表 2-3）。不难想见，在真空中加热减量大的耐火材料，其高温强度降低亦大。据此便可推知，耐火材料在高温真空中产生挥发减量之后，必定引起其化学成分、矿物组成的变化。结果便会对耐火材料的显微结构产生负面的影响，而降低其耐用性。

在抽真空时，耐火材料会同钢液中所含的 C、Si、Mn 等元素发生反应而导致其损毁。其中，耐火材料与钢液中碳的反应问题尤其严重。氧化物系耐火材料同钢液中的碳反应，其反应为：

$$(M_xO) + C \xlongequal{} M_x + CO \quad (2\text{-}11)$$

该反应加速了耐火材料的蚀损，同时引起钢液成分的变化而影响钢的质量。

图 2-10 所示为在高温减压下耐火材料同钢液反应的情况。

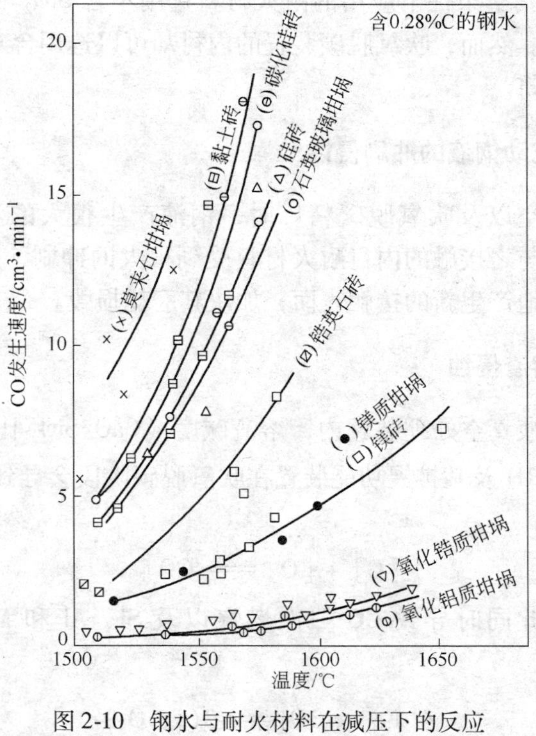

图 2-10 钢水与耐火材料在减压下的反应

它是利用在减压条件下 CO 的产生速度，比较了在 1500 ~ 1650℃时钢液（$w(C) = 0.28\%$）同多种耐火材料反应的结果。图中表明，不含 SiO_2 的 Al_2O_3、ZrO_2 质耐火材料是稳定的，而含 SiO_2 的 Al_2O_3-SiO_2 质耐火材料是不稳定的。耐火材料成分中的 SiO_2 容易被钢水中的 C 还原：

$$\frac{1}{2}SiO_{2(s)} + [C] = \frac{1}{2}Si_{(l)} + CO\uparrow \tag{2-12}$$

另外，钢液中的 Mn 等元素也具有类似于碳的功能，使耐火材料成分被还原。试验证明，含铬耐火材料（如 MgO-Cr_2O_3 系耐火材料等）也能被钢液中碳（C）还原。

上述情况说明，含 SiO_2 和 Cr_2O_3 等成分的耐火材料容易与钢液中 C、Ti 和 Mn 等反应而导致其损毁，同时影响钢的质量，故认为在真空条件下应用的耐火材料选用不含 SiO_2 和 Cr_2O_3 的较为合适。然而，吹氧脱碳装置的内衬却可以选用含 Cr_2O_3 的耐火材料砌筑。

2.1.2　流动钢液的冲刷侵蚀

在真空以及吹氧脱碳精炼时，钢液产生很大的流动速度，从而导致与之接触的内衬耐火材料受到很大的冲刷，产生磨损，于是不断地产生新的接触表面，加快其磨耗损毁。

2.1.3　熔渣侵蚀

在钢液真空处理装置内，熔渣碱度（CaO/SiO_2 比值）往往比较大。RH 及其扩展功能装置在吹氧脱碳阶段会导致钢液中的脱碳反应：

$$[C] + [O] = CO\uparrow \tag{2-13}$$

加快。与此同时导致 CO 二次燃烧以及 Si、Al 和 Mn 等元素氧化：

$$4[Fe] + 3O_2 = 2(Fe_2O_3) \tag{2-14}$$

$$[Si] + 2[O] = (SiO_2) \tag{2-15}$$

$$2[Al] + 3[O] = (Al_2O_3) \tag{2-16}$$

$$[Mn] + [O] = (MnO) \tag{2-17}$$

而导致形成氧化铁含量高的酸性熔渣（$FeO-SiO_2-MnO-Al_2O_3$）系统（即 $CaO/SiO_2 \approx 0.5 \sim 1.0$ 的熔渣），其流动性好，黏度小，渗透性强，侵蚀力大。

在喷粉剂脱硫时则导致 $CaF_2-CaO-Al_2O_3$ 系熔渣的形成，其熔点低，黏度小，对耐火材料产生极大的侵蚀和渗透。渗透进入耐火材料结构气孔内的熔渣还会熔解材料中的结合物和基质，从而减弱结合，降低其高温强度，加速耐火材料的熔解蚀损反应。

在 VOD 工艺中，熔渣状态在精炼过程中发生很大变化，如图 2-11 所示。

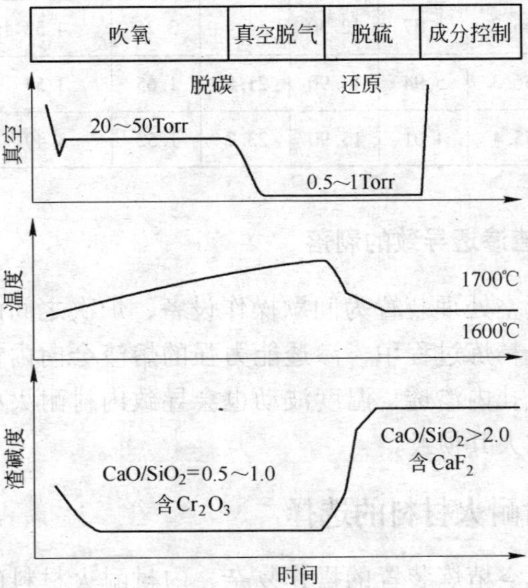

图 2-11　VOD 工艺操作条件的变化

（1Torr = 133.322Pa）

VOD 精炼一般不锈钢时使用 Si 作还原剂，熔渣属于 $CaO-SiO_2-(Cr_2O_3)$ 系统；精炼特种不锈钢时则使用 Al 作为还原剂，熔渣属于 $CaO-Al_2O_3$ 系统。在前一种情况下，熔渣 CaO/SiO_2 为 1.2～2.8；在后一种情况下，熔渣 $CaO/SiO_2>2.0$。这些情况会导致 VOD 内衬耐火材料不同的蚀损，其中渣线蚀损最严重。

再如，即使像 ASEA—SKF 装置，虽然不存在吹氧脱碳装置，熔渣 CaO/SiO_2 比变化不大（见表 2-4），但 Al_2O_3 含量高，而且存在电磁强力搅拌和电弧加热操作，对内衬耐火材料可造成严重磨损。

表 2-4　ASEA-SKF 精炼钢包炉熔渣的化学成分

冶炼期	化学成分/%					CaO/SiO_2	$\frac{CaO+MgO}{SiO_2+Al_2O_3}$
	CaO	MgO	SiO_2	Al_2O_3	Fe_2O_3		
抽真空前	55.7	5.37	12.30	14.4	3.25	4.53	2.25
抽真空后	56.3	5.94	15.90	21.8	1.65	3.54	1.65
出钢前	55.4	4.01	15.90	23.2	1.52	3.49	1.52

2.1.4　熔渣渗透导致的剥落

钢液真空处理装置为间歇操作设备，炉次之间的间歇时间长，在整个精炼过程中，渗透能力强的熔渣会向内衬耐火材料结构中的气孔内渗透，温度波动也会导致内衬耐火材料产生结构剥落，加大其损毁。

2.2　内衬耐火材料的选择

由于真空精炼装置的操作复杂，内衬耐火材料的损毁原因很多，特别是精炼过程中熔渣 CaO/SiO_2 比值变化大，认为只有高性能耐火材料才能与之相适应。

2.2.1 真空吹氧脱碳装置用耐火材料

真空处理低碳、超低碳钢液和不锈钢液的装置，由于需要进行吹氧脱碳处理，其内衬耐火材料所处的环境非常严酷，因而需要进行仔细选择，对此曾有人作过深入研究，其结果表明，含碳耐火材料一方面具有较高的抗渣性，但另一方面却存在真空处理过程中 MgO-C 反应加剧，即氧化脱碳造成过快损耗以及存在钢液增碳的问题。这表明当用真空处理生产特殊钢种时，选用含碳耐火材料作为砌筑内衬的耐火材料并非优选方案，在内衬寿命与金属质量关系中，后者是主导的。

20 世纪 90 年代，欧洲一些公司研究过高性能 MgO-Spinel 砖在真空处理精炼装置内衬上使用的可能性问题。结果表明，这类高性能 MgO-Spinel 砖仅能在 RH 真空室最小负荷带可代替不大于 50% 的内衬。根据熔渣特性，Spinel（$MgO \cdot Al_2O_3$）和 Cpinel（$MgO \cdot Cr_2O_3$）对特定的熔渣条件虽然具有相近的抗渣性，但对于含大量 CaO 的熔渣，后者的抗渣性比前者高。因此，至今这些真空处理装置内衬仍然采用 $MgO\text{-}Cr_2O_3$ 砖砌筑。

日本新日公司曾采用不同 Cr_2O_3 含量的不同类型 $MgO\text{-}Cr_2O_3$ 砖进行实炉试验，得出的结果是：RH-KTB 装置内衬耐火材料中再结合 $MgO\text{-}Cr_2O_3$ 砖的寿命比直接结合 $MgO\text{-}Cr_2O_3$ 砖高 0.5 ~ 0.8 倍，而且与 Cr_2O_3 含量之间不存在明显对应关系。研究结果还表明，直接结合 $MgO\text{-}Cr_2O_3$ 砖同样具有很高的抗渣性。同普通的 $MgO\text{-}Cr_2O_3$ 砖相比，由于后者所含不良杂质相是硅酸盐，在方镁石和尖晶石之间形成了夹层（称为硅酸盐结合），因而限制了 MgO-MgO、MgO-Cpinel 和 Cpinel-Cpinel 的结合（直接结合），如图 2-12 所示。而直接结合 $MgO\text{-}Cr_2O_3$ 砖中相组成不存在（或很少）硅酸盐结合，这便提高了抗渣性（图 2-13 和图 2-14）、热震性和高温强度，使用性能高。高使用性能显然来源于高二次尖晶石含量。

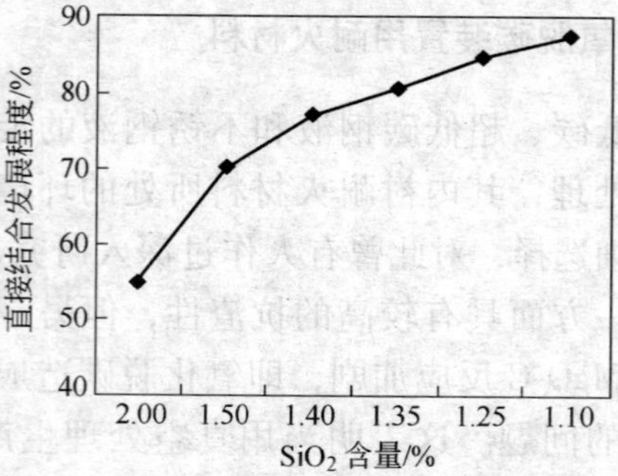

图 2-12 镁铬质耐火材料直接结合发展程度与硅酸盐相含量的关系

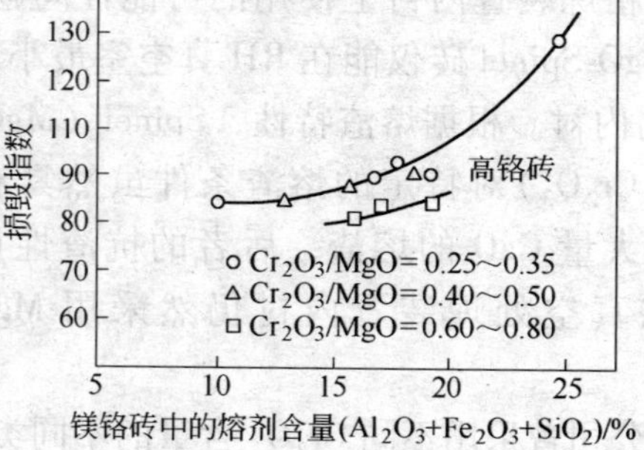

图 2-13 在镁铬砖中熔剂含量对损毁的影响

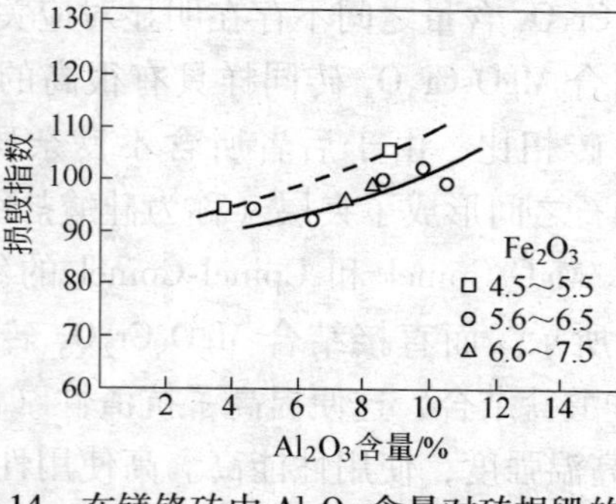

图 2-14 在镁铬砖中 Al_2O_3 含量对砖损毁的影响

高二次尖晶石含量的直接结合 MgO-Cr_2O_3 砖的优点是抗侵蚀性能强（图 2-15）、高温抗折强度大（图 2-16）。

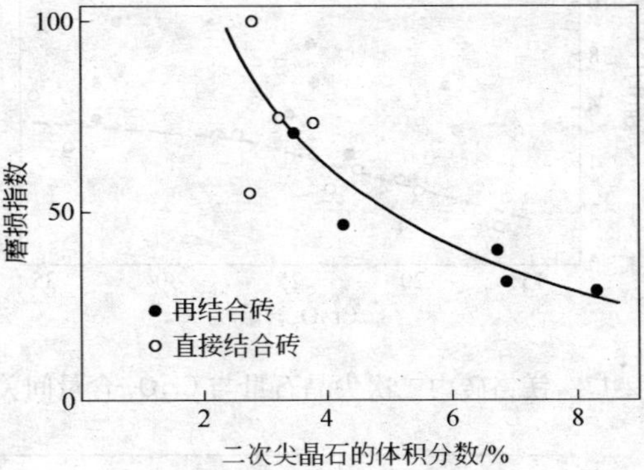

图 2-15　镁铬砖二次尖晶石量与耐蚀性间的关系

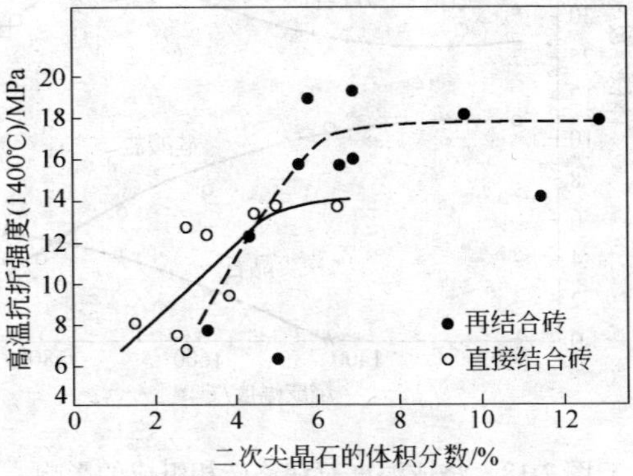

图 2-16　在 1400℃ 高温烧成镁铬砖的高温抗折强度与二次尖晶石量之间的关系

直接结合 MgO-Cr_2O_3 砖中二次尖晶石含量主要取决于配料中 Cr_2O_3 的含量（图 2-17）和烧成温度（图 2-18）。

在高温烧成的 MgO-Cr_2O_3 砖的磨光照片中，通常都能观察到二次尖晶石，但其含量多少，在不同类型的 MgO-Cr_2O_3 砖中

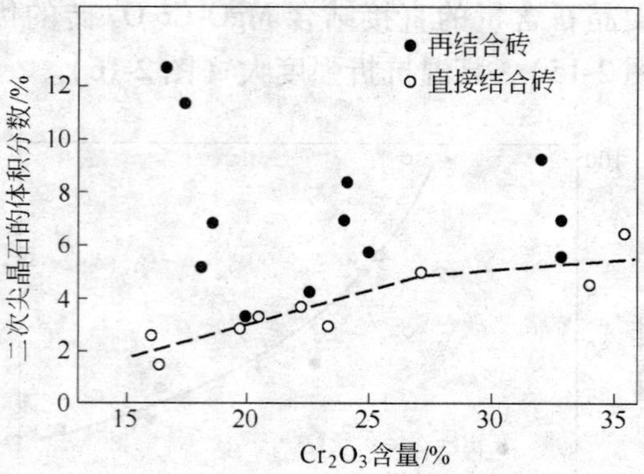

图 2-17 镁铬砖内二次尖晶石量与 Cr_2O_3 含量间关系

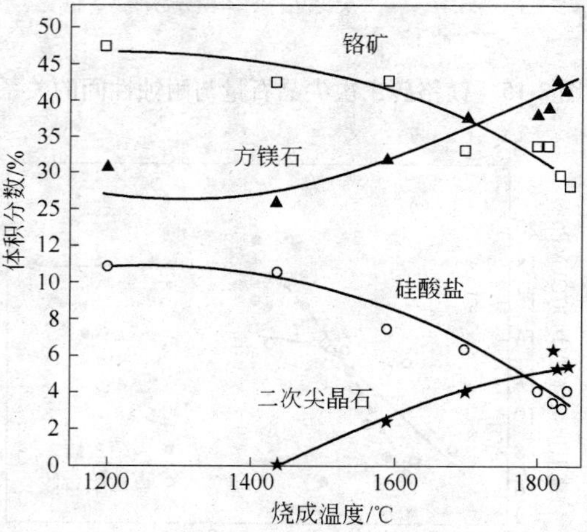

图 2-18 烧成温度对镁铬砖相组成的影响

是有差别的（图2-19）。在1800℃以上的温度条件下烧成的各类 $MgO-Cr_2O_3$ 砖中，二次尖晶石含量为 1.5% ~12.5%（体积分数）。正如图 2-17 表明的，直接结合 $MgO-Cr_2O_3$ 砖中二次尖晶石含量随配料中 Cr_2O_3 含量的提高而增加，而再结合（包括半再结合）$MgO-Cr_2O_3$ 砖中，到 Cr_2O_3 含量适中时，二次尖晶石含量却有很大差别。

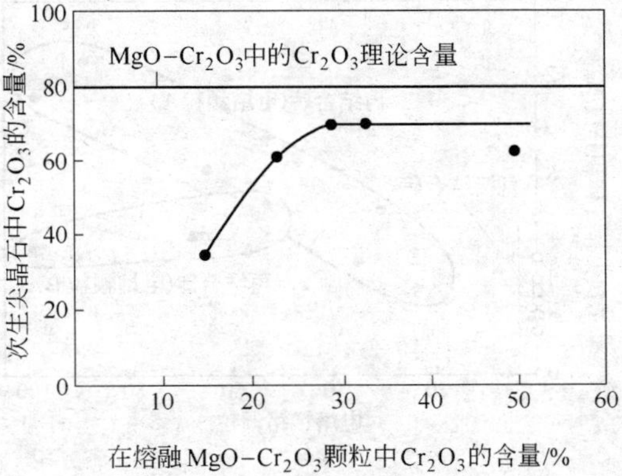

图 2-19　熔融 MgO-Cr_2O_3 颗粒中 Cr_2O_3 的数量对析晶的次生尖晶石化学成分的影响

图 2-18 示出了烧成温度对直接结合 MgO-Cr_2O_3 砖中二次尖晶石含量的影响。图中指出，随着烧成温度的提高，铬矿含量减少，方镁石含量增加，表明方镁石中固溶了尖晶石。另外，烧成温度提高时，二次尖晶石含量也增加。可以认为，在烧成过程中，铬矿中的 SiO_2 等杂质形成硅酸盐相，而来自铬矿的低熔相向基质相界迁移。由于在显微镜下难以观察到分布于晶界中的微细硅酸盐，故看到的是烧成后外观硅酸盐相量在减少。这就解释了图 2-18 示出的为什么烧成温度提高，二次尖晶石含量增加，而硅酸盐相数量减少。

对于再结合 MgO-Cr_2O_3 砖来说，其二次尖晶石含量受电熔 MgO-Cr_2O_3 砂中 Cr_2O_3 含量的影响，如图 2-20 所示，其中电熔颗粒 A 和 B 的组成见表 2-5。图中表明，当采用的电熔 MgO-Cr_2O_3 砂中 Cr_2O_3 含量高于 25% 时，MgO-Cr_2O_3 砖中二次尖晶石中的 Cr_2O_3 含量达到饱和（约为 70%），接近 Cpinel 理论中的 Cr_2O_3 含量，估计含这种尖晶石的 MgO-Cr_2O_3 砖具有较佳的抗渣性。

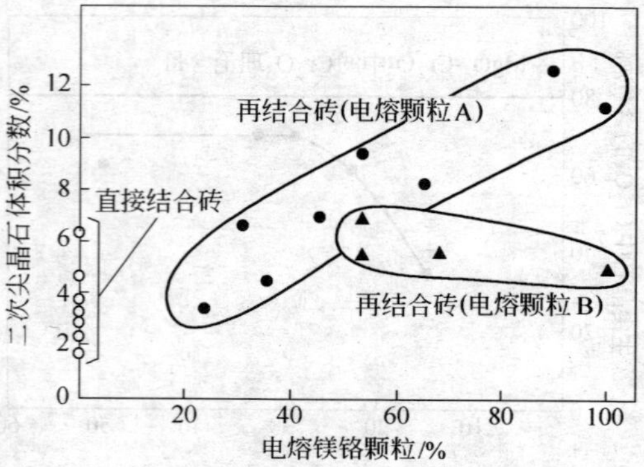

图 2-20 基质内电熔镁铬砂的比例对镁铬砖中二次尖晶石量的影响

表 2-5 电熔镁铬砂的组成

类型		A	B
化学组成（质量分数）/%	MgO	63.26	70.01
	Cr_2O_3	14.76	17.56
	Al_2O_3	9.36	4.57
	Fe_2O_3	10.91	6.89
	SiO_2	1.25	0.93
	CaO	0.79	0.76
计算后相组成（质量分数）/%	方镁石	51.8	61.1
	尖晶石	45.4	37.2
	钙镁橄榄石	2.2	2.1
	镁橄榄石	0.9	0.3

$MgO-Cr_2O_3$ 砖的耐磨性虽然同其高强度相联系，但也受到 MgO 含量的影响，如图 2-21 所示。

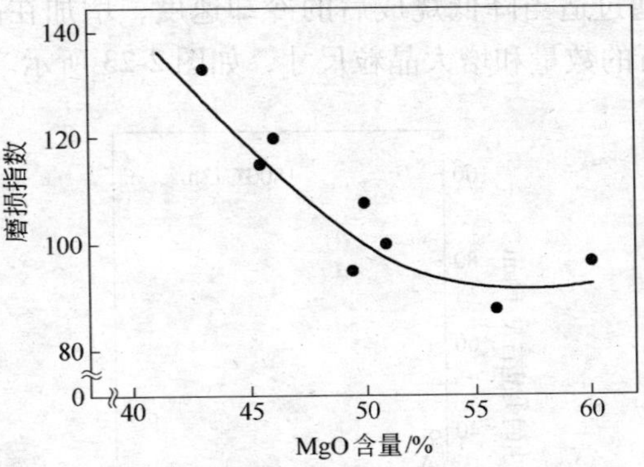

图2-21 MgO含量对镁铬砖磨损指数的影响

由此看来，用于真空脱气装置易损部位的直接结合 $MgO-Cr_2O_3$ 砖的生产工艺配方设计为：

（1）以高纯镁砂和高纯铬矿为主原料，并添加一定数量的工业 Cr_2O_3 细粉或高纯铬矿超细粉，生产直接结合 $MgO-Cr_2O_3$ 砖，具有很高的抗蚀性（图2-22）。

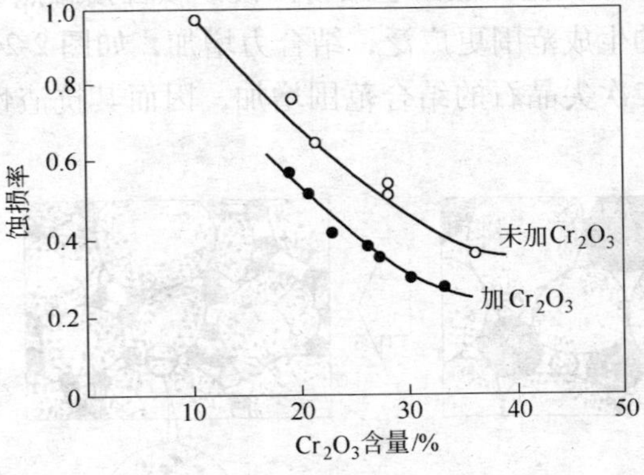

图2-22 $MgO-Cr_2O_3$ 砖的 Cr_2O_3 含量对蚀损率的影响

（2）该直接结合 $MgO-Cr_2O_3$ 砖在1800～1900℃的超高温条件下烧成。

（3）通过适当降低烧成后的冷却速度，增加在晶界处析出二次尖晶石的数量和增大晶粒尺寸，如图 2-23 所示。

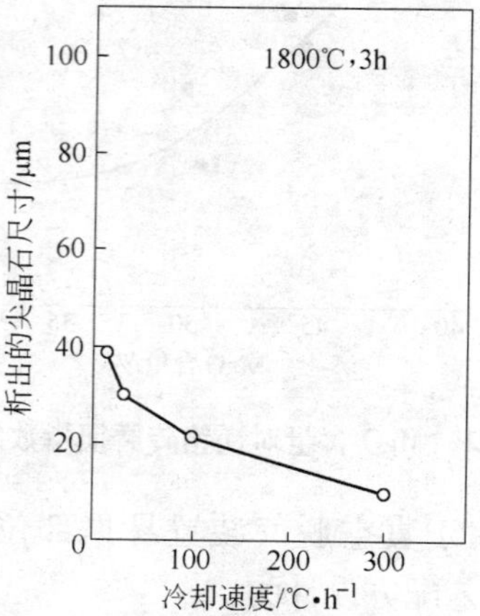

图 2-23　析出的尖晶石尺寸与冷却速度的关系

（4）由于广泛分散的超细粉同镁砂颗粒接触点多，因而二次尖晶石的生成范围更广泛，结合力增加，如图 2-24 所示。图中表明，二次尖晶石的结合范围增加，因而其抗渣性和耐磨损性更佳。

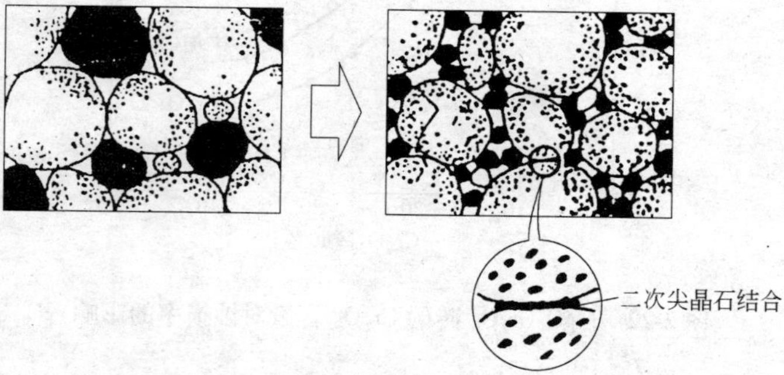

图 2-24　镁铬砖的显微结构模拟图

2.2.2 钢包精炼装置用耐火材料

在真空精炼装置中，VAD 和 ASEA-SKF 等不是独立的炉子，而是和作为处理容器的钢包联合使用（参见图 2-1）。所以，它们又被称为钢包精炼装置。

VAD 的操作步骤是：钢包注入钢液后送入真空室，边抽真空边采用电弧加热。而 ASEA-SKF 的操作步骤除了与 VAD 精炼钢包一样，需要对钢液进行电弧加热外，还需要进行电磁搅拌。钢包精炼技术的发展完全改变了以往钢包内衬对耐火材料的要求。因为：

（1）即使使用了钢包炉盖的隔热板，精炼钢包的热循环仍然相当大。因此，耐火材料的损毁也会比一次炼钢炉大。

（2）钢包移动和提升时，较薄的耐火工作衬内部会出现热机械裂纹。

（3）高的出钢温度以及某些类型的搅拌带来蚀损。

（4）由石灰、铝酸钙和萤石等造成的过热熔渣对耐火内衬产生高度侵蚀。

（5）通常缺少渣的保护层和喷补层，这些与用来延长一次炼钢炉的寿命是相同的；

（6）真空导致耐火材料成分的挥发以及钢水中 C、Si、Al、Ti 和 Mn 等同耐火材料成分的反应也是造成耐火材料蚀损的原因。

在上述条件下使用的耐火材料应具备以下性能：

（1）高温耐蚀性。精炼钢包在温度和时间方面都要求非常严格，最高温度往往达到 1750℃ 以上，而且精炼操作过程中，熔渣碱度约在 0.6～4.0 内变化，所以，内衬耐火材料受到渗透能力极强的酸性熔渣和碱性熔渣的侵蚀，使耐火材料蚀损速度加快。

（2）高的抗渗透性。强渗透性熔渣容易渗透进入耐火材料的气孔内，会使耐火材料变质，产生结构剥落，导致耐火材料超前损毁。

（3）高温耐磨性。强制搅拌激起钢液夹带熔渣流动，对耐火材料内衬产生非常显著的冲刷和高温磨损作用，由此导致其超前蚀损。因此，要求耐火材料具有高强度和高耐磨损性等特性。

（4）高温真空的稳定性。在真空操作的条件下应用的耐火材料应具备较好的真空稳定性。表2-6列出了一些耐火材料在真空中稳定的情况。由表2-6可见，Al_2O_3、ZrO_2和CaO质耐火材料稳定，而MgO、SiO_2和Cr_2O_3质耐火材料不稳定，失重速度大。不过，实际操作却证明，低温对耐火材料的真空挥发性的影响较小，只是到高温时，其挥发损耗才会明显。

表2-6 各种耐火材料在真空中的重量减少速度（1632℃，4h，5μmHg）

品 种	砖的材质		重量减少速度 /g·(cm²·min)⁻¹
高铝砖	高纯刚玉	(Al_2O_3 99%)	0.2×10^{-4}
	高铝质	(Al_2O_3 90%)	0.6×10^{-4}
	莫来石质	(Al_2O_3 72%)	1.5×10^{-4}
	高铝质	(Al_2O_3 70%)	3.5×10^{-4}
	电熔高铝质	(Al_2O_3 96%，Na_2O 3.4%)	1.1×10^{-4}
碱性砖	高纯镁砖	(MgO 97%)	5.4×10^{-4}
	直接结合镁铬砖	(MgO 73%)	5.2×10^{-4}
	再结合镁铬砖	(MgO 62%)	4.2×10^{-4}
	镁尖晶石	(MgO 89%，Al_2O_3 9.8%)	3.6×10^{-4}
	氧化钙	(CaO 96%)	0.6×10^{-4}
	高纯白云石	(MgO+CaO 99%)	0.4×10^{-4}
	电熔镁铬	(MgO 57%)	12.0×10^{-4}
特种砖	高纯氧化钙稳定氧化锆	(ZrO_2 96%)	0.17×10^{-4}
	锆质	(ZrO_2 66%)	3.9×10^{-4}
	铬质	(Cr_2O_3 26%)	7.5×10^{-4}

注：1μmHg = 133.322×10^{-3}Pa。

(5) 抗热震性。精炼钢包的容器是钢包，所以急冷急热频繁，而且是间歇操作，使用条件苛刻。为了适应这种严酷的使用条件，应选用具有高抗热震性的耐火材料砌筑内衬。

为了满足以上操作条件,早期一般选择高性能的直接结合 $MgO-Cr_2O_3$ 砖,再结合或半再结合 $MgO-Cr_2O_3$ 砖砌筑精炼钢包渣线部位的内衬,而以高铝砖砌筑精炼钢包低蚀区域部位的内衬。当今,由于考虑到环境保护的要求,大部分钢包都已经无铬化,而代之以 MgO-C 砖或 MgO-CaO-C 砖作为渣线部位内衬耐火材料,低蚀区域部位则以 Al_2O_3-Spinel(MgO)质耐火浇注料筑衬。

精炼钢包渣线选用 MgO-C 砖还是 MgO-CaO-C 砖，主要取决于精炼钢种、熔渣特性和操作条件，如图 2-25 所示。

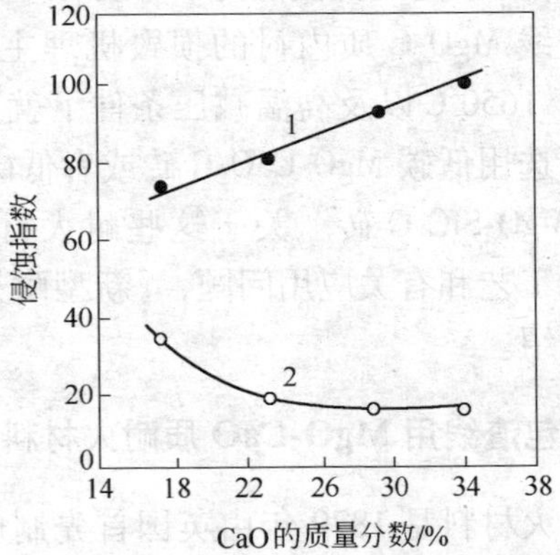

图 2-25　MgO-CaO-C 砖抗侵蚀性试验

(1750℃，4h 回转试验)

1—$CaO-Al_2O_3$ 系；2—$CaO-SiO_2$ 系

熔渣组成/%	CaO	SiO_2	Al_2O_3	MgO	Cr_2O_3	CaF_2
$CaO-SiO_2$ 系	51	40	3	4	2	
$CaO-Al_2O_3$ 系	40	5	35			20

实验结果表明，在 $MgO-SiO_2$ 系（低碱度渣）熔渣中，MgO-CaO-C 砖具有较高的抗侵蚀能力。其原因是：MgO-CaO 颗粒接

触 $MgO-SiO_2$ 系渣时，由于 MgO-CaO 砂中溶出的 fCaO 会立即同熔渣反应，生成高熔点的 $2CaO \cdot SiO_2$ 和 $3CaO \cdot SiO_2$ 固化密积于内衬工作表面，使接触涂渣层熔渣高黏度化，并在内衬表面形成坚固的保护层，从而提高 MgO-CaO-C 砖内衬的耐用性（参见图 2-25）。

然而，在 $CaO-Al_2O_3$ 系熔渣中，MgO-CaO-C 砖的蚀损较严重，并随砖中 CaO 含量的增加而加剧（参见图 2-25）。原因是：从 MgO-CaO 砂中溶出 fCaO 会立即熔解于 $CaO-Al_2O_3$ 系熔渣中，生成 $12CaO \cdot 7Al_2O_3$ 等低熔点物质，以熔融状从砖的表面上排出，熔于熔渣中，从而加速了内衬耐火材料向熔渣中的熔解。相反，MgO-C 砖虽容易被 $CaO-SiO_2$ 系熔渣所侵蚀，而对 $CaO-Al_2O_3$ 系熔渣却具有很高的抵抗能力（参见图 2-25）。

精炼钢包渣线 MgO-C 质内衬的损毁机理主要是 C 的氧化，当操作温度高于 1650℃以及高温减压条件下就更是如此。在这种条件下，即可选用低碳 MgO-CaO-C 砖或者低碳 MgO-C 砖，甚至含碳量低的 MgO-SiC-C 砖。关于这些耐火材料的配方设计、原料选择、制造工艺和有关应用问题，《新型耐火材料》等众多资料都曾作过介绍。

2.2.3　VOD 钢包渣线用 MgO-CaO 质耐火材料

白云石质耐火材料是 1879 年由英国首先制成的，而其重要的突破则始于死烧白云石质耐火材料广泛应用于冶金行业中，原因是它不仅开创了碱性耐火材料的应用历史，而且开创了碱性炼钢（碱性转炉）的历史。

早期，白云石质耐火材料仅作为平炉的补炉材料应用，由于第二次世界大战时期的资源来源的限制，稳定性白云石质、半稳定性白云石质耐火砖以及白云石质捣打料才广泛应用于平炉和电炉。后来，由于全碱性平炉和海水镁砂的发展，白云石质耐火材料的领地即被 $MgO-Cr_2O_3$ 砖和镁砂占领。

20 世纪 50 年代，奥地利研究成功氧气转炉，又迎来了白云石质耐火材料的大发展；焦油白云石大砖，烧成油浸白云石砖和镁白云石砖广泛应用于炼钢转炉。后来又发展了合成白云石（又称 MgO-CaO）质耐火材料，由于其 MgO/CaO 比可以任意调整，从而提高了使用性能。

进入 20 世纪 70 年代，由于 MgO-C 砖在转炉上试用成功，而且使用寿命大大延长，从而迅速取代 MgO-CaO 质耐火材料在转炉全面使用。由于高性能钢种需要耐火材料既要耐用，又要对钢液有一定的净化作用（至少不污染钢液），而 MgO-CaO 质耐火材料同时具备这两个条件，因而它被选为洁净钢、低碳钢、不锈钢等钢种精炼用耐火材料。

如图 2-26 所示，在 MgO-CaO 质耐火材料（1600℃ 以下）中，随着 CaO 含量增加，钢液中硫（S）的含量趋于减少。图中还看出，脱硫的最佳效果是 *w*(CaO) 为 50% ~ 70% 的 MgO-CaO质耐火材料。

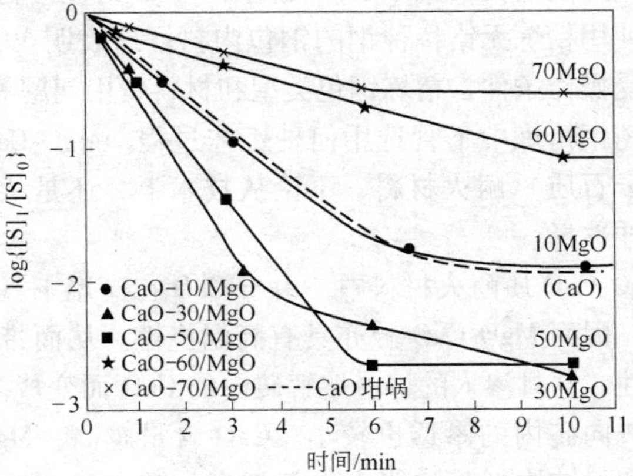

图 2-26　MgO-CaO 材料在 1600℃ 下对钢水脱硫（S）的行为

图 2-27 示出，*w*(CaO) > 25% 时，MgO-CaO 质耐火材料对钢液脱磷（P）也有较好的效果（钢液中 P 含量显著降低）。

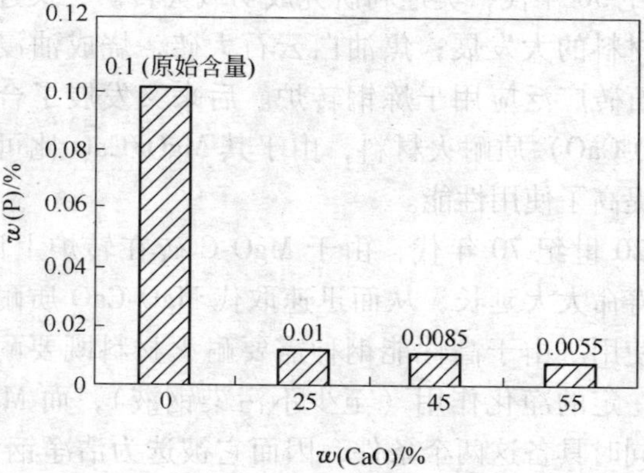

图 2-27　MgO-CaO 材料对钢水脱 P 的行为

研究结果还表明，MgO-CaO 质耐火材料也有利于钢液中［O］含量的降低。已有的使用结果证明，MgO-CaO 质耐火材料已成为不锈钢精炼的首选耐火材料。

在欧洲，镁白云石砖早已广泛用作 VOD 钢包内衬，而日本通常局限使用精炼无铬特种钢的钢包内衬。这表明 VOD 钢包内衬的选材受操作条件、精炼钢包类型和材料费用问题等的影响。

在不锈钢精炼中不管选用何种工艺过程，MgO-CaO 质（特别是镁白云石质）耐火材料，不论从技术上、还是从经济上都是一个最佳选择。

在 MgO-CaO 质耐火材料中，由于 CaO 在高温下具有缓冲应力的作用，因而 MgO-CaO 砖亦具有高温挠性，从而带来良好的耐热剥落性，并且渗入的熔渣熔解砖内的 CaO 而变成高熔点相，所以，熔渣向砖内的渗透也较小。CaO 含量越高，MgO-CaO 砖耐热剥落和耐结构剥落的能力也就越高。镁白云石砖进行渣蚀试验后蚀损深度与渣蚀深度的关系如图 2-28 所示。但是，高 CaO 含量的 MgO-CaO 砖的高温强度较低，抗侵蚀能力会降低。权衡耐热剥落性和抗侵蚀性认为：应向白云石砖中增加 MgO 含量进行富化。

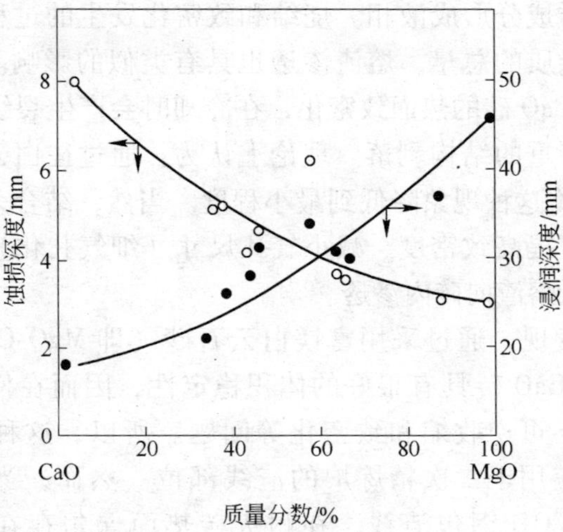

图 2-28　镁白云石砖进行渣蚀试验后
蚀损深度与渣蚀深度的关系

当采用不同数量 MgO 对白云石砖富集后，其物理性能得到显著改善，如体积密度提高，显气孔率明显下降。因此，需要根据不同的精炼操作条件选择不同的 MgO/CaO 比才能与具体的精炼操作条件相适应。

MgO-CaO 质耐火材料在 VOD 钢包中应用存在的问题，除了本身易于水化之外，就是其在再加热时会发生不可逆收缩，当使用温度过高时就更加严重，因而易产生接缝损毁。

另外，在非常致密的 MgO-CaO 质耐火材料中加入 ZrO_2 可以使由于热震所产生的剥落减少到最小程度，在基质中由于 CaO 和 ZrO_2 反应生成大量的 $CaO \cdot ZrO_2$，它能有效地阻止裂纹产生，并能改进抗剥落性。裂纹一旦产生，ZrO_2 又可有效地分散裂纹，使应力得到释放。

产生不可逆收缩的原因是砖中 CaO 烧结以及 MgO-CaO 砖中存在的杂质成分形成液相。烧结和致密化发生的过程取决于温度和砖中杂质的总量。熔渣渗透也具有类似的影响。其结果则导致 MgO-CaO 砖的热面致密化，在冷却时会产生裂纹（龟裂），甚至产生严重的结构剥落。理论上认为：通过往白云石砖中配入 MgO 可将这种现象降低到最小程度。当然，结合采用降低砖的气孔率、提高致密度、减小气孔尺寸（细气孔化）的方法可进一步降低熔渣向砖内渗透。

我们发现，通过采用富镁白云石砂（即 MgO-CaO 砂）生产的 MgO-CaO 砖具有很好的体积稳定性，因而在使用过程中不易产生不可逆收缩和致密化等问题。所以，这种 MgO-CaO 砖被成功应用于二次精炼炉的渣线部位。然而，当这种耐火砖应用于 VOD 钢包渣线，在耐火砖热面偶尔存在太高的温度（大于 1750℃）时，也会使镁白云石包衬形成缝隙或裂缝，一旦钢水渗入，即能导致耐火里衬表面热导率增高，温度上升；同样也会导致不可逆收缩和剥片等问题产生。从使用后的研究结果得出：熔渣向上述改进的 MgO-CaO 砖内渗透却是有限的，因而所观察到的不可逆收缩应该主要是由于温度升高引起的。这就说明，控制 VOD 工艺操作温度不超过 1750℃ 是提高白云石砖使用寿命的一个重要途径。

由于高 MgO 的 MgO-CaO 砖抗 VOD 钢包渣侵蚀的能力很高，因而只要能防止过高温度（大于 1750℃），就可以在 VOD 钢包高度蚀损部位使用这种 MgO-CaO 砖（主要是烧成砖），但应当避免因温度高导致不可逆收缩产生，并避免主要砌缝渗入大量的钢水和熔渣。由于电熔颗粒抗熔渣渗透性能高，故向白云石砖中配 MgO 时，应以电熔氧化镁颗粒的形式配入，以提高 MgO-CaO 砖的抗熔渣渗透能力。使用结果表明：虽然这些砖都与熔渣直接接触，但是熔渣的渗透均受到限制，而且有限的渗透也主要沿着白云石部位发生，随之渗

入熔渣中的 SiO_2 与耐火材料中的 CaO 和 MgO 反应，在冷却时以 CMS 和 C_3MS_2 形式结晶下来。但是，由于镁白云石（MgO-CaO）的两面角较大，因而它可以阻止熔渣向砖的深部进一步渗透。如果结合应用 CaO 使硅酸盐熔渣饱和的方法，在 MgO-CaO 砖的热面形成 C_2S 层，便可抑制熔渣侵入界面层，致使 MgO 的间接熔解速度大为降低，其结果必定能提高使用寿命。

由此看来，烧成白云石砖可以用于 VOD 钢包的净空和金属部位，只要限定平均温度就可以满足冶炼要求。而 MgO 含量高的镁白云石砖也能与渣线部位的使用条件相适应，其可能性则主要取决于处理温度，在限定温度不超过1750℃时，就可以获得与 $MgO-Cr_2O_3$ 砖相近的使用寿命。

VOD 钢包应用白云石砖和镁白云石砖（即 MgO-CaO 砖）具有如下优点：

（1）同 $MgO-Cr_2O_3$ 砖相比，MgO-CaO 砖的价格便宜而且对环境的污染较轻；

（2）由于 MgO、CaO 具有热动力稳定性，更有利于生产洁净钢；

（3）采用二元 CaO/MgO（硅酸盐）熔渣的饱和方法进行熔渣控制，可以达到保护 VOD 钢包里衬、防止熔渣渗透和热侵蚀的效果；

（4）MgO-CaO 砖颗粒大，可阻止熔渣沿 MgO-CaO 砖颗粒边界渗透；

（5）MgO-CaO 质包衬比 MgO 质包衬的脱硫效果更好。

表 2-7 示出了 VOD 钢包用烧成 MgO-CaO 砖的性能，它表明：采用天然镁白云石熟料生产的普通烧成砖有较大的蠕变性，以合成 MgO-CaO 砂生产的高温烧成 MgO-CaO 砖的抗蚀性较高，可使用于 VOD 钢包渣线部位。当然，沥青或者树脂结合的 MgO-CaO 砖也可作为 VOD 钢包里衬的重要耐火材料。

表 2-7 VOD 钢包用 MgO-CaO 的性能

类 别	普通烧成砖		高温烧成砖		
	L45N	L65N	HL65N	HS65N	HS85N
w(MgO)/%	45.2	57.3	59.1	64.2	85.0
w(CaO)/%	51.5	38.4	38.8	34.6	14.3
$w(SiO_2)$/%	0.8	1.6	0.6	0.2	0.3
$w(Fe_2O_3)$/%	1.9	1.5	1.2	0.2	0.1
气孔率/%	10.5	11.5	10.5	11.0	12.5
体积密度/$g\cdot cm^{-3}$	3.00	3.07	3.05	3.07	3.05
耐压强度/MPa	102	62	88	80	63
抗折强度/MPa	29	20	26	27	17
应用部位	侧 壁		渣 线		

3 感应炉用耐火材料

3.1 设备结构及其对耐火材料的要求

感应炉是利用电磁场感应原理将电能转化为热能，使金属炉料发热熔化的高温熔炼设备。按结构分，有无芯感应炉（坩埚式）和有芯感应炉（沟槽式）两大类，如图 3-1 ~ 图 3-3 所示。

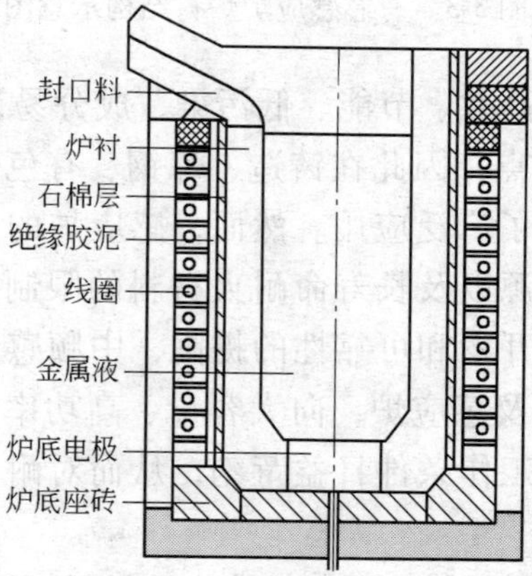

图 3-1 无芯感应炉结构示意图

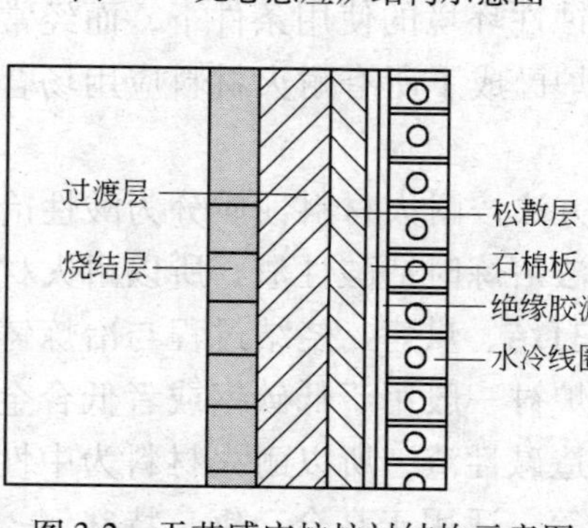

图 3-2 无芯感应炉炉衬结构示意图

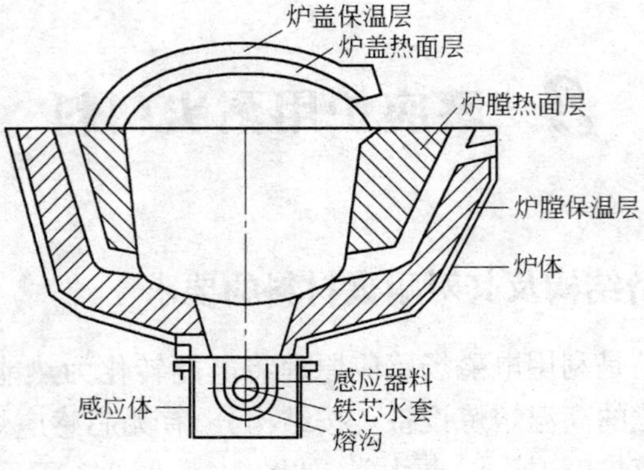

图 3-3　有芯感应炉炉衬结构示意图

感应炉具有高效、节能、低污染、成分易调节（无芯炉）、气氛易控制等优点，因此在铸造、炼钢、有色熔炼、精密合金生产等方面得到了广泛应用。然而，感应炉的发展在一定程度上却受高功率电源以及长寿命耐火材料的限制。随着大功率晶闸管变频电源的开发和可靠性的提高，中频感应电炉逐步取代工频感应电炉以及感应炉，向大容量、高功率方向发展，应用领域不断扩展，工作条件日益苛刻，从而对耐火材料提出了更高的要求。

感应炉用耐火材料处于相对单薄的断面（见图 3-2）和许多熔炼操作的强侵蚀性环境的使用条件下，而经常成了停炉的原因。这表明感应炉已成了所有耐火材料应用场合中最具有挑战性的一个。

感应炉炼钢方法按耐火材料性质分为酸性冶炼法和碱性冶炼法。酸性冶炼法冶炼时造酸性渣，所以耐火材料主要为石英砂和锆英石，其打结、烘烤、烧结过程与冶炼铸铁时相近。石英砂或者锆英石炉衬一般用于低碳钢或者低合金钢的冶炼。碱性冶炼法冶炼时造碱性渣，所以耐火材料为中性、碱性耐火材料或者石墨坩埚等，适用于高合金钢、特殊钢、精密合金钢等钢种的冶炼。

在历史上，有多种系列耐火材料用于感应炉内衬（见表3-1），其中 SiO_2 质和锆英石质由于其酸性曾经偶尔被采用，并延续至今，但更流行的感应炉炼钢用耐火材料主要是高铝质、MgO-CaO 质和由 Spinel 组成的耐火材料。

表 3-1　无芯感应炉用耐火材料

种类	材质及组成	最高使用温度/℃	施工方法	主要用途
酸性耐火材料	天然石英砂质：$w(SiO_2)>98\%$ 熔融石英质：$w(SiO_2)>99\%$	1650	干式振动	铸铁、碳素钢、低合金钢
中性耐火材料	刚玉质：$w(Al_2O_3)>98\%$ 铝尖晶石质：$w(Al_2O_3)=80\%\sim93\%$ 高铝矾土质：$w(Al_2O_3)=50\%\sim75\%$	1750 1750 1500	干式振动	铸钢、高合金钢、特殊钢、铸铁
碱性耐火材料	镁质：$w(MgO)>90\%$ 镁尖晶石质：$w(MgO)>75\%$ 铝尖晶石质：$w(Al_2O_3)=55\%\sim75\%$	1800	干式振动、湿式捣打	铜、铝及其合金
线圈绝缘胶泥	氧化铝质：$w(Al_2O_3)>85\%$，$w(SiO_2)<10\%$	1750	浇注、涂抹	铸铁、碳素钢、低合金钢

感应炉由于功能的多样化，需要多种高性能耐火材料与之相适应。也就是说，耐火材料在感应炉中的应用，不仅需考虑炉型、炉体结构和熔炼工艺，而且也要考虑耐火材料的材质及其从常温到工作温度之间的矿物相、物理性能变化过程和变化机理；同时还要根据应用要求，特别是革新设备的应用要求进行耐火材料的选择和材料性能的改进。

在炼钢应用炉日趋大型化和高功率化的今天，重点则采用 Al_2O_3 基耐火材料并尽量提高其使用性能。由于“配料熔炼”（使用直接还原铁球作添加料等）无芯感应炉的侵蚀性环境和极严峻的热震条件，必须向 Al_2O_3 基耐火材料中配入 MgO、铬矿（包括 Cr_2O_3 粉）和预合成 Spinel 等，以优化材料的性能。

3.2　无芯感应炉用耐火材料

无芯感应炉内衬耐火材料的厚度通常只有 70 ~ 110mm，内侧与高温金属液体接触，外侧紧贴水冷线圈，耐火材料内外侧存在很大温度差，图 3-2 示出了无芯感应炉内衬结构示意图。

3.2.1　炼铁用耐火材料

当无芯感应炉熔炼铸铁（球铁、灰铁以及可锻铸铁）和有色金属时，其内衬耐火材料一般选用石英砂或者锆英石质，或者选用二者混合材料的干式打结料，以硼酸或者硼砂作为烧结剂。

由图 3-4 看出，ZrO_2 加入硅质材料中，对其熔化温度降低的影响非常有限，而且 $ZrO_2 \cdot SiO_2$ 在 1677℃ 分解为 ZrO_2 和

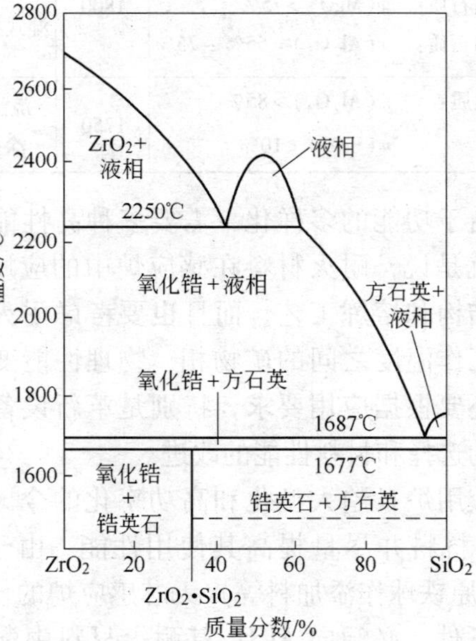

图 3-4　ZrO_2-SiO_2 相平衡图

SiO_2，前者以微粒状态存在于玻璃相中，有利于提高其黏度和抗蚀性能，同时提高材料的高温塑性，提高抗热震性，从而延长使用寿命。

由 SiO_2-B_2O_3 二元系相图（图 3-5）可知，B_2O_3 的熔点为 450℃，SiO_2-B_2O_3 系最低共熔温度为 327℃。当向 SiO_2 中补入不超过 5% 的 B_2O_3 时，SiO_2-B_2O_3 混合料的熔化温度由 SiO_2 熔点（1723℃）下降到 1480℃。该图还表明，以 B_2O_3 作为石英质干式打结料的烧结剂时，在 372℃ 就会出现液相。

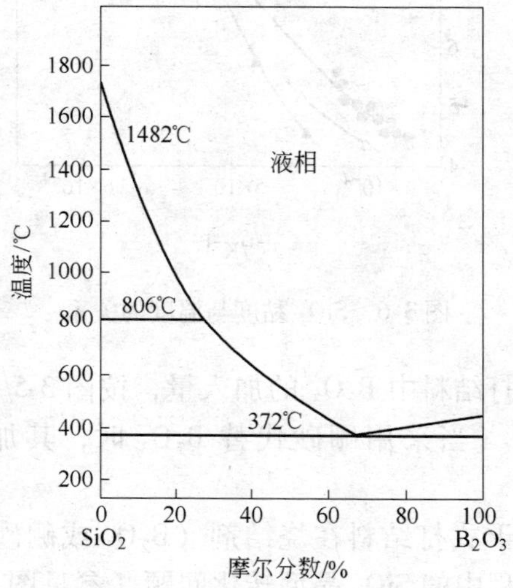

图 3-5 SiO_2-B_2O_3 相图

虽然 B_2O_3 对 SiO_2 熔化温度的影响极为明显，但由于石英玻璃的黏度很大（见图 3-6，在 1730℃ 时约为 $2\times10^6Pa\cdot s$），而 B_2O_3 本身亦为玻璃网络结构形成物，所以少量 B_2O_3 加进 SiO_2 材料中不会造成 SiO_2 玻璃网络结构产生大的破坏而影响 SiO_2 熔体的黏度。这表明，硅质干式打结料采用 B_2O_3 作烧结剂时，既能使感应炉内衬工作表面在较低温度下烧结，又能保证在高温使用时工作表面为一高黏滞层。这种工作表面能阻止金属熔体和熔渣的渗透、冲刷和侵蚀。

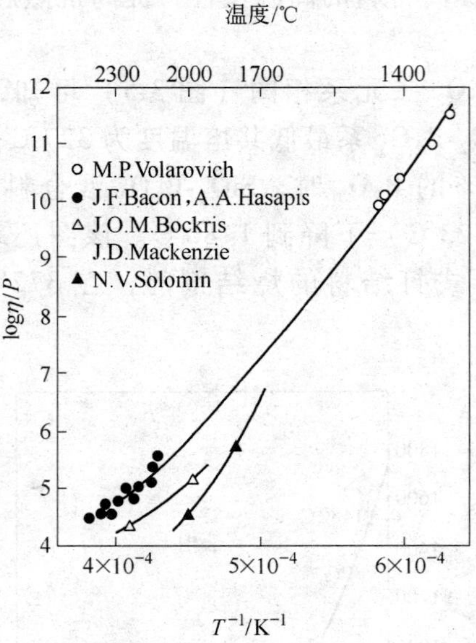

图 3-6 SiO_2 黏度与温度的关系

硅质干式打结料中 B_2O_3 的加入量，按图 3-5 估计，大约为 0.8% ~ 1.5%（当采用硼砂代替 B_2O_3 时，其加入量为 85% B_2O_3 的量）。

考虑硅质干式打结料在烧结剂（B_2O_3 或硼砂）的存在下，烘烤、烧结过程中的 SiO_2 晶型转化问题（参见图 3-7），认为各阶段升温速度不应超过 50℃/h，并在晶型转化温度附近实施保温操作；在高温（1500 ~ 1550℃）阶段则应实施预烧结 2 ~ 4h 以保证获得适宜的烧结层厚度。

硅质干式打结内衬的损毁主要是 SiO_2 同铁液中的［C］反应：

$$SiO_2 + [C] \longrightarrow [Si] + 2CO_{(g)} \tag{3-1}$$

对于球铁而言，式（3-1）反应自由焓为：

$$\Delta G^{\ominus} = 102160 - 58.74T \tag{3-2}$$

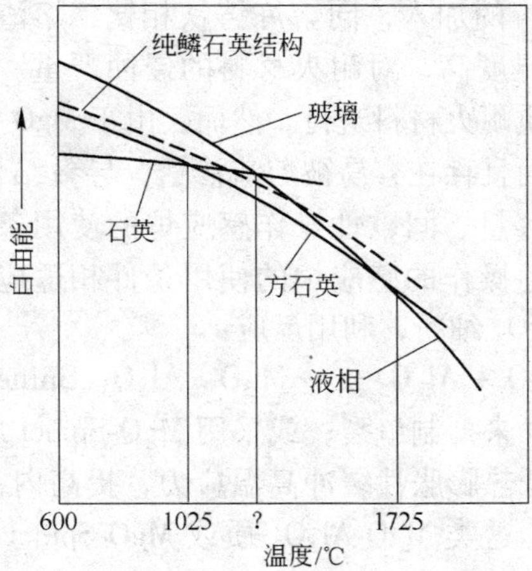

图 3-7 二氧化硅的自由能变化

反应平衡温度 $T_e = 1467$℃。这说明，当熔炼温度超过 T_e 时，感应炉内衬中的 SiO_2 会被［C］还原，导致内衬变质、损毁。相反，当熔炼温度低于 T_e 时，炉料中混入的 Si 和铁液中［Si］则会与 O_2 反应：

$$[Si] + O_2 \longrightarrow SiO_{2(s)} \tag{3-3}$$

生成的 SiO_2 在熔炼时被吸附到内衬工作表面形成炉瘤，使内衬变厚。由于铁液中［C］、［Si］含量不同，反应平衡温度介于 1470 ~ 1600℃（$T_{铸铁} = 1470$℃，$T_{灰铁} = 1540$℃，$T_{可锻铁} = 1580$℃）。

3.2.2 炼钢用耐火材料

当采用酸性炼钢法时，由于冶炼时造酸渣，所以无芯感应炉里衬主要用石英砂（有时也选用锆英石），其筑衬方法、烘烤制度和烧结过程与冶炼铸铁时几乎相同。

当采用碱性炼钢法炼钢时，内衬则选用中性或碱性耐火材料以及石墨坩埚等。这种冶炼方法主要适用于高合金钢、特种钢、精密合金钢等。

碱性炼钢，由于石灰、萤石和各种铁合金（硅铁、锰铁、铬铁和钼铁等）的加入，同熔炼铸铁相比，熔渣成分复杂，润湿性大，冶炼温度高，对耐火材料的侵蚀严重。其中小型感应炉普遍采用镁质耐火材料筑衬。然而，由于 MgO 的膨胀系数大，抗热震性差，而且存在容易被熔渣渗透，导致结构剥落的问题，因而不适于大容量、间歇性操作感应炉的使用条件。为了能与大容量、间歇性操作的感应炉的使用条件相适应，可向镁砂中添加适量的 Al_2O_3 细粉，利用反应：

$$MgO + Al_2O_3 \longrightarrow MgO \cdot Al_2O_3 (\text{Spinel}) \tag{3-4}$$

生成 Spinel 来抑制龟裂；或采用 MgO-Spinel 质干式打结料，利用 Spinel 的低热膨胀性缓冲高温应力，提高内衬的抗热震性。由图 3-8 看出，这类 MgO-Al_2O_3 质或 MgO-Spinel 质耐火材料属

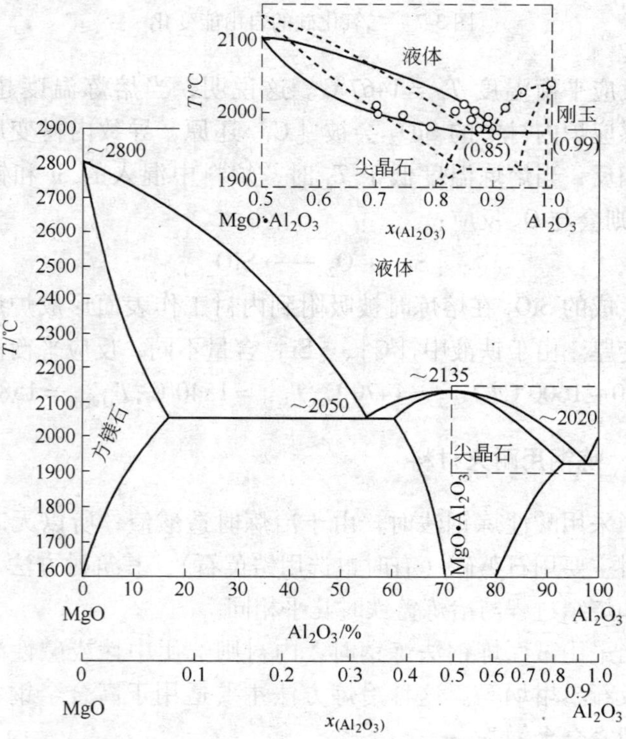

图 3-8 MgO-Al_2O_3 相图

于 $MgO-Al_2O_3$ 系统。这些混合料经高温受热后，其矿物相均为方镁石和尖晶石，2050℃以上则为方镁石和液相，因而具有优异的高温性能。

3.2.3 中型无芯感应炉用耐火材料

以多种废钢为原料炼钢的中型无芯感应炉，以前使用以棕刚玉为主要原料并添加4% MgO 的耐火材料，其使用寿命较低，因为钢液渗入这种 $MgO-Al_2O_3$ 质内衬耐火材料基体，并汇集于耐火内衬的空隙中而导致耐火内衬损毁，表明这种耐火材料容易被钢液广泛渗透而难以同相应的使用条件相适应。

为了改进上述 $MgO-Al_2O_3$ 质耐火材料的性能，可采用白刚玉作骨料，同时增加 MgO 细粉含量，来提高其高温性能。由于材料在高温受热时生成了大量的 Spinel，从而提高了材料的抗渗透性能。根据图3-8，适应上述操作条件使用的 $MgO-Al_2O_3$ 质耐火材料，其骨料应选用高纯优质刚玉原料，细粉则选用相当于 Spinel 组成的 $MgO-Al_2O_3$ 混合细粉料。例如，一种成分为89.0% Al_2O_3、10% MgO 的炉衬材料在以多种废钢为原料炼钢的中型无芯感应炉中使用时，比棕刚玉-MgO(4%)的耐火材料寿命高一倍以上。

然而，当以直接还原铁球作为添加料而改变了中型无芯感应炉熔渣的化学反应，从而导致大量氧化铁渗入 Al_2O_3-MgO(10%)质耐火材料基体内，结果则使其寿命显著降低。在这种情况下，可向 Al_2O_3-MgO 混合料中加入铬矿以使其在使用时就地全部形成镁、铝、铬呈复合尖晶石形态的 Al_2O_3-复合尖晶石质耐火材料。在这种耐火材料中，由于基质中含有 Cr_2O_3，因而材料的基质得到了强化，有利于抵抗氧化铁的渗透。例如，含有 Al_2O_3 84.0%、MgO 8.5%、Cr_2O_3 5%、Fe_2O_3 2%、SiO_2 0.5%的耐火材料作为以直接还原球铁为添加料的中型无芯感应炉内衬耐火材料使用时，对高铁熔渣的化学侵蚀显示出极强的抵抗力，只有极少量氧化铁渗透和轻微侵蚀，表明其适应性较强。

上述含有铬矿的 Al_2O_3-MgO 质耐火材料属于 Al_2O_3-MgO-Cr_2O_3 系统。由图 3-9 和图 3-10 看出，添加 Cr_2O_3 时提高了 Al_2O_3-MgO 质耐火材料的耐火度，而且高温受热时，Al_2O_3、Cr_2O_3 和 MgO 反应，就地形成了更抗侵蚀的原位镁、铝、铬复合尖晶石，结果便改进了与侵蚀能力强的高铁熔渣的适应性。

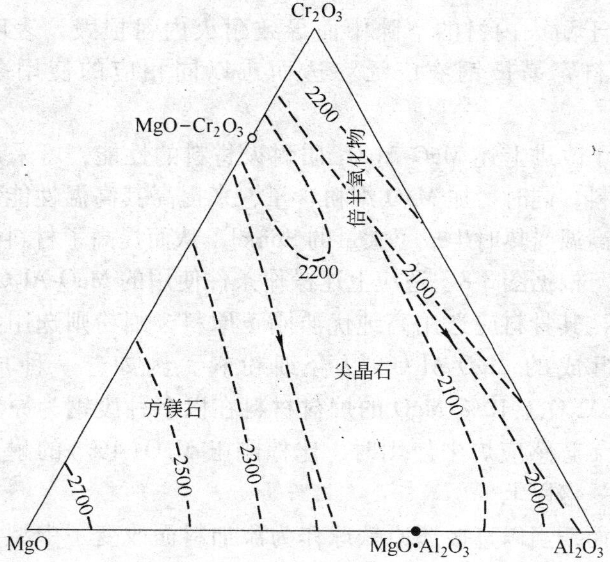

图 3-9　MgO-Al_2O_3-Cr_2O_3 系统内在液相线温度上推出的相关系

3.2.4　大型无芯感应炉用耐火材料

带有连铸机的中型无芯感应炉特别是大型无芯感应炉炼钢的熔炼操作，由于废钢量大，而且含有大量的金属氧化物，结果导致白刚玉-MgO（10%）质内衬基体内渗入氧化锰和氧化铁，产生严重的结构剥落，使用寿命很低。原因是高含量氧化锰和氧化铁渣同内衬耐火材料基体内过量的 Al_2O_3 反应生成富

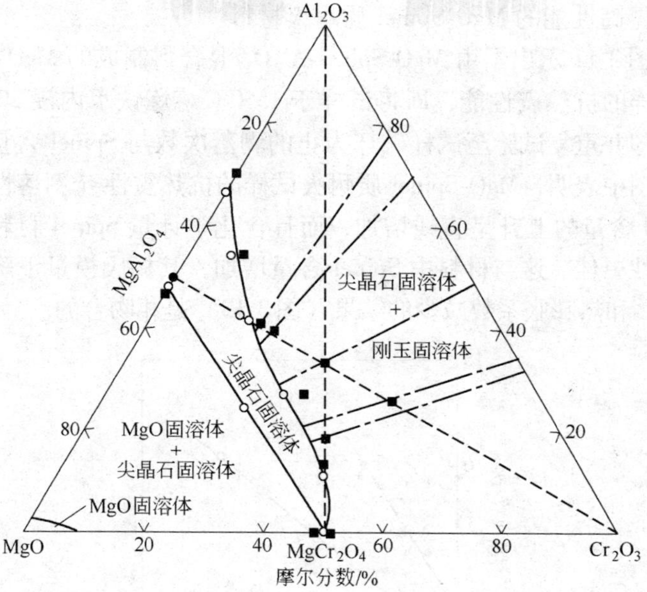

图 3-10　1700℃的 $MgO-Al_2O_3-Cr_2O_3$ 系统

Mn 与 Fe 的尖晶石，伴有非常大的体积膨胀而导致片状剥落。

在这种情况下，可采用全预合成 Spinel 制成的耐火材料。使用结果表明，这种 Spinel 耐火材料（含 30% MgO）用于真空感应炉熔炼操作非常成功。对用后残衬的研究发现：这种耐火材料实质上阻止了氧化锰和氧化铁的渗透，热面反应带基本上消除了。

上述情况表明，以富镁 Spinel（含 30% MgO）为原料制成的 Spinel 质耐火材料抗锰铁氧化物的渗透能力得到提高，对于大型无芯感应炉熔炼，特别在“配料熔炼”的化学和物理方面的适用性也有所强化。

从上述结果中可以推出：大型无芯感应炉内衬耐火材料也能按 MgO-Spinel（预合成-原位 Spinel）方案设计，即以镁砂为粗颗粒，以预合成 Spinel 为中颗粒和细颗粒同时配入 Al_2O_3 和 MgO 细粉，混合物在高温受热时就地形成 Spinel（原位 Spinel）。通过对基质中预合成 Spinel/原位 Spinel 比例进行精心平衡，便能获得高性能的 MgO-Spinel 质耐火材料。

图 3-11 示出了由 MgO-Spinel-Al_2O_3 混合料制成的 MgO-Spinel 质试样的抗热震性能，即将试样于 1550℃ 熔炼铁水内浸 20s，取出冷却并重复试验至试样破坏为止的剥落次数与 Spinel 含量的关系。图中表明，MgO-Spinel 质耐火试样的抗热震性（剥落性）随 Spinel 含量的上升呈直线增加，而且含化学计量 Spinel 材料的抗热震性更佳。这与材料中 Spinel 含量增加，其杨氏模量下降（图 3-12）和热膨胀系数减少的结果（图 3-13）是相吻合的。

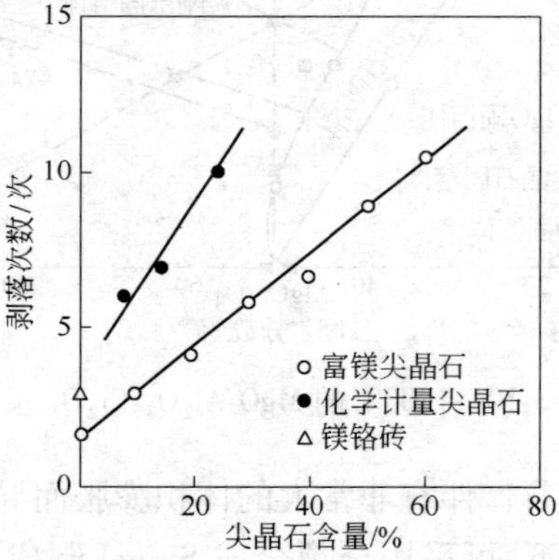

图 3-11　镁-尖晶石砖的尖晶石含量与抗剥落性的关系

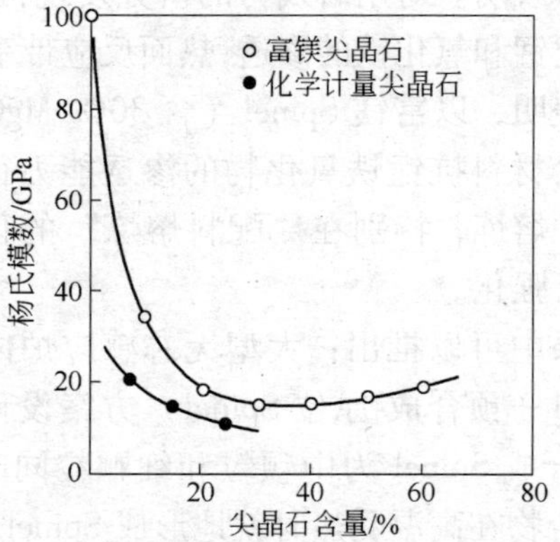

图 3-12　镁-尖晶石砖的尖晶石含量与杨氏模数的关系

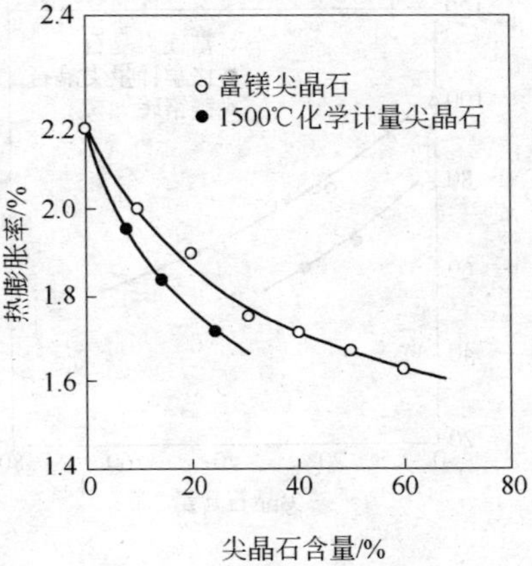

图 3-13 镁-尖晶石砖的尖晶石含量与热膨胀系数的关系

采用砌衬方法在 1750℃的高频电炉内进行 4h 的侵蚀试验的结果列入图 3-14 和图 3-15 中。这两幅图表明，虽然 Spinel 含量增加，抗蚀性有下降的趋势，但对抗渗透性提高却是非常有效的。

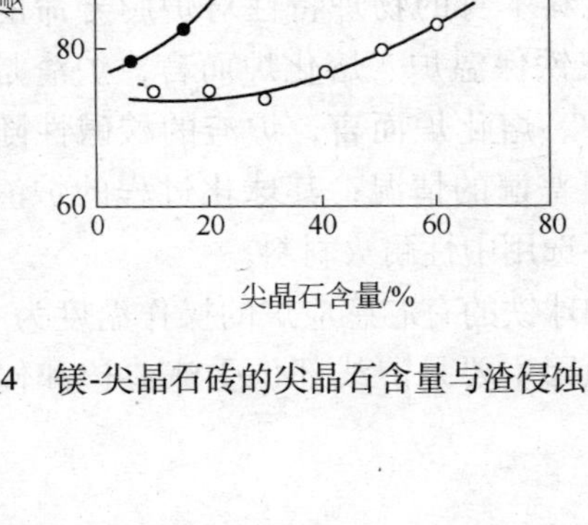

图 3-14 镁-尖晶石砖的尖晶石含量与渣侵蚀的关系

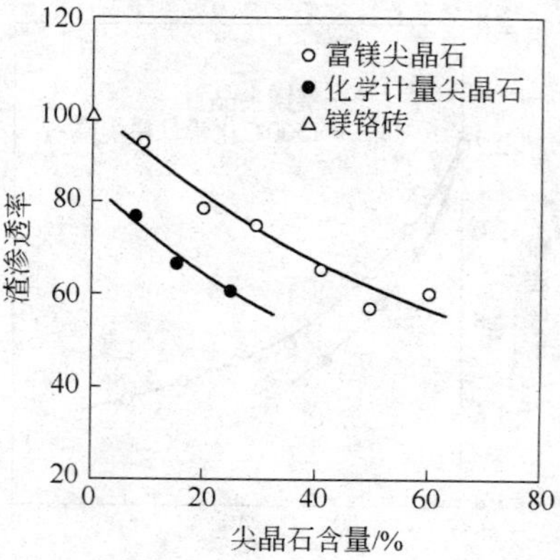

图 3-15　镁-尖晶石砖的尖晶石含量与渣渗透率的关系

根据以上 4 幅图，可以认为 MgO-Spinel 质耐火材料特别是以镁砂为粗颗粒而以 Spinel 为中颗粒和细粉、同时配入 Al_2O_3 和 MgO 细粉、通过精心平衡基质中的预合成 Spinel（原位 Spinel）按比例而制成的 MgO-Spinel 质耐火材料能够同大型无芯感应炉的操作条件相适应。

3.3　有芯感应炉用耐火材料

3.3.1　炉膛用耐火材料

在有芯感应炉熔炼灰铁或球墨铸铁时，与无芯感应炉不同，炉膛寿命主要取决于所用耐火材料与熔渣中侵蚀性成分之间的反应，而耐火材料本身的物理特性对炉膛寿命的影响则居于次要地位。对于灰铁保温炉、熔化炉而言，炉渣是酸性的；对于球墨铸铁保温炉、熔化炉而言，炉渣的酸碱性随冶炼过程变化而交替变化，但普遍的情况，其球化过程的炉渣为酸性，这就表明炉衬应主要选用中性耐火材料。

熔炼灰铁和球铁的有芯感应炉的操作温度为 1450 ~ 1550℃，炉膛内衬损毁原因主要是渣线部位受渣渗透和侵蚀导致内衬变质，产生变质层，其致密度、强度和杨氏模量与原质层都不同，从而导致裂纹和结构剥落，或者形成低熔相而导致内衬耐火材料熔蚀、流失。例如：进铁口和出铁口部位因受铁液冲刷，熔渣侵蚀，尤以进铁口部位损毁严重，常常导致隔墙倒塌或烘炉烧结期间严重裂纹或剥落；中途更换感应圈时，倾炉倒空铁水，温度下降（700～1200℃），也容易产生热震损伤。

所有上述情况都说明，有芯感应炉炉膛里衬应选用抗蚀性、抗冲刷、抗渗透、化学稳定性高的耐火材料。通常，选用电熔刚玉作骨料，配入适量烧结氧化铝细粉，并用以高铝水泥为结合剂的低水泥和超低水泥作耐火浇注料。为了改善内衬的抗热震性并考虑到炉内多为还原性气氛这一情况，可在浇注料中添加一定数量含铁低的 SiC，而获得含 SiC 的高技术 Al_2O_3-SiC 质耐火浇注料。这种高技术耐火浇注料作为有芯感应炉炉膛内衬耐火材料时可获得很高的使用寿命，但他却取决于感应圈的寿命和更换次数，一般感应圈两年更换一次。

3.3.2 感应器用耐火材料

感应器用耐火材料包括熔沟部位耐火材料、封口料和隔离料。熔沟与水套之间最薄处的厚度约为 70mm，而该处温度又最高，达 1600～1700℃，感应器炉壳以及线圈均强制水冷，因而炉子内衬内部温度梯度很大。此外，熔沟材料还受高速铁液冲刷、强烈电磁搅拌和铁液静荷载的作用，因此，这一部位耐火材料处于苛刻的操作条件之中，所以要求内衬耐火材料具有高温强度大、化学稳定性高、体积稳定性好而且致密等特点。考虑到熔沟的复杂形状以及耐火材料所处的工作环境，一般采用以电熔镁砂或者 Al_2O_3-MgO 砂为原料的耐火浇注料或打结料（主要为干式打结料）。

封口料的设计与熔沟内衬材质相同。封口料主要是使对接面的感应器在常温下具有一定的强度，对接后使感应炉与炉体紧密无缝。选用 Al_2O_3 质封口料时，可选用高铝水泥或者 H_3PO_4

作为结合剂，而在快速更换感应器时则以 H_3PO_4 作为结合剂，因其具有热硬化性，可有效地防止现场最容易出现的结合面料爆裂事故发生，提高对接速度和效率。

隔离料使用 Cr_2O_3 粉是因为它与炉膛里衬材料（Al_2O_3 质）或感应器料（Al_2O_3-MgO 质）的烧结温度高，在使用温度下基本上不产生陶瓷烧结层，从而有利于感应器和炉体喉部耐火材料的分离。

3.3.3　炉盖用耐火材料

炉盖一般由保温层和热面层构成、前者以高铝轻质砖砌筑或 Al_2O_3 空心球颗粒为主原料，用以高铝水泥为结合剂的耐火浇注料筑成；而后者则以 AS-85/80 熟料为骨料和细粉，并配入适量镁砂细粉，用以高铝水泥作为结合剂的耐火浇注料筑成。在实际筑衬时辅以锚固砖或者耐热锚固件，以提高内盖内衬抵抗高温气流冲蚀的能力，提高抗热震性和耐用性能，延长使用寿命。

3.3.4　熔炼有色金属用耐火材料

在有色金属加工厂可采用有芯感应炉对其进行熔炼加工。当用有芯感应炉熔炼铜时，其操作温度介于 1200 ~ 1350℃（T_{fCu} = 960℃），感应器熔沟部位温度高达 1350 ~ 1450℃。由于铜的熔点低，铜液黏度小（接近水的黏度），密度大，具有极强的渗透性。并且，渗透的铜易氧化，伴有体积增大即：

$$Cu + \frac{1}{2}O_2 \longrightarrow CuO \tag{3-5}$$

体积增加 0.75%，而

$$Cu + O_2 \longrightarrow CuO_2 \tag{3-6}$$

体积增加 0.04%。这会导致耐火内衬产生裂纹和剥落，加快耐火内衬的损毁。为此，选用硅线石、莫来石和烧结良好的铝矾土熟料为原料制成耐火材料作为炉衬材料。使用经验表明，当向这种材料中添加适量钢纤维时便可提高其抗剥落性能。

熔化 Cu 的有芯感应炉的感应器熔沟部位耐火材料则选用致密铝矾土熟料为主要原料（矿物相为 $3Al_2O_3 \cdot 2SiO_2 + \alpha\text{-}Al_2O_3$），考虑到 Cu 的强渗透性，向配料中添加细粒 SiC，以提高材料的抗润湿性。内衬砌筑方法有打结（以 H_3PO_4 为结合剂）或者干法震动成型（加烧结剂）。

Al 和 Zn 的熔点低（$T_{fAl}=660℃$，$T_{fZn}=418℃$），熔体黏度小，渗透能力很强。铝的化学活性高，高温下为强还原剂，易与耐火材料成分发生化学反应。尤其在耐火材料—铝液—气相三相交界处，Al 及其合金元素，如 Mg、Si、Mn 等易渗透进入耐火材料基体中，发生氧化还原反应，导致耐火材料变质、结构疏松而损毁，因此，一般选用以铝矾土（AS-85/88）为原料制成的耐火材料筑衬。通常采用浇筑成型，以获得致密的整体炉衬。而炼铝用槽型感应式电炉内衬，也可采用 Al_2O_3 含量为 60% 的矾土熟料-MgO(2%)大砖砌筑。

3.4 结论

感应炉是所有耐火材料应用场合中最具挑战性的一种。大批量感应炼钢装置的装配成功急需提高耐火材料的使用性能，结果则促进了感应炼钢用耐火材料性能的不断改进。

感应炉用耐火材料需要根据炉型、炉子结构、所熔炼的钢铁种类、熔炼工艺和操作条件等进行选择，同时也应考虑耐火材料的材质从室温到工作温度之间的物相和物理性能的变化过程和变化机理，以及耐火材料应用条件等。

（1）无芯感应炉熔炼铸铁和有色金属时，一般选择 SiO_2、$ZrO_2 \cdot SiO_2$ 和由它们组成的复相耐火材料。由于 $ZrO_2 \cdot SiO_2$ 在高温受热分解生成 $fZrO_2$ 和 $fSiO_2$，均匀分布于材料中，从而赐予材料高温塑性和抗蚀性能，表明 ZrO_2 可延长 SiO_2 质耐火材料的使用寿命。

（2）无芯感应炉既可采用酸性炼钢法也可采用碱性炼钢法。酸性炼钢用耐火材料与熔炼铸铁一样，使用酸性耐火材料；碱性炼钢则使用中性或者碱性耐火材料。

（3）小型无芯感应炉炼钢时，通常使用镁质耐火材料筑衬，但这种耐火材料抗热震性能较差，而且易被熔渣渗透，产生结构剥落，导致超前损毁，所以难以适应大容量、间歇性操作的使用环境。

（4）正常操作的中型无芯感应炉炼钢时使用由 $MgO\text{-}Al_2O_3$ 或 MgO-Spinal 混合料制成的耐火材料，它们均属于 MgO-Spinel 系耐火材料。

（5）以多种废钢为原料炼钢的中型无芯感应炉使用 $Al_2O_3\text{-}MgO$（约 10% MgO）质耐火材料，可获得高寿命。

（6）以直接还原铁球作为添加料的中型感应炉应使用 $MgO\text{-}Al_2O_3\text{-}Cr_2O_3$（添加铬矿）质耐火材料。由于在高温受热时 MgO、Al_2O_3、Cr_2O_3 等反应生成复合尖晶石，其耐火性能高，抗蚀性强，结果则改进了与侵蚀能力强的高铁/锰熔渣的适应性，因而其使用寿命长。

（7）大型无芯感应炉使用由预合成 Spinel 粒料制成的尖晶石耐火材料，也可以使用由 MgO（粗颗粒、细粉）、Spinel（中颗粒、细粉）和 Al_2O_3 微粒组成的混合料，同时经过对预合成 Spinel 和原位 Spinel 比例进行精心平衡而制成的 MgO-Spinel 质耐火材料。这两类耐火材料均能同大型无芯感应炉的操作条件相适应。

（8）有芯感应炉熔炼灰铁和铸铁的操作温度为 1450～1550℃，不是很高。虽然感应器熔沟与水套处的温度高达 1600～1700℃，但因实施了水冷却，所以耐火材料的选择不是很困难。

（9）无芯感应炉主要采用打结方法筑衬，而有芯感应炉则主要采用浇筑方法筑衬。打结内衬耐火材料在烧结过程中会形成烧结层。为了获得高的适应性，期望烧结层的扩展和强度的上升缓慢进行。因此，耐火材料的配方设计和原料选择应保证内衬工作时与高温熔体接触的工作面能烧结形成具有一定强度的烧结层，而非工作层则应保持烧结前的散状结构，这种结构具有阻止工作层裂纹迁移和吸收裂纹的作用，而为延长内衬的使用寿命打下良好的基础。

4 有色金属熔炼炉用耐火材料

在有色金属工业中消耗耐火材料的大户是有色重金属（铜、镍、铅、锌等）冶炼与炼铝。对于有色重金属冶炼用耐火材料陈肇友曾经有过介绍。这里仅就铜冶炼炉中与炉渣接触区内衬耐火材料和高纯铝熔炼炉用耐火材料进行分析和讨论。

4.1 炼铜炉及其所处的环境

炼铜和炼镍过程基本相似，其差异仅为炼铜转炉的产品是粗铜，而炼镍产品则是高冰镍（镍锍）；铜电解精炼用的是钢阳极板，而镍电解精炼则是用 Ni_3S_2 阳极板。因此，以下仅以炼铜为例来讨论有关炼铜和炼镍炉用耐火材料的问题。

传统炼铜（也包括炼镍）主要采用鼓风炉和反射炉。后来又发展了闪速炉、诺兰达炉，在电力便宜的地方则采用矿热电炉，吹炼使用转炉。连续炼铜与熔化电解铜还有 AsARCo 竖炉。图 4-1 列出了使用碱性炉衬的各种铜熔炼炉。

在炼铜转炉中，炉内 SO_2 气体的浓度达 14%，即 p_{SO_2} = 0.014MPa，SO_2 分解反应为：

$$SO_2 = \frac{1}{2}S_2 + O_2 \tag{4-1}$$

其平衡常数 K_p 为：

$$K_p = (p_S^{\frac{1}{2}} p_{O_2}) / p_{SO_2} \tag{4-2}$$

K_p 同温度（T）之间存在以下关系：

$$\log K_p = -18850T^{-1} + 0.163\log T + 2.65 \tag{4-3}$$

方法		普通		连续
精　矿	15%～40% Cu	浮选（部分焙烧）		
矿石熔炼	冰铜（30%～60% Cu）	○鼓风炉 ○电炉 ○反射炉 ●闪速炉	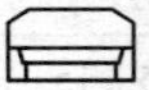 	●闪速炉 ●旋转炉 ●诺兰达炉 ○三菱型（基夫塞特型） 沃克拉型
转炉吹炼	粗铜（95%～99% Cu）	●皮氏转炉 ●Hoboken 转炉 ●旋转炉	 	
精　炼	阳极铜（>99.5% Cu）	●反射炉 ●旋转炉	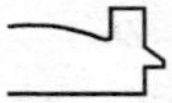	
电解精炼	>99.9% Cu	电解槽		
重　熔		Asarco 型竖炉，反射炉，电炉		

图 4-1　使用碱性炉衬的各种铜熔炼炉

●为全碱性炉衬；○为部分碱性炉衬

由此可求出在炼铜温度为 1400℃（$T=1673\text{K}$）时，$p_{O_2}=6.9\times10^{-6}\text{MPa}$。这比炼钢转炉中 p_{O_2} 分压高得多，表明含碳耐火材料在炼铜转炉中易被氧化，这就解释了为什么含碳耐火材料难以同炼铜操作条件相适应。由此可见，炼铜炉内衬耐火材料应在氧化物系耐火材料范围内选择。

炼铜和炼镍工业所用矿石多为含铜、含镍甚低的硫化物矿，冶炼中产生的气体含大量 SO_2 气体。铜冶炼炉渣和冰铜的成分如表 4-1 所示。它表明，铜矿石熔炼炉渣基本上属于碱性相当低的 $FeO\text{-}SiO_2\text{-}CaO$ 系（在 CaO 含量甚低时为 $FeO\text{-}SiO_2$ 系），而铜转炉吹炼炉渣基本上属于 $FeO\text{-}Fe_2O_3\text{-}SiO_2$ 系（即 $FeO\cdot Fe_2O_3$-

SiO_2 系或者 FeO_n-SiO_2 系)。

表 4-1　冶炼炉渣和冰铜的成分(%)

成　分	铜鼓风炉	铜反射炉	冰铜(大约)	铜转炉	铜铅转炉
CaO	5 ~ 15	0.5 ~ 20		约 1	1.5
SiO_2	25 ~ 40	31 ~ 44	0.1 ~ 1	16 ~ 31	18
FeO	25 ~ 55	25 ~ 50		26 ~ 58	27
Fe_2O_3			40 ~ 50	16 ~ 22	28
Al_2O_3	2 ~ 12	4 ~ 10		1.5 ~ 11	
MgO	1 ~ 3	0 ~ 3		0.5	1
ZnO	0 ~ 12	0 ~ 5			
$Na_2O + K_2O$					
Pb	< 0.2	< 0.7	4 以内	0.5	17
Cu	< 0.8	< 0.8	20 ~ 46	1 ~ 4.6	8
Zn	1.5 ~ 10	< 4	2.5 ~ 5.5	4 以内	3
Ni	< 0.4	< 0.7			
Co	< 0.3	< 0.2			
Sn	< 0.5	< 0.4			0.6
Sb		< 0.3			0.3
As	< 0.02	< 0.3			0.2
Mn	< 1				
S		2 ~ 3.5	23 ~ 28	1 ~ 4	1

陈肇友等人曾经通过对一些耐火氧化物与 Fe_3O_4-SiO_2 系熔渣构成的三元系在 1500℃ 液相区的研究得到图 4-2。图中表明只有 Cr_2O_3 与铁硅熔渣构成的液相区最小,这表明 Cr_2O_3 抗铁硅熔渣的侵蚀性最好。

图 4-3 示出一些耐火氧化物在 FeO-SiO_2 系熔渣中的熔解速度(旋转圆柱体法)与温度的关系,它表明 MgO · Cr_2O_3 抗 FeO-SiO_2 系熔渣的侵蚀性甚佳。

由此可见,炼铜和炼镍工艺的主要特点如下:

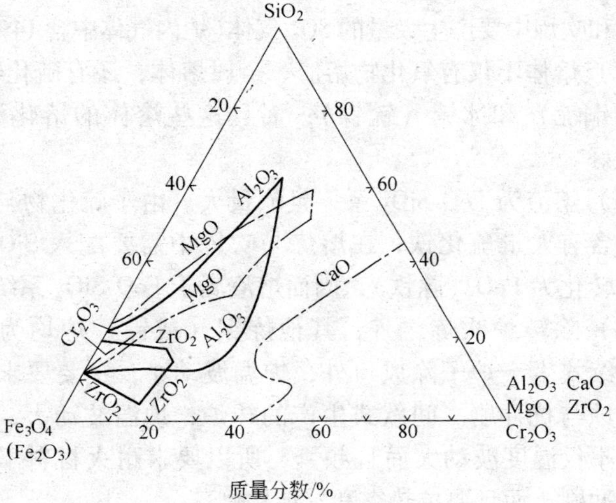

图 4-2　Al_2O_3-SiO_2-Fe_3O_4、Cr_2O_3-SiO_2-Fe_2O_3、ZrO_2-SiO_2-Fe_2O_3、MgO-SiO_2-Fe_3O_4 与 CaO-SiO_2-Fe_2O_3 系在 1500℃时的液相区

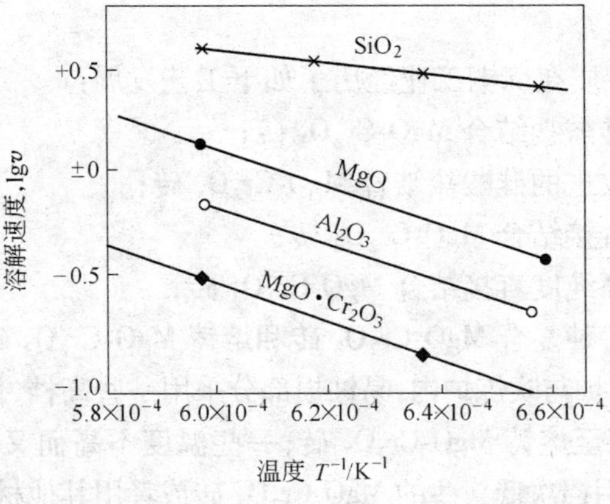

图 4-3　SiO_2、MgO、Al_2O_3 与镁铬尖晶石在铁橄榄石渣中的溶解速度与温度的关系

（转速为 120r/min）

（1）由于矿石为硫化物矿，冶炼中的中间产品为硫化物熔体，在熔体和吹炼中要产生大量的SO_2气体（炉内气体中含14% SO_2）。

（2）熔体不仅有氧化物熔渣、金属熔体，还有硫化物熔体、冰铜（铜锍）和冰镍（锍镍）；而且这些熔体的熔化温度低，流动性好。

（3）熔渣为$FeO\text{-}SiO_2$系，且渣量大。由于硫化物与冰铜或冰镍中含有大量硫化铁，在熔炼与吹炼中需要配入SiO_2造渣，将FeS转化为FeO（除铁），因而熔渣属于$FeO\text{-}SiO_2$系统。

（4）除转炉吹炼之外，其他炼铜（或镍）炉均为连续操作。连续式生产炉子除风口外，炉温波动小，主要要求耐火材料抗熔蚀与抗冲刷。间歇式生产的转炉，炉温波动大，风口与风口区不仅温度波动大而且频繁，所以要求耐火材料不仅要抗熔蚀与冲刷，而且要抗热震和抗结构剥落。

4.2　铜冶炼炉用$MgO\text{-}Cr_2O_3$质耐火材料

鉴于传统铜冶炼的全部操作条件，特别是炼铜熔渣的化学特性（表4-1），炼铜工业是$MgO\text{-}Cr_2O_3$系耐火材料的早期用户，而且沿用至今。

这类材质在炼铜工业经历了如下工艺发展：

（1）硅酸盐结合$MgO\text{-}Cr_2O_3$砖；

（2）改进的硅酸盐结合$MgO\text{-}Cr_2O_3$砖；

（3）直接结合$MgO\text{-}Cr_2O_3$砖；

（4）高纯度直接结合$MgO\text{-}Cr_2O_3$砖；

（5）特种复合$MgO\text{-}Cr_2O_3$砖和熔铸$MgO\text{-}Cr_2O_3$砖。

在熔炼炉与吹炼炉内，易蚀损部分采用一些高档、优质的$MgO\text{-}Cr_2O_3$砖，甚至熔铸$MgO\text{-}Cr_2O_3$砖；一些温度不高而又不接触熔体的部位，则用档次低一些的$MgO\text{-}Cr_2O_3$砖或者用其他材质的耐火材料进行综合砌炉，从而达到既经济、又能延长炉龄的效果。

$MgO\text{-}Cr_2O_3$质耐火材料抗$FeO\text{-}SiO_2$熔渣的侵蚀性能高于MgO质耐火材料的原因可用图4-4和图4-5来解释。

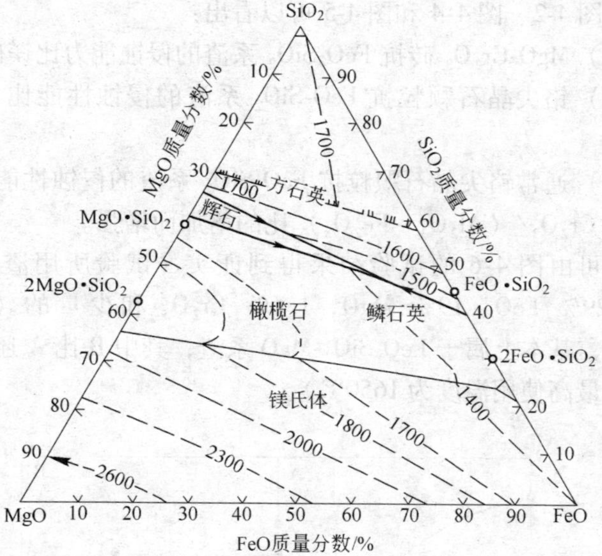

图 4-4 与金属铁接触时 $MgO-FeO-SiO_2$ 的相关系

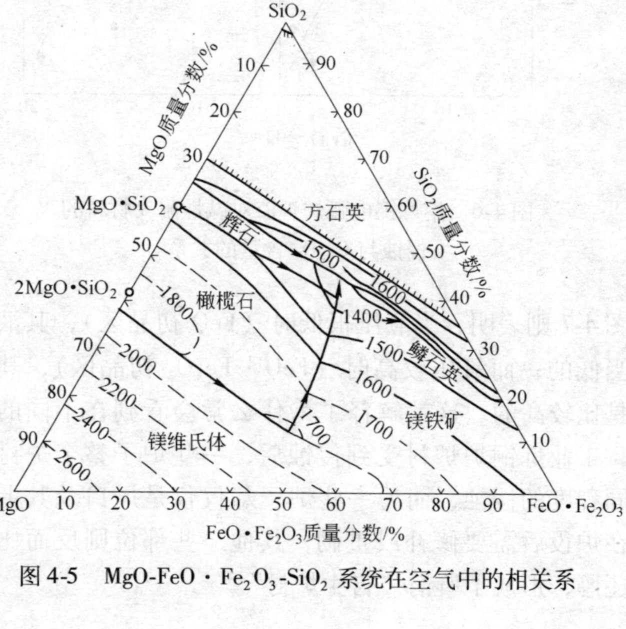

图 4-5 $MgO-FeO \cdot Fe_2O_3-SiO_2$ 系统在空气中的相关系

由图4-2、图4-4和图4-5可以看出：

（1）$MgO\text{-}Cr_2O_3$ 砖抗 $FeO\text{-}SiO_2$ 系渣的侵蚀能力比镁砖强；

（2）铬尖晶石颗粒抗 $FeO\text{-}SiO_2$ 系渣的侵蚀性能比 MgO 颗粒强；

（3）通常铬尖晶石颗粒抗 $FeO\text{-}SiO_2$ 系渣的侵蚀性能随着尖晶石中 Cr_2O_3/（$Al_2O_3+Fe_2O_3$）比的增加而增强。

这可由图4-6的试验结果得到证实（试验所用渣含44% SiO_2、29% FeO、19% MgO，1.5% Cr_2O_3 和少量的（$CaO+Al_2O_3$），基本上属于 $FeO\text{-}SiO_2\text{-}MgO$ 系渣，其中B比A还原性稍强些，最高使用温度为1650℃）。

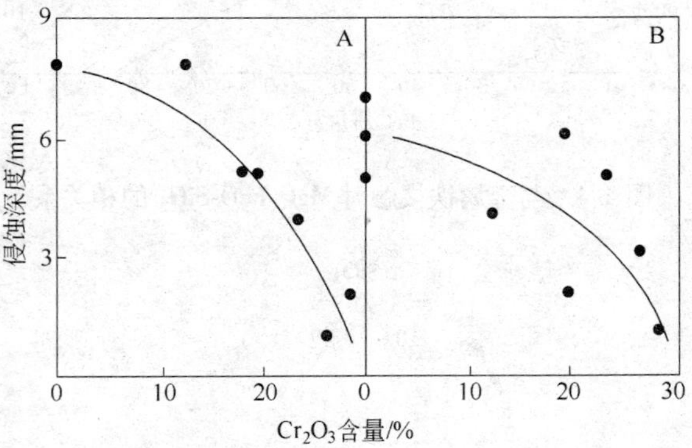

图4-6　熔炼镍电弧炉炉渣对碱性耐火材料的侵蚀与 Cr_2O_3 含量的关系

图4-7则表明，当氧压很低时（FeO初晶区），其液化温度是相当低的；而氧压较高时（$FeO\cdot Fe_2O_3$ 初晶区），其液化温度则是比较高的。这就解释了为什么常会看到在不同的操作条件下，工业炼铜炉炉衬受到侵蚀后，一些炉子整个炉衬几乎受到相同程度的侵蚀，而另一些炉子却仅仅是风口及其上面某些部位在炉役后需要修补或重砌，其他一些部位则反而比原来的衬砖还厚，形成了所谓“自生炉衬”。

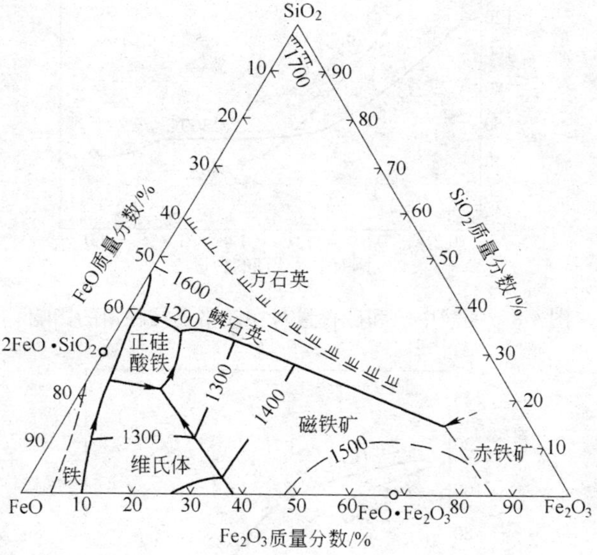

图 4-7 $FeO-Fe_2O_3-SiO_2$ 系液相面投影

4.2.1 铜-($MgO-Cr_2O_3$)砖系统

关于粗铜-($MgO-Cr_2O_3$)砖系统的润湿情况，正如 T. J. Taylor 所指出，铜熔体不湿润 Cr_2O_3，1100℃时接触角为 139°~145°，1600℃时为 98°~129°。此外铜熔体（在熔点温度时）在真空条件下对致密 $MgO \cdot Cr_2O_3$ 的接触角为 121°。

图 4-8 和图 4-9 分别示出了铜熔体中氧或者硫对 $MgO-Cr_2O_3$ 砖和共同烧结料制成的 $MgO-Cr_2O_3$ 砖的接触角的影响。图中表明氧和硫对铜熔体来说都是强表面活性物质，能大大降低铜熔体的表面张力以及与固体的界面张力，增加对耐火材料的润湿性。同时，图 4-9 还表明，$MgO-Cr_2O_3$ 系耐火材料中 Cr_2O_3 含量增加时，铜熔体对该类耐火材料的润湿性变差。M. H. Tikkanen 也指出，在 1200℃下，铜熔体与 $MgO-Cr_2O_3$ 砖结构的界面角可

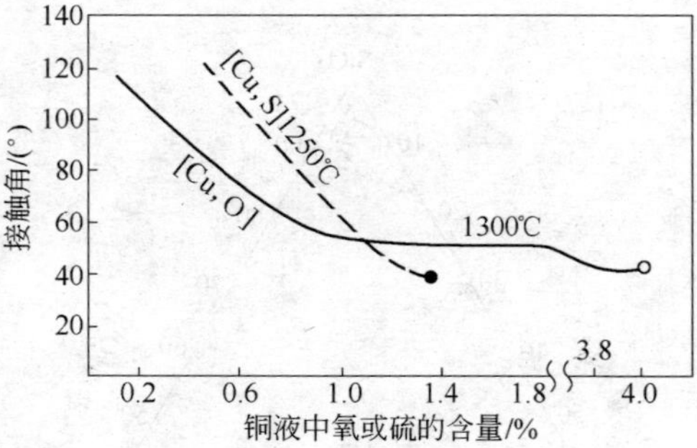

图 4-8　铜液中氧和硫含量对在镁铬上接触角的影响

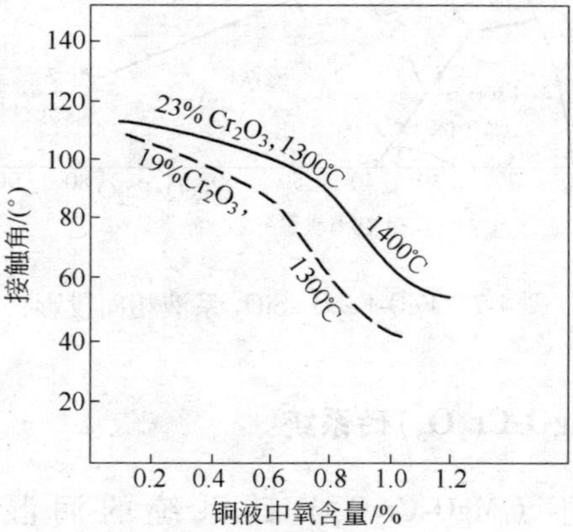

图 4-9　含氧的铜液在 Cr_2O_3 含量不同的共烧结镁铬耐火材料上的接触角

被氧降至 90°，而所需氧含量远低于它在铜熔体中的饱和浓度，仅为十分之几。这样就产生了一个润湿条件（1200℃）下，Cu_2O 与 MgO 之间的界面角约为 15°。

但在此条件下，热导率增加却比较慢（图 4-10），在很强的氧化条件下，甚至根本不增加。因为存在于贯通气孔中的高传导率的铜被热导率低的铜氧化物薄膜所阻隔，并且金属表面张力很大，所以它趋于凝聚状态。

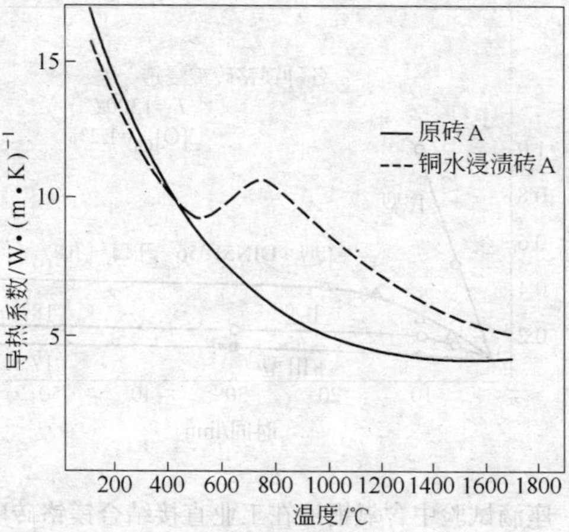

图 4-10 A 种原试样和浸渍试样的导热系数与温度的相互关系（激光光束法）

熔体向耐火材料气孔中渗透的深度 L 由下式决定：

$$L^2 = (r\lambda\cos\theta/2\eta)t \tag{4-4}$$

式中 r——气孔半径；

λ——熔体表面张力；

η——熔体黏度；

θ——润湿角；

t——渗透时间。

由式（4-4）看出，液相渗透到耐火材料的气孔中的条件是，θ（润湿角）$<90°$，即 $\cos\theta>0$。由图 4-8 看出，在 1300℃时，当铜熔体中［O，S］>0.2%，即能渗透到 MgO-Cr_2O_3 砖中去。

图 4-11 示出了铜熔体在不同显气孔率的直接结合 MgO-Cr_2O_3 砖中的渗透情况，而图 4-12 示出不同氧浓度下，铜熔体在 MgO-Cr_2O_3 砖中渗透体积与 $\cos\theta$ 之间的关系。由此可以得出结论：

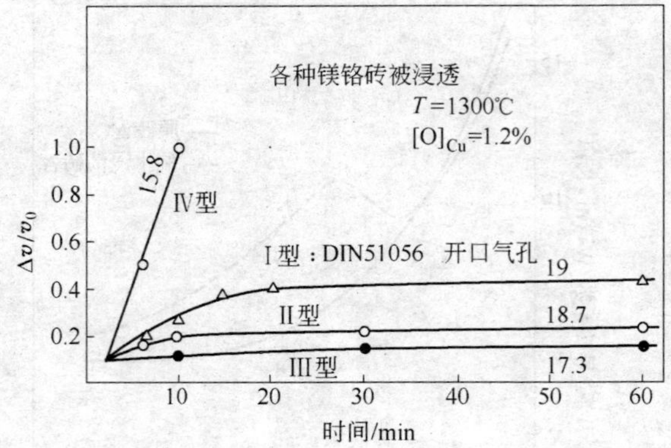

图 4-11　座滴试验中含氧铜液在工业直接结合镁铬砖中的渗透

（开口气孔率按 DIN51056 法测定）

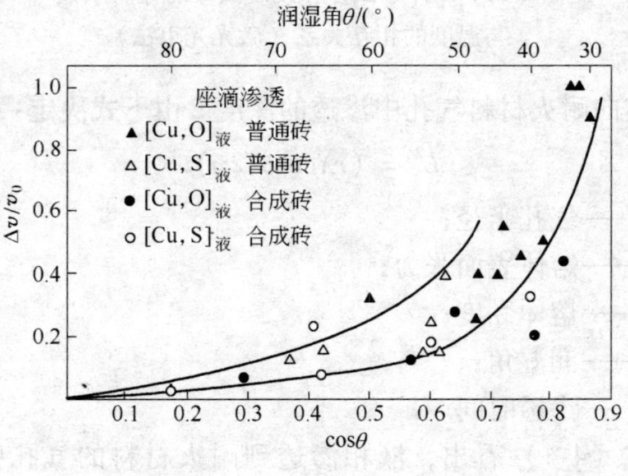

图 4-12　润湿角对铜-氧、铜-硫熔液渗透的影响

（1200 ~ 1350℃下，保温 1h 后）

（1）铜熔体向 $MgO-Cr_2O_3$ 砖中渗透的时间对渗透来说不是主要因素；

（2）含氧铜熔体只是在 $\theta < 50°$时才能迅速渗透；

（3）含氧铜熔体向 $MgO-Cr_2O_3$ 砖中迅速渗透的氧浓度稍大

于1%。

P. Taskinen 等指出，倘若不使氧饱和，那么由 $MgO-Cr_2O_3$ 砖的内部是观察不到任何化学反应的。他们同时还指出，通过简单的热力学分析得知，如果铜氧化物活度 $a(Cu_2O)<0.9$，那么工业生产的直接结合 $MgO-Cr_2O_3$ 砖中的耐火化合物或者物相对铜熔体的侵蚀基本上是稳定的。否则，砖内将会发生化学反应。此外，铜也会氧化为氧化铜是导致 $MgO-Cr_2O_3$ 砖蚀损的重要原因之一。因为 Cu 氧化为 CuO 时，体积增加了 75%，而氧化为 Cu_2O 时，体积增加 64%，产生很大的体积效应，导致 $MgO-Cr_2O_3$ 砖发生变质和结构劣化，它经不起炉子内部的机械冲刷而产生剥落。

关于冰铜-($MgO-Cr_2O_3$)砖系统之间的润湿关系，P. Taskinen 已作过研究，其结果表明，冰铜在 $MgO-Cr_2O_3$ 砖的气孔中渗透较金属容易。他们的研究结果还表明，除白冰铜之外，所有工业中的硫均能渗透到 $MgO-Cr_2O_3$ 砖内的开口气孔中去。如图 4-13 所示，当在有氧存在的条件下（弱氧化条件——SO_2），润湿角会进一步减小。

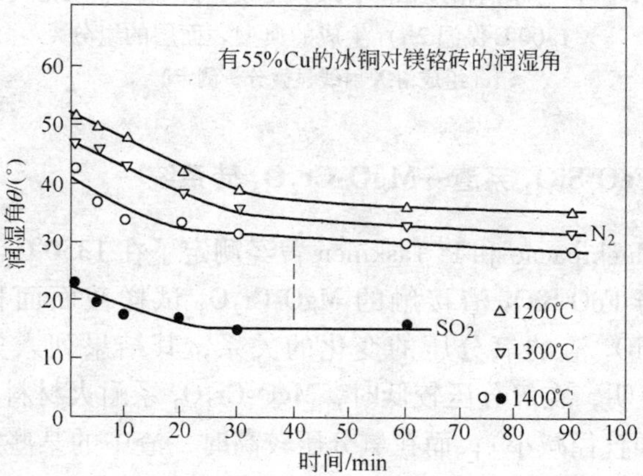

图 4-13 不同温度及气氛下含铜 55% 的冰铜在镁铬砖上润湿角的变化（注意 SO_2 的重要作用）

当在不含氧的气氛中，如图 4-14 所示，在富铁冰铜条件下，即会在方镁石颗粒表面生成一层成分为氧化铁和氧化镁的物质。而在不含铁的冰铜中，会在冰铜-（$MgO-Cr_2O_3$）砖内的陶瓷相的接触处产生铁的富集，说明通过界面有铁的反方向迁移（见图 4-14），这会对 $MgO-Cr_2O_3$ 砖的损毁产生影响。

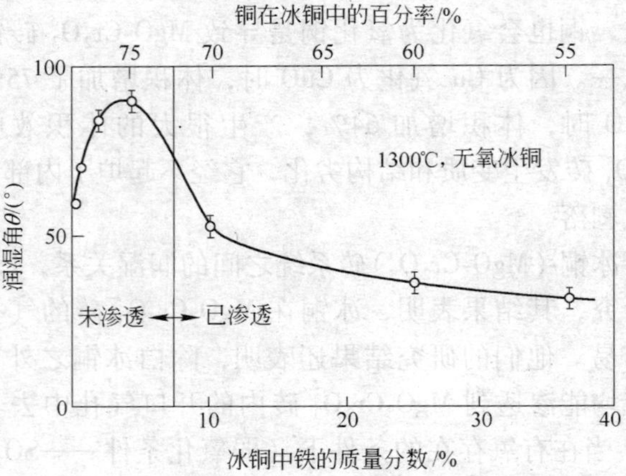

图 4-14　在与冰铜相接触的合成致密镁铬砖上（非氧化气氛下，1300℃保温 2h）生成的典型表面层的组分（组成由 X 射线显微分析测定）

4.2.2　$FeO-SiO_2$ 系渣—$MgO-Cr_2O_3$ 砖系统

M. Maekipaeae 和 P. Taskinen 曾经测定了在 1350℃，2h 的条件下，与 $FeO-SiO_2$ 渣接触的 $MgO-Cr_2O_3$ 试样截面面积变化随 $2FeO \cdot SiO_2$ 渣的氧分压的变化的关系，其结果列入如图 4-15 中。它表明，在氧分压较低时，$MgO-Cr_2O_3$ 系耐火材料则溶于渣中（试样直径减小）；而在氧分压较高时，渣中的某些成分则向 $MgO-Cr_2O_3$ 系耐火材料表面沉积（试样直径变大）。这就再一次证明，当严格控制炼铜 PS 转炉的操作条件使之处于较高氧分压的条件下，可以形成“自生炉衬”，起到保护原来炉衬不受侵蚀

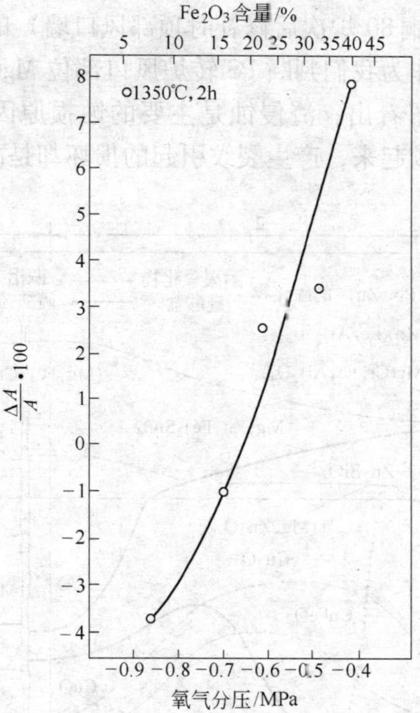

图 4-15 指状试样抗渣试验中镁铬质试样截面面积随气氛中氧分压的变化

（1350℃静态接触 2h，渣中铁硅重量比为 1.8）

和机械磨损的作用，从而使炉役中 $MgO-Cr_2O_3$ 系耐火材料处于最佳工作的状态之中。

我们已经了解到，PS 转炉内衬的 $MgO-Cr_2O_3$ 砖所受到的侵蚀主要是由 $2FeO\cdot SiO_2$ 渣、熔融铜的硫化物和氧化物以及它们同 $MgO-Cr_2O_3$ 砖反应产物的渗透引起的。其中 $2FeO\cdot SiO_2$ 渣渗透会导致 $MgO-Cr_2O_3$ 砖的熔蚀，而铜的硫化物和金属铜的渗透却不会引起 $MgO-Cr_2O_3$ 砖的熔蚀，但是铜氧化物却会同 $MgO-Cr_2O_3$砖的组分反应形成固溶体和化合物。

图 4-16 示出的是由于熔体渗透而引起 $MgO-Cr_2O_3$ 砖（取自 PS 转炉吹炼冰铜 80 炉次后修补时顶部风口墙）的侵蚀的实际例子，该图可以作为我们判断 PS 转炉风口部位 $MgO-Cr_2O_3$ 砖蚀损的依据。由此图看出：渣侵蚀是主要的蚀损原因，即方镁石被强烈熔解。比较起来，产生裂纹引起的损坏却是次要的。

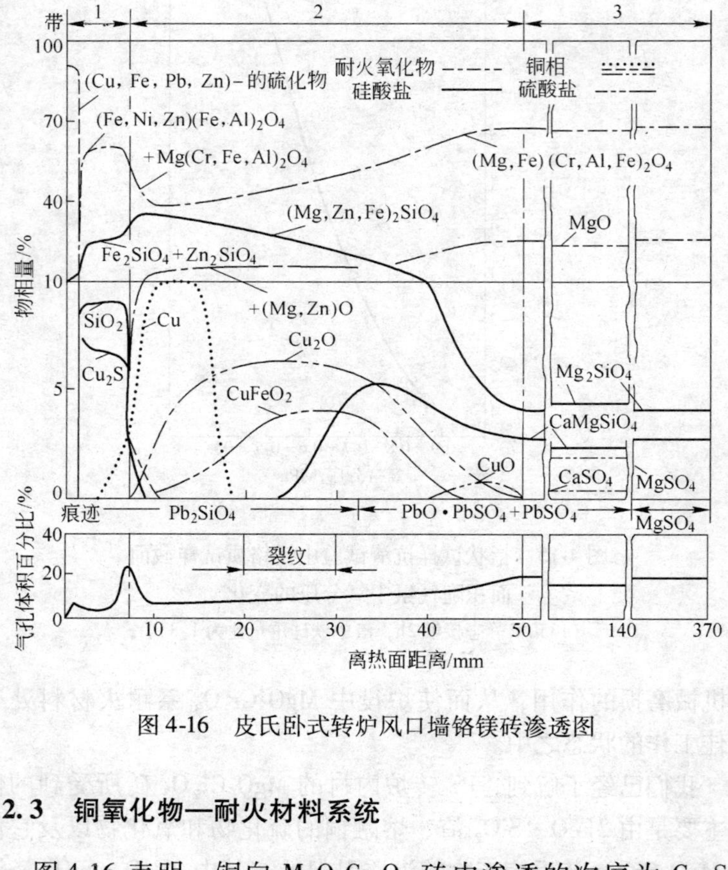

图 4-16　皮氏卧式转炉风口墙铬镁砖渗透图

4.2.3　铜氧化物—耐火材料系统

图 4-16 表明，铜向 $MgO-Cr_2O_3$ 砖中渗透的次序为 Cu_2S—Cu—Cu_2O—CuO。所以有必要研究铜氧化物—耐火材料系统中的相关系问题。

H. Pressley 等研究了 MgO-CuO、$MgO \cdot Cr_2O_3$、$MgO \cdot Al_2O_3$-

Cu 和 $MgO \cdot Fe_2O_3$-CuO 系中液相线的形成，结果如图4-17所示。在前 3 个系统中，没有发现能够使起始熔化温度低于 CuO 熔点

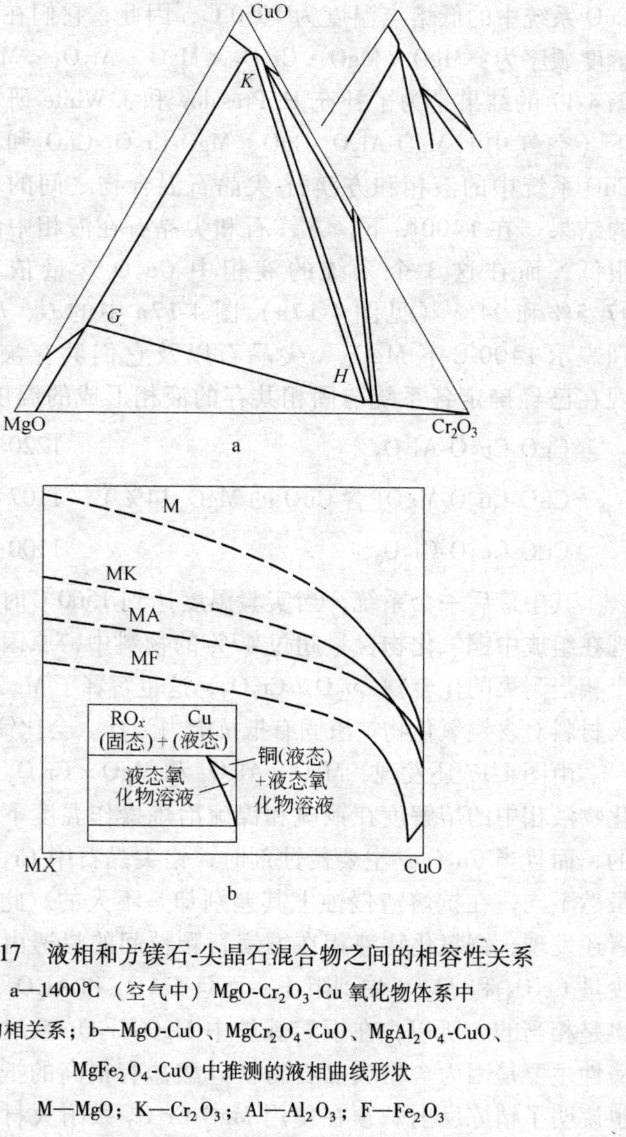

图 4-17 液相和方镁石-尖晶石混合物之间的相容性关系

a—1400℃（空气中）$MgO-Cr_2O_3$-Cu 氧化物体系中的相关系；b—MgO-CuO、$MgCr_2O_4$-CuO、$MgAl_2O_4$-CuO、$MgFe_2O_4$-CuO 中推测的液相曲线形状

M—MgO；K—Cr_2O_3；Al—Al_2O_3；F—Fe_2O_3

（内插小图表示一种可能的修正图）

(1136℃) 的共熔点。Cu_2O 是在 1020℃之下，于空气中由 CuO 分解而形成的，而 Cu_2O 又可分解成 Cu 和 O_2，但 $MgO \cdot Fe_2O_3$-CuO 系统中的低熔点温度为 1050℃，因此，它们在液相中的熔解度顺序为：$MgO < MgO \cdot Cr_2O_3 < MgO \cdot Al_2O_3 < MgO \cdot Fe_2O_3$。图 4-17 的结果是为了补充 H. Pressley 和 J. White 研究在 1400℃下（空气中）MgO-Al_2O_3-CuO、MgO-Cr_2O_3-CuO 和 MgO-Fe_2O_3-CuO 系统中的液相和方镁石-尖晶石混合物之间的相容性关系的结果。在 1400℃下，方镁石和尖晶石在液相中的熔解度都很低，而在这 3 个系统的液相中 Cu_2O 含量依次为 98%、97.5% 和 94%（见图 4-17a）图 4-17a 中的 *G*、*H* 和 *K* 点分别表示 1400℃下 MgO_{ss}、尖晶石以及它们共存液相的成分。现在已经确定各系统与固相共存的液相形成的温度为：

CuO-Cu_2O-Al_2O_3	1220 ~ 1240℃
CuO-Cu_2O-MgO（含 CuO 的 MgO_{ss}14%）	1107 ~ 1138℃
CuO-Cu_2O-Cr_2O_3	1100 ~ 1130℃

其中最后一个系统，当实验温度达到 1560℃时，液相仅出现在组成中铜氧化物含量超过 47% 的物料中，原因是生成了一个相当耐火的化合物 $Cu_2O \cdot Cr_2O_3$，这也解释了 MgO-Cr_2O_3 系耐火材料对含铜氧化物炉渣固有抵抗能力为什么会比镁砖高得多。

由图 4-17 还发现，$MgO \cdot Al_2O_3$ 和 $MgO \cdot Cr_2O_3$ 在含有铜氧化物液相中的熔解度在铜硫和镍硫冶炼操作温度下都是相当低的，而且当 Cu_2O 是主要侵蚀剂时，铬尖晶石中 Cr_2O_3/Al_2O_3 比虽然不同，在抗熔渣侵蚀上其差别却是不大的。此外，上述作者还发现，铜氧化物液相在方镁石颗粒间的渗透由于液相中有少量 Cr_2O_3 和 Al_2O_3 受到阻止，而且 Cr_2O_3 和 Al_2O_3 所起的作用也是相当的。所以，在铜熔炼炉中 MgO-Cr_2O_3 系耐火材料的抗渣性主要是因为含铬尖晶石对铁硅酸盐有很高的抵抗性，同时也说明了精炼反射炉顶在使用 MgO-Cr_2O_3 系耐火材料时也能取得好结果的原因。

$2FeO\cdot SiO_2$ 渣-($MgO-Cr_2O_3$)砖系统属于 $MgO-R_2O_3$(Fe_2O_3,Al_2O_3,Cr_2O_3)-$FeO-SiO_2$ 系统，可以用图 4-18 来简单描述。图中 d 点和 e 点表示组成为 c 的尖晶石共存在 $2MgO\cdot SiO_2$ 和 $MgO\cdot SiO_2$ 的连续固溶体中。当温度和氧压不变，且 R_2O_3 组成一定时，c 点位于 $MgO-FeO-R_2O_3$ 面中的 ab 线上。如果 $2FeO\cdot SiO_2$ 同组成为 a 的尖晶石处于平衡，则 $Fe^{2+}\rightleftharpoons Mg^{2+}$（交代作用）将发生，尖晶石由 $a\rightarrow c$，$2MgO\cdot SiO_2\rightarrow d$，于是将会观察到克肯达耳（Kirkendell）效应。在此效应中，二金属离子越过晶界的不等速相向扩散会使扩散较快的离子所占据的晶界那一边形成气孔。例如，当 Fe_2O_3 与 MgO 之间的阳离子扩散形成一层尖晶石时，在 Fe_2O_3-尖晶石界面将会发生氧的损失，逸向气相；而尖晶石-MgO 界面却将从气相取得氧。由于前一界面的失氧相当于晶格中从 Fe_2O_3 除去的部分，后一界面增加的

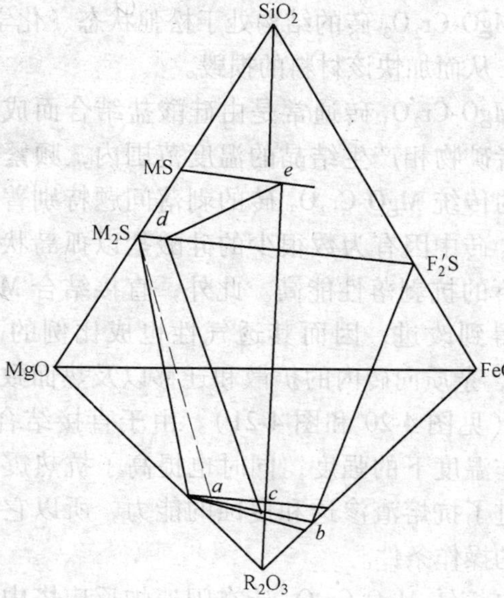

图 4-18　硅酸铁炉渣与铬尖晶石之间反应的相平衡图

M—MgO；F′—FeO；S—SiO_2

氧则相当于增加到尖晶石晶格的那一部分，这就发生克肯达耳迁移。即：

（1）在 Fe_2O_3-尖晶石界面：

$$3Fe_2O_3 + 2Mg^{2+} = 2MgO \cdot Fe_2O_3 + 2Fe^{2+} + \frac{1}{2}O_2 \quad (4\text{-}5)$$

（2）在尖晶石-MgO 界面：

$$2Fe^{2+} + 3MgO + \frac{1}{2}O_2 = MgO \cdot Fe_2O_3 + 2Mg^{2+} \quad (4\text{-}6)$$

对于图 4-18，由于尖晶石内 Fe^{3+} 转变为 Fe^{2+}，Fe^{3+}/Fe^{2+} 比将沿着 *ac* 线减小，因此在反应初期，在硅酸盐—尖晶石界面上，Fe^{2+} 预期氧化成 Fe^{3+}，以后随着反扩散过程的继续，Fe^{3+} 又变成了 Fe^{2+}，使得尖晶石中 MgO/Fe 比降低。所以，当 MgO-Cr_2O_3 系耐火材料受到 $2FeO \cdot SiO_2$ 渣侵蚀时，在尖晶石颗粒中会形成空洞，而使 MgO-Cr_2O_3 砖的结构处于松弛状态（化学疲劳），引起强度降低，从而加快该材料的损毁。

传统的 MgO-Cr_2O_3 砖通常是由硅酸盐结合而成的。在硅酸盐结合质或者矿物相产生结晶的温度范围内，频繁的温度循环使得所使用的传统 MgO-Cr_2O_3 砖的剥落问题特别普遍。直接结合 MgO-Cr_2O_3 砖中因有为数很少的硅酸盐以孤岛状存在，所以在循环温度下的抗剥落性能高。此外，直接结合 MgO-Cr_2O_3 砖由于气孔率得到改进，因而其透气性也成比例的下降（见图 4-19）。所以，杂质向砖内的扩散和迁移以及热面致密化的倾向也大大减少（见图 4-20 和图 4-21）。由于直接结合 MgO-Cr_2O_3 砖提高了操作温度下的强度，同时也提高了抗热震性以及抗剥落性，并改进了抗熔渣渗透和侵蚀的能力，所以它能较好地适应炼铜工业的操作条件。

曾经将电熔铸 MgO-Cr_2O_3 砖在闪速炉反应塔中进行对比试用，观察到反应塔高温反应区使用时比周围的烧成 MgO-Cr_2O_3 砖突出 20～40mm，有的部分还几乎没有蚀损；在沉淀池壁渣线

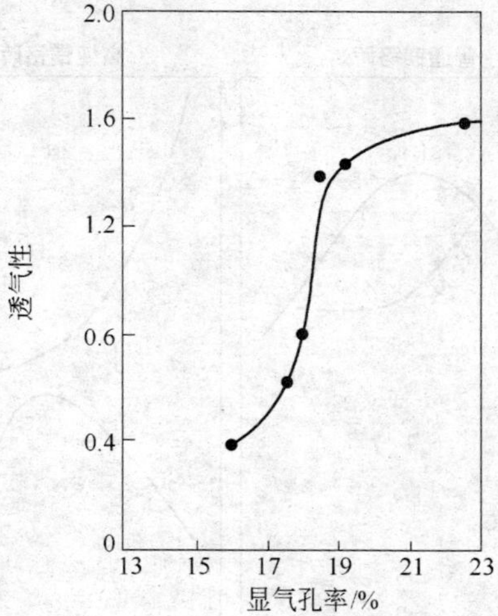

图 4-19 直接结合的方镁石-铬砖的显气孔率与透气性的关系
（空气透气性的值表示在室温和标准大气压下；在 70mbar（6.9kPa）压差下，1s 通过 2.54cm³ 试样的干燥空气毫升数）

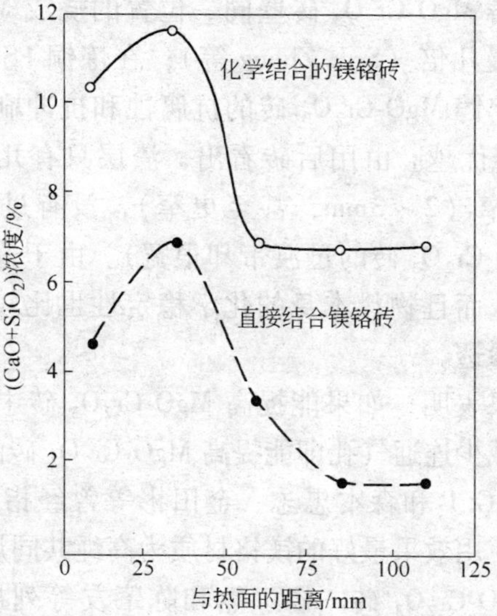

图 4-20 渣浸蚀的方镁石-铬砖中石灰和氧化硅的分布

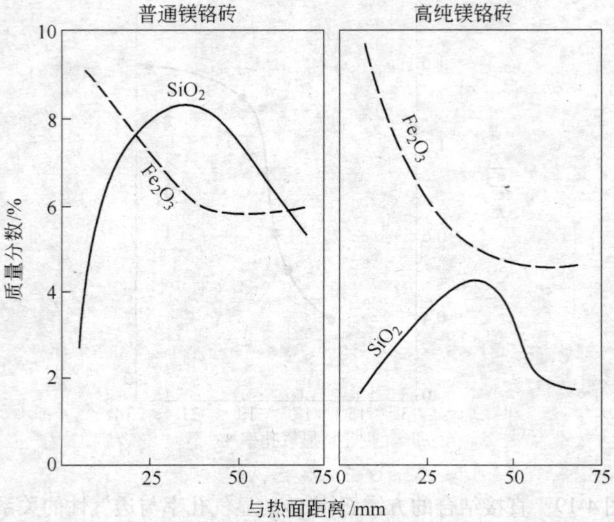

图 4-21　方镁石-铬砖中氧化硅和氧化铁的扩散

使用时，熔铸 $MgO-Cr_2O_3$ 砖壁同一位置的烧成 $MgO-Cr_2O_3$ 砖的渣侵速率要慢几倍（S. L. Zheng 等）；在炼铜 PS 转炉风口区附近使用时，熔铸 $MgO-Cr_2O_3$ 砖的抗腐蚀和抗冲刷能力都比烧成 $MgO-Cr_2O_3$ 砖优越。由用后砖看出，渣层只有几毫米到 20mm，反应带非常窄（2 ~ 3mm，甚至更窄），没有过渡带或渐变带（而烧成 $MgO-Cr_2O_3$ 砖的过渡带却很宽）。由于这种砖没有连通的气孔通道，而且物料本身的化学稳定性也比较好，所以没有低熔物质的渗透。

上述结果表明，如果能提高 $MgO-Cr_2O_3$ 砖中固相之间的直接结合率并减少连通气孔即能提高 $MgO-Cr_2O_3$ 砖的抗渗透能力。

Carswell G. P 和森本忠志、金田彬等曾经指出，在炼铜 PS 转炉风口区使用效果最好的镁铬材质为高纯共同烧结 $MgO-Cr_2O_3$ 砖制成的 $MgO-Cr_2O_3$ 砖。杨丁熬和陈肇友等列出了这种 $MgO-Cr_2O_3$ 砖的成分要求：Cr_2O_3 约 18%，$Al_2O_3$13%，CaO 和 SiO_2

的含量甚低，Fe_2O_3 含量很少。杨丁熬和陈肇友等指出，采用含 CaO 和 SiO_2 低的共同烧结料制成的 $MgO-Cr_2O_3$ 试样，比一般 $MgO-Cr_2O_3$ 试样及一般电熔再结合 $MgO-Cr_2O_3$ 试样的抗 $2FeO \cdot SiO_2$ 渣侵蚀性能好得多；当加入适当的添加剂时，其颗粒表面呈锯齿状。由于锯齿状物可起锚固作用，增加颗粒之间的咬合与联结（或结合）能力，从而可明显地提高 $MgO-Cr_2O_3$ 试样的高温强度、抗热震性及抗渣性。使用结果表明，用低 CaO、SiO_2 以及加入适量（约 5%）添加剂的共同烧结 $MgO-Cr_2O_3$ 料制成的 $MgO-Cr_2O_3$ 系风口砖，其使用效果良好，明显优于普通 $MgO-Cr_2O_3$ 系风口砖。

符合上述要求的 $MgO-Cr_2O_3$ 砖，除了精心选择颗粒配比之外，烧成温度和气氛也是很重要的，由于在还原气氛下烧成的 $MgO-Cr_2O_3$ 砖会产生碳化铬覆盖层，由于氧化气氛下烧成的 $MgO-Cr_2O_3$ 砖可获得热稳定性高的直接结合 $MgO-Cr_2O_3$ 砖，说明适于炼铜条件下使用的 $MgO-Cr_2O_3$ 砖应在氧化气氛中烧成。

4.3 铜冶炼炉用 $MgO-TiO_2$ 质耐火材料

目前，几乎所有的铜冶炼炉都采用 $MgO-Cr_2O_3$ 质耐火材料筑衬。然而，人们对 $MgO-Cr_2O_3$ 质耐火材料有可能产生 Cr^{3+}，并在氧化性气氛中转化成 Cr^{6+}，对环境造成危害越来越关注，从而推动了铜冶炼行业对无铬耐火材料的开发。

此外，由于开发了铜冶炼转炉实际操作中采用铁酸钙基炉渣代替普通的含铁硅酸盐型炉渣的研究结果，又进一步促进了无铬耐火材料的创新进程。采用铁酸钙炉渣操作工艺的优点是提高了从粗铜中除去难以除掉的杂质（锑、砷和铋）的效率，降低了铜在炉渣中的损耗。但由于炉渣碱度较高、渣量大，而加大了对耐火材料的侵蚀。由于铁酸钙炉渣（即使是铁硅酸盐炉渣也一样）侵蚀性特别强（卧式转炉因摇摆而搅动时就更是如此），所以，需要开发新型高技术耐火材料才能与之相适应。

大量的研究成果表明，$MgO-TiO_2$ 质耐火材料具有对环境无污染，抗热震性好，抗富钙炉渣的侵蚀性强等优点，能与炼铜炉的使用条件相适应。

由图 4-22 看出，在 $MgO-TiO_2$ 二元系中存在 3 个二元化合物，其中 $2MgO \cdot TiO_2$ 的熔化温度最高（$T_e = 1732℃$），$w(TiO_2) < 50\%$ 的 $MgO-2MgO \cdot TiO_2$ 亚二元系构成的 $MgO-2MgO \cdot TiO_2$ 质耐火材料的耐火性能随 MgO/TiO_2 比值的增大而提高。由该图预计：$w(TiO_2) \leqslant 20\%$ 的耐火材料会成为一种高技术的 $MgO-2MgO \cdot TiO_2$ 质耐火材料。

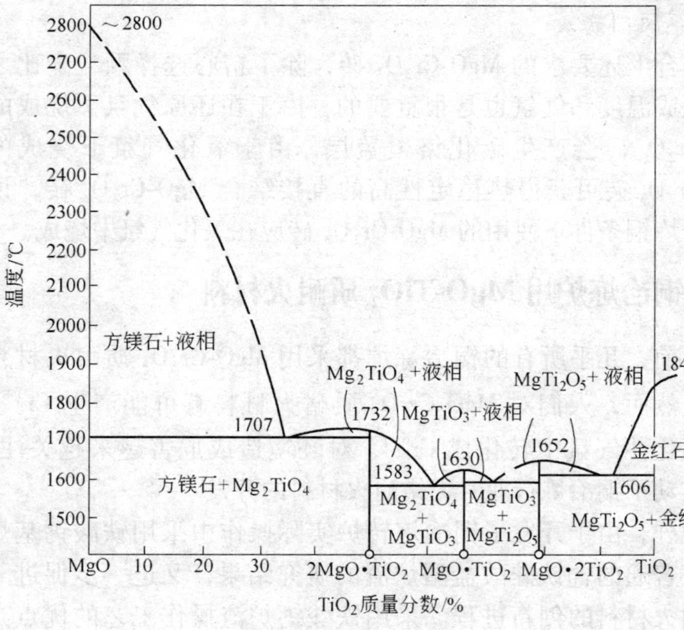

图 4-22　$MgO-TiO_2$ 系相图

由研究结果得出，当 $w(TiO_2)$ 为 2% ~20% 时，$MgO-2MgO \cdot TiO_2$ 质耐火材料显微结构的特点是其主晶相为方镁石，次晶相为原钛酸镁（简称钛酸镁，$2MgO \cdot TiO_2$），后者作为晶间相充填于方镁石晶体之间，将方镁石紧密结合起来，二者结合牢固。

$MgO-TiO_2$ 质耐火材料的配方设计主要是：

（1）以镁砂和 TiO_2 粉为混合料生产，靠材料在烧成过程中 MgO 和 TiO_2 反应就地生成 $2MgO \cdot TiO_2$（原位 $2MgO \cdot TiO_2$，即钛镁尖晶石）。可见，这类材料属于 $2MgO \cdot TiO_2$ 结合的 $MgO-2MgO \cdot TiO_2$质耐火材料之列。

（2）以镁砂和预合成 $MgO-2MgO \cdot TiO_2$ 或合成 $2MgO \cdot TiO_2$ 材料搭配生产 $MgO-2MgO \cdot TiO_2$ 质耐火材料。

（3）以合成 $MgO-2MgO \cdot TiO_2$ 混合料生产 $MgO-2MgO \cdot TiO_2$ 质耐火材料，这类耐火材料成为全合成 $MgO-2MgO \cdot TiO_2$ 质耐火材料。

图 4-23 示出 TiO_2 含量对 $2MgO \cdot TiO_2$ 结合 $MgO-2MgO \cdot TiO_2$ 质耐火试样抗热震性的影响。图中表明，TiO_2 含量为 15% ~ 30% 时，$2MgO \cdot TiO_2$ 结合 $MgO-2MgO \cdot TiO_2$ 质耐火材料抗热震性最好，尤以 $w(TiO_2) = 20\%$ 时为最佳。

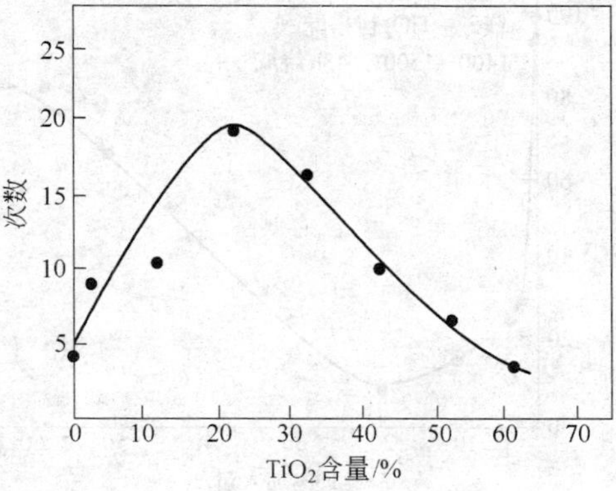

图 4-23 TiO_2 含量对 $MgO-TiO_2$ 试样抗热震性的影响

（230mm × 114mm × 65mm，1/3 入炉内，暴露在空气中，1400℃，0.5h，取出置于空气中冷却 0.5h 的重复次数（至试样一部分剥落））

图 4-24 和图 4-25 示出了 TiO_2 含量对 $2MgO \cdot TiO_2$ 结合 $MgO-2MgO \cdot TiO_2$ 质耐火材料抗渣性的影响。图 4-24 表明，

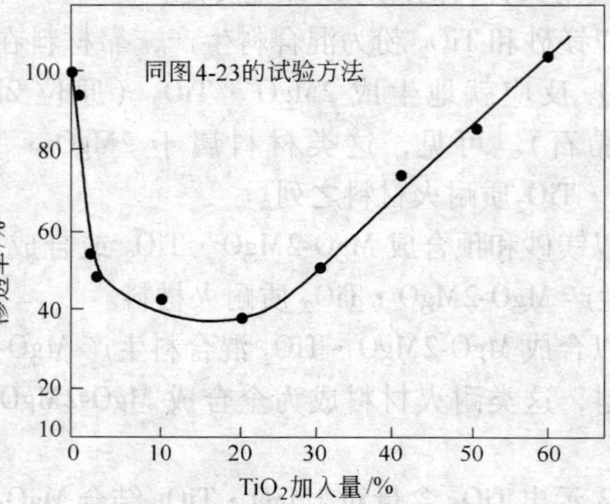

图 4-24　TiO_2 含量对 MgO-TiO_2 试样抗渗透的影响

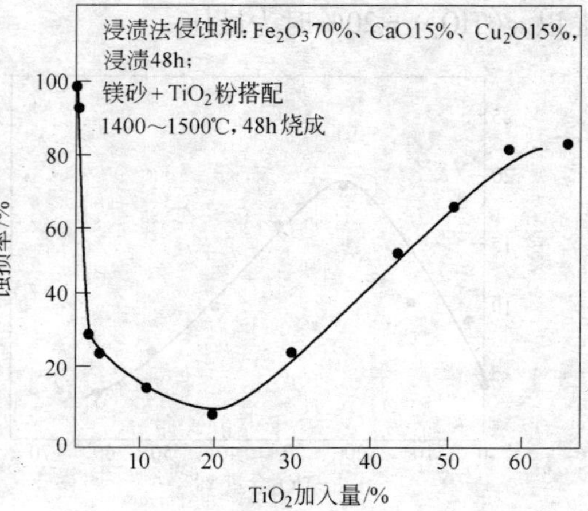

图 4-25　TiO_2 加入量对 MgO-TiO_2 试样抗蚀性的影响

$w(TiO_2)=15\%\sim23\%$ 时材料具有好的抗渗透性；而图 4-25 则表明，$w(TiO_2)=18\%\sim22\%$ 时抗侵蚀性最好。原因是当该类耐火材料与 FeO_n/CaO 质熔渣接触时，沿着二者界面上由 2MgO · TiO_2-MgO · Fe_2O_3 固溶体组成的复合氧化物覆盖在耐火材料表面，可防止熔渣渗透进入耐火材料结构中的开口气孔内（参见表4-2）。该表列出了含 TiO_2 为10%和20%的 $MgO\text{-}2MgO\cdot TiO_2$ 质耐火材料的性能。表中同时列出了含15%的 Cr_2O_3（工业级）的 $MgO\text{-}Cr_2O_3$ 质耐火材料的性能指标以作对比。

表4-2 $MgO\text{-}TiO_2$ 质耐火材料的性能

TiO_2 加入方式	加入量/%	不同 MgO 颗粒的比例/%			气孔率/%	ccf /MPa	热震性/次	蠕变率/%	侵蚀深度/mm	渗透深度/mm
		粗	中	细						
原位	10	10	34	23	14.5	680	20	1.0	2.8	12
$2MgO\cdot TiO_2$	20	30	25	25	14.1	630	17	1.5	2.3	7
预合成	10	30	20	25	13.5	—	24	1.5	1.7	12
$2MgO\cdot TiO_2$	20	33	33	2	14.0	—	23	1.0	1.9	13
全合成	10	90	90	90	17.6	—	17	0.9	2.5	13
$2MgO\cdot TiO_2$	20	80	80	80	14.5	—	12	1.0	2.4	10
$MgO\text{-}Cr_2O_3$ $w(Cr_2O_3)=15\%$		33	33	27.6	18.5	—	5	0.9	3.4	26

由表4-2看出：

（1）高抗渣性和高抗热震性所要求的 TiO_2 含量是不相同的，这就为不同使用条件所要求的具有不同性能的 $MgO\text{-}2MgO\cdot TiO_2$ 质耐火材料配方设计提供了重要依据。

（2）$MgO\text{-}2MgO\cdot TiO_2$ 质耐火材料对于铜冶炼炉炉渣（$CaO\text{-}FeO\text{-}Cu_2O$ 系）的抗蚀性和抗渗透性均高于 $MgO\text{-}Cr_2O_3$ 质耐火材料。

（3）当采用预合成和原位 $2MgO\cdot TiO_2$ 的配方设计生产 $MgO\text{-}2MgO\cdot TiO_2$ 质耐火材料时可获得更好的综合性能，因而其适应性更高。

（4）$MgO\text{-}2MgO\cdot TiO_2$ 质耐火材料能够同铜冶炼炉的操作条件相适应。

对于 $MgO\text{-}2MgO\cdot TiO_2$ 质耐火材料、$FeO_n\text{-}SiO_2$ 炉渣系统来

说，由于 TiO_2 对 SiO_2 具有过滤作用，FeO_n 被抑制在沉淀表面，已进入耐火材料内部的 SiO_2 并不与 TiO_2 反应产生化合物，而且对 TiO_2 的熔蚀量也非常少，如图 4-26 所示。当 SiO_2 同过量 MgO 反应时便生成 $2MgO \cdot SiO_2$（$T_e = 1890℃$），不会对材料产生熔蚀作用。因为 SiO_2 渗透层的物相由 $MgO\text{-}2MgO \cdot TiO_2$ 系转变为 $MgO\text{-}2MgO \cdot TiO_2\text{-}2MgO \cdot SiO_2$ 系，其液相出现温度接近 1700℃。这表明少量的 SiO_2 的渗入不会明显影响 $MgO\text{-}2MgO \cdot TiO_2$ 质耐火材料的抗蚀性能。

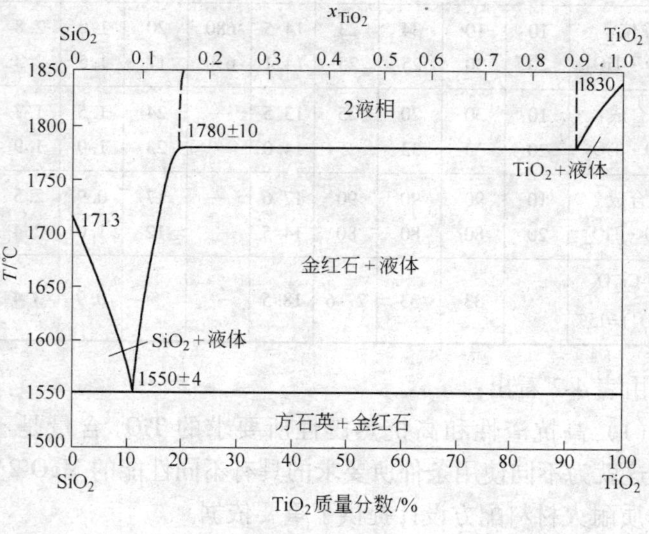

图 4-26　SiO_2-TiO_2 相图

相反，$MgO\text{-}Cr_2O_3$ 质耐火材料虽然具有令人满意的抗蚀性，但它们抗高温富氧化铁碱化熔体的侵蚀方面却具有局限性。它们与这种熔体接触时，耐火材料成分与熔体中的 FeO_n 反应形成的保护层不稳定，从而使侵蚀逐渐深入导致其蚀损。

4.4　铝和高纯度铝生产用耐火材料

铝在有色金属中占第一位，远远超过其他有色金属，铝工业用耐火材料的消耗量也比铜、铅、锌消耗的耐火材料总量还高。因此，对铝工业用耐火材料进行研究和开发是我们研究和开发耐火材料工作中的重要内容之一。

对于铝工业用耐火材料，例如铝电解槽用耐火材料、铝电解槽阴极材料、阳极材料、铝电解槽的侧墙材料和碳质槽底下面的阻挡层等陈肇友已作过系统的介绍，本书仅就铝及铝合金熔解炉用新型耐火材料和高纯铝生产用耐火材料及其有关的问题分述于下。

4.4.1 铝熔炼工艺

铝工业包括 3 个不同的生产领域，即粗炼、精炼和再熔，如图 4-27 ~ 图 4-29 所示。粗炼部分用铝矾土生产金属铝，其工艺中包括若干步骤，如图 4-27 所示。铝工业的精炼部分同粗炼部分一样，将铝精炼成特定成分的合金。其原料通常为废铝。把废铝混合料以冷态加入反射炉熔化，调整成分至目标要求，其流程如图 4-28 所示。再熔指使用熔炼铝生产诸如薄板、板、铝丝及铸件，但不包括铝锭等制品的工艺。图 4-29 示出了再熔的工业流程。再熔厂通常是粗炼厂和精炼厂的用户，同时也使用自己生产过程中回收的废铝。

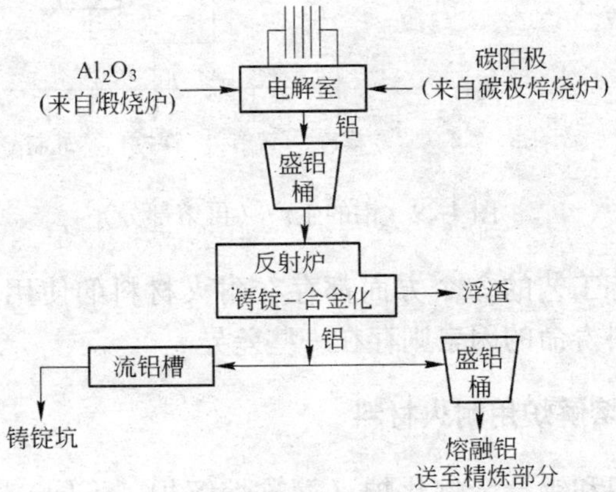

图 4-27 铝的生产（粗炼部分）

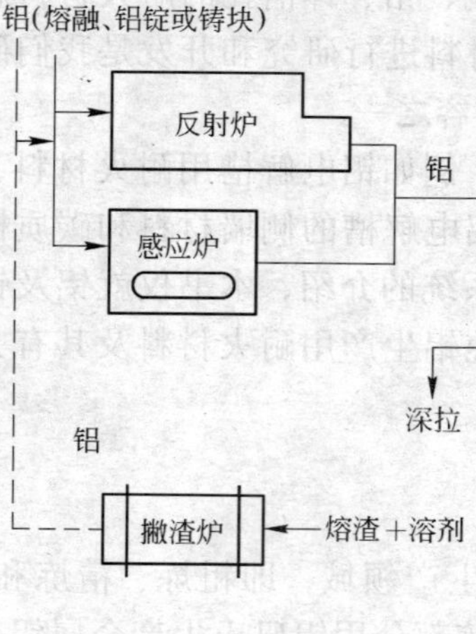

图 4-28　铝的生产（精炼部分）

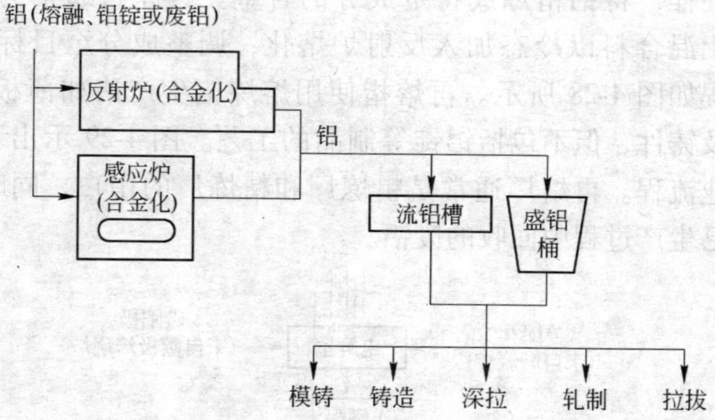

图 4-29　铝的生产（再熔部分）

铝熔炼工艺的 3 个方面都存在耐火材料的使用问题，但影响耐火材料寿命的因素则存在一些差异。

4.4.2　铝熔解炉用耐火材料

常用铝和铝合金熔化炉（简称熔解炉，下同）主要有反射炉、坩埚炉和感应炉。我国目前铝加工行业用的熔解炉主要是反射炉，因其具有容量大、热效率高、操作容易等优点。

随着铝熔解炉的不断大型化和强化冶炼的实施，对内衬耐火材料提出了更加苛刻的要求，因而迫切需要对熔解炉用耐火材料的性能进行改进。以抑制材料的损毁和对铝液的污染。

虽然铝熔解炉的操作温度只有800～1000℃，比钢铁冶炼的温度低得多，但因金属铝以及铝中合金元素非常活泼，它们不仅能极容易地同耐火材料成分反应生成相应的氧化物，而且金属铝和铝合金溶液能极容易地渗透进入耐火材料结构中的气孔内，产生特殊的变质层，在温度变动的条件下产生结构剥落，造成耐火材料过快损毁。

铝熔解炉用耐火材料损毁的原因有：

(1) 金属铝熔点低（约750℃）、黏度小（仅0.104Pa·s），同20℃水的黏度（0.10Pa·s）相当。这表明金属铝液和熔融铝合金容易向耐火材料结构中的气孔内渗透，会导致耐火材料的结构剥落，加快其损毁。

(2) 金属铝和铝合金元素的化学活性高，会导致耐火材料中的SiO_2、R_2O、Fe_2O_3、TiO_2被还原：

$$2Al + \frac{3}{2}SiO_2 = Al_2O_3 + \frac{3}{2}Si \tag{4-7}$$

$$2Al + Fe_2O_3 = Al_2O_3 + 2Fe \tag{4-8}$$

$$3Mg + Al_2O_3 = 3MgO + 2Al \tag{4-9}$$

(3) 一些合金元素特别是Mg等高蒸气压元素容易渗入耐火材料气孔内并发生反应：

$$2Mg_{(g)} + O_2 = 2MgO \tag{4-10}$$

$$MgO + Al_2O_3 = MgO \cdot Al_2O_3 \tag{4-11}$$

由于伴随体积增加而导致耐火材料疏松和破坏。

(4) 清理炉衬表面结瘤和沉积杂物而导致耐火内衬的机械损坏。

其中，铝液和铝合金溶液的渗透导致耐火材料结构剥落是铝熔解炉内耐火材料过快损坏的主要原因。当铝液或熔融铝合金渗透进入耐火材料结构中的气孔内以后，不仅使之质量受到影响，而且导致炉衬变质，使被渗透区域变得非常疏松而很容易被冲击流所腐蚀，这就会导致耐火材料未被渗透部分进一步受到化学侵蚀。在没有机械作用清除变化了的耐火材料（被渗透部分）的情况下，便会由于热温度梯度，而使化学侵蚀变慢并停止。但由于原质层和变质层的膨胀系数和弹性模量等不同，在温度变动的情况下，在热应力的作用下就会产生同加热面平行的裂纹。在多次热循环中，便会导致结构剥落的发生，这种结构剥落即可显著地加快耐火材料的损毁。

从材质设计方面考虑，向配料中添加能有效限制渗透的组分，如石墨、SiC、Si_2ON_2、Si_3N_4、B_4C、BN、$9Al_2O_3 \cdot 2B_2O_3$ 和 $Al_2O_3 \cdot TiO_2$ 等便能大大提高耐火材料抗结构剥落的性能。

通过对刚玉质耐火材料颗粒进行优化以及适量配入非氧化物、选择优质结合剂、采用高压成形，可获得性能较佳的复合刚玉质耐火材料（制品）。这些高性能复合刚玉质制品用于熔解炉时，可限制铝液渗透，减少结构剥落损毁，提高耐火材料使用寿命。

现在已经得知，通过对耐火材料颗粒分布进行优化以及微粉的应用，制造平均气孔径不超过 0.5μm（不超过铝液渗透的临界气孔直径）以及透气度低的耐火材料便能限制铝液渗透。

根据所熔解的产品和操作条件，认为熔解炉内衬耐火材料可选用 SiO_2-Al_2O_3 质耐火材料。考虑到金属铝和铝合金中的合金元素对 SiO_2 有很强的还原能力（反应式 4-8），因而应选用 Al_2O_3 含量高的 SiO_2-Al_2O_3 质耐火材料（如铝矾土质耐火材料和刚玉质耐火材料）。在组织结构上，应制造透气度低、气孔直径小于 0.5μm 的高铝质耐火材料，即能与熔解炉的使用条件相适应。

现在已经确定，向高铝质耐火材料中添加 $9Al_2O_3 \cdot 2B_2O_3$ 时可显著抑制铝液渗透。$9Al_2O_3 \cdot 2B_2O_3$ 和高铝质耐火材料属于 Al_2O_3-B_2O_3 系统，如图 4-30 所示。图中表明，$9Al_2O_3 \cdot 2B_2O_3$

的熔点为1965℃，Al_2O_3-9Al_2O_3·2B_2O_3共熔点为1952℃，表明在Al_2O_3材料中添加约13% B_2O_3时仍具有很高的耐火性能。另外，研究结果还表明，在高铝或刚玉质耐火材料中添加Al_2O_3·2B_2O_3达3%以上时，便能抑制铝液的附着和渗透以及对铝液的污染。

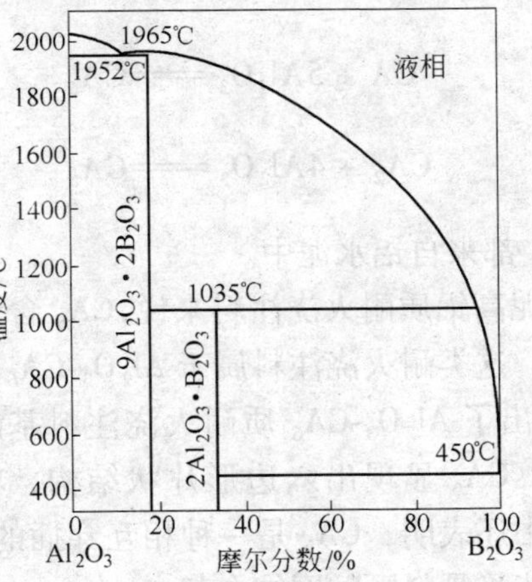

图4-30　Al_2O_3-B_2O_3系相图

此外，Al_2O_3·TiO_2不与Cu、Pb、Zn和Al等有色金属熔体润湿，因而认为Al_2O_3·TiO_2质耐火材料也不被铝液渗透。这类耐火材料属于Al_2O_3-TiO_2质耐火材料。Al_2O_3·TiO_2的熔点为1860℃，Al_2O_3-Al_2O_3·TiO_2亚二元系共熔温度仍高达1840℃，这说明Al_2O_3-Al_2O_3·TiO_2质及Al_2O_3-TiO_2质材料可以构成高性能耐火材料。同时，Al_2O_3·TiO_2具有线膨胀系数小（仅$0.5\times10^{-6}K^{-1}$）、抗热震性好、热导率低（$1.2W\cdot m^{-1}\cdot K^{-1}$）、保温性能高等特性，因此，国外已将$Al_2O_3$·$TiO_2$质耐火材料用于铝液从保温炉至铸模之间的连接管道和连接环。

Al_2O_3·TiO_2质耐火材料的缺点是在800℃以上不稳定，易分解。其原因认为是由于Ti^{4+}扩散速度慢，Al_2O_3和TiO_2反应不完全而残存在于Al_2O_3·TiO_2中的Al_2O_3微晶在800℃以上成为$Al_2O_3 \cdot TiO_2$分解的晶核所造成的，可通过加入少量添加物（Fe_2O_3、La_2O_3、MgO）来促进Ti^{4+}的扩散，使Al_2O_3和TiO_2反应完全而得到解决。

当高铝材质材料按低水泥耐火浇注料设计时，在高温条件下，其基质的矿物相都会转化为$\alpha\text{-}Al_2O_3 + CaO \cdot 6Al_2O_3$（简写为$CA_6$）：

$$CA + 5Al_2O_3 = CA_6 \tag{4-12}$$

$$CA_2 + 4Al_2O_3 = CA_6 \tag{4-13}$$

CA及CA_2都来自铝水泥中。

对于低水泥高铝质耐火浇注料来说，CA_6含量可达11.9%～23.8%。因此，这类耐火浇注料属于$Al_2O_3\text{-}CA_6$质耐火材料。

图4-31示出了$Al_2O_3\text{-}CA_6$质耐火浇注料基质部分的显微结构。由图看出，CA_6显现出六边形片状结构，粒子较大，但不是很致密。图中还表明，CA_6是一种相互穿插的六边形“片状”晶体结构，它能将骨料颗粒网结合起来。

烧成条件：1500℃，24h

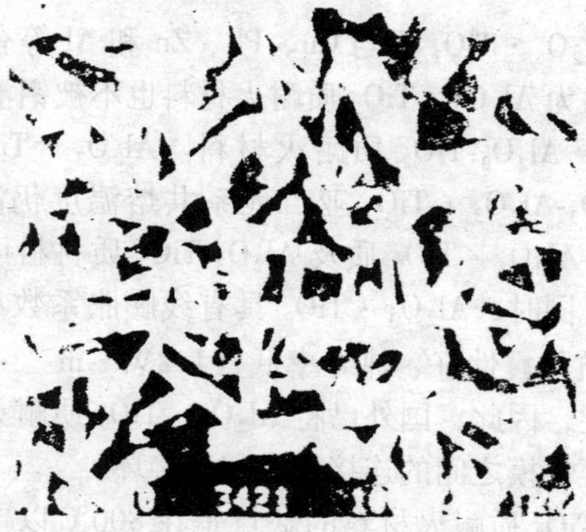

图4-31 WAC-Al_2O_3质耐火浇注料（水泥结合）交织的CA_6结晶“片状”结构

通过对颗粒分布进行优化以及对结合系统仔细平衡即可获得高性能高铝质耐火浇注料。为了进一步提高高铝质耐火浇注料的抗渗透性能，需要添加能有效限制渗透的组分。周矿民和孙加林等人曾经研究过分别添加 SiC + Si、Cr_2O_3 和 $BaSO_4$ 对铝矾土质耐火浇注料抗渗透性能的影响，其结果如图 4-32 和图 4-33所示。图中结果表明在铝矾土质耐火浇注料的基质内分别添加 SiC、Cr_2O_3 和 $BaSO_4$ 细粉均能改善材料的抗渗透性和抗蚀性，但其机理却是不同的。在铝矾土质耐火浇注料中添加 SiC 和 Si 时，由于发生下列反应：

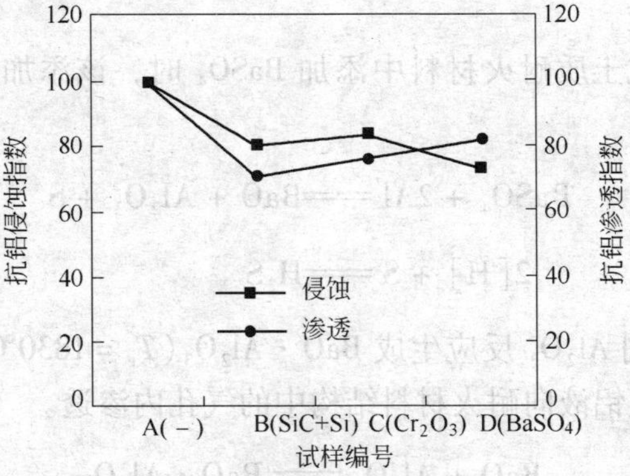

图 4-32 金属铝对坩埚的侵蚀和渗透面积的比较图

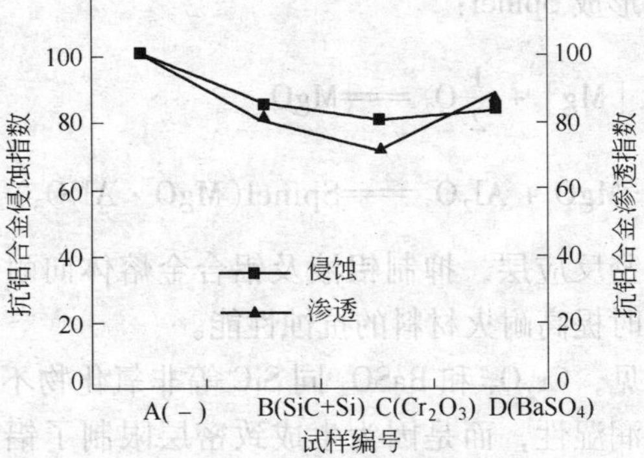

图 4-33 铝合金对坩埚的侵蚀和渗透面积的比较图

$$SiC + O_2 = SiO_2 + C \quad (4\text{-}14)$$

$$C + Si = SiC \quad (4\text{-}15)$$

而形成致密的黏稠 SiO_2 薄膜，并使基质得到强化。从而提高了材料的抗渗透性和耐蚀性能。

在铝矾土质耐火材料中添加 Cr_2O_3 细粉时，由于铝液显著地还原 Cr_2O_3 而生成铬铝氧化物固溶体，获得致密的显微结构：

$$Cr_2O_3 + 2xAl = (Al_xCr_{1-x})_2O_3 + 2(2x-1)Cr \quad (4\text{-}16)$$

由此所形成的致密保护层可抑制铝液及熔融铝合金向耐火材料结构中渗透。

在铝矾土质耐火材料中添加 $BaSO_4$ 时，该添加剂也被铝液还原：

$$BaSO_4 + 2Al = BaO + Al_2O_3 + S \quad (4\text{-}17)$$

$$2[H] + S = H_2S \quad (4\text{-}18)$$

而 BaO 则同 Al_2O_3 反应生成 $BaO \cdot Al_2O_3$（$T_e = 1830℃$），形成致密层，阻止铝液向耐火材料结构中的气孔内渗透。

$$BaO + Al_2O_3 = BaO \cdot Al_2O_3 \quad (4\text{-}19)$$

铝合金中的 Mg 等元素渗入耐火材料结构中的气孔内亦会通过下述反应形成 Spinel：

$$[Mg] + \frac{1}{2}O_2 = MgO \quad (4\text{-}20)$$

$$MgO + Al_2O_3 = Spinel(MgO \cdot Al_2O_3) \quad (4\text{-}21)$$

从而形成致密反应层，抑制铝液及铝合金熔体向耐火材料结构中渗透，同时提高耐火材料的抗蚀性能。

由此可见，Cr_2O_3 和 $BaSO_4$ 同 SiC 等非氧化物不同，并不是因为具有不润湿性，而是因为生成致密层限制了铝液及铝合金熔体向耐火材料结构中的渗透，结果则导致材料即使被侵蚀也较轻微。

由此可见，强化高铝质耐火材料中的基质是限制铝液及熔融铝合金向耐火材料结构中的气孔内渗透的重要措施，其方法有：

（1）由于铝液及熔融铝合金通过基质部位渗入耐火材料结构中的气孔内，所以强化基质是限制渗透的关键，这可通过能有效限制的添加物组分来实现。

（2）在基质中使用微粉特别是超细粉以形成微孔结构，增加材料的致密度，减小气孔尺寸，缩小甚至堵塞渗透通道，便可有效限制渗透。

通过采用上述技术制备的高铝质耐火浇注料用于实炉中，其使用效果非常好，并获得了高寿命。

另外，也可添加 $9Al_2O_3 \cdot 2B_2O_3$（其添加量应高于3%，通常约8%）生产 Al_2O_3-$9Al_2O_3 \cdot 2B_2O_3$-CA_6 质低水泥耐火浇注料，也能与熔解炉的操作条件相适。

4.4.3 铝熔炼炉用 Al_2O_3-CaO 质耐火材料

4.4.3.1 CaO-Al_2O_3 相图及其应用

CaO-Al_2O_3 二元相图如图 4-34 所示，在这个二元系中存在的二元化合物有 $CaO \cdot 6Al_2O_3$（简写为 CA_6，T_f = 1875℃）、$CaO \cdot 2Al_2O_3$（简写为 CA_2，T_f = 1745℃）、$3CaO \cdot 5Al_2O_3$（简写为 C_3A_5，T_f = 1720℃）、$CaO \cdot Al_2O_3$（简写为 CA，T_f = 1600℃）、$12CaO \cdot 7Al_2O_3$（简写为 $C_{12}A_7$，T_f = 1390℃）和 $CaO \cdot 3Al_2O_3$（简写为 CA_3，T_f = 1535℃），其中 CA_6 是该二元系熔化温度最高的二元化合物，而 $C_{12}A_7$ 和 CA 共熔点（1360℃）是最低的。因此，该二元系统具有如下三项重要应用。

（1）由图 4-34 看出，高熔点 CaO 和 Al_2O_3 组成混合物时会导致熔化温度陡然下降。当 CaO 和 Al_2O_3 的摩尔比为 1/3 ~ 1 时，出现最低共熔温度区间（1360 ~ 1400℃）。它们的熔融温度

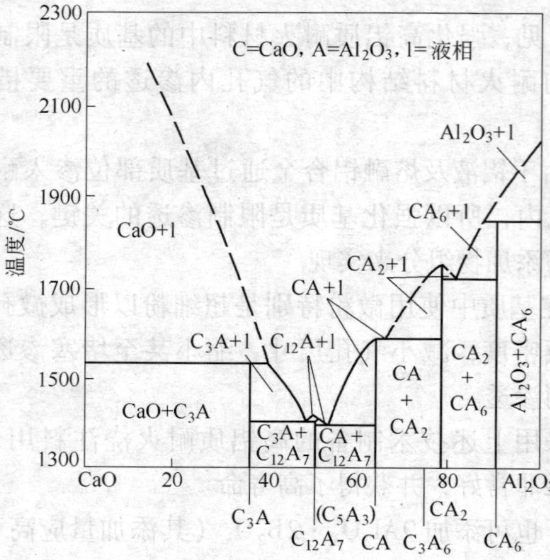

图 4-34　CaO-Al_2O_3 二元相图

低，熔体黏度小，流动好，表明它们是重要的造渣组分。例如，铝-镇静钢熔渣属于 CaO-Al_2O_3 系统，其由起初的 $w(CaO)/w(Al_2O_3)<1$，逐渐增加到 $w(CaO)/w(Al_2O_3)>1$，最后控制精炼末期（如脱硫熔渣）中的 $w(Al_2O_3)$ 不超过 25% ~30%，以便获得最佳的脱硫率，并保证钢液内夹杂物能被熔渣吸收。

（2）合成铝酸钙水泥（CAC）的主原料为 CaO 和 Al_2O_3，其组成实际上是 Al_2O_3 高的铝酸盐（CA 和 CA_2），它们是耐火浇注料中一种重要的结合剂。由 Al_2O_3-CAC 组成的耐火浇注料实际属于 Al_2O_3-CA 和 Al_2O_3-CA-CA_2 系混合料，在高温使用过程中通过反应转化为高温平衡物相 CA_6，而赐予含水泥刚玉质耐火浇注料的高性能。

（3）制造 CaO-Al_2O_3 质复相耐火材料、Al_2O_3-CA_6 质复相耐火材料、CA_6-CA_2 质复相耐火材料和 CA_2 质耐火材料。

含水泥的 Al_2O_3（刚玉）质耐火浇注料由于经高温处理或在使用过程中水泥成分同 Al_2O_3 反应转化为 CA_6，属于 Al_2O_3-CA_6

系复相耐火材料，其中 CA_6 为一种相互穿插的六边形“片状”晶体，如图4-31 所示。虽然不甚致密，但晶粒较大，能将骨料颗粒网络结合起来。因而 Al_2O_3-CA_6 质耐火材料具有比刚玉质耐火材料更高的常温机械强度、高温抗折强度和抗热震性和非常高的抗煤-气化炉熔渣侵蚀的能力，是煤-气化炉内衬使用的一种重要耐火材料。

含 5% ~8% CaO 的 CaO-Al_2O_3 系熔铸耐火材料对于 $C_{52\text{-}1}$ 型电磁玻璃液和 BC-9 光学玻璃液等具有足够的抗侵蚀性，但当 CaO-Al_2O_3 系熔铸耐火材料中 CaO 含量超过 8% 时，在所有情况下均可导致其抗侵蚀性下降，原因是由于其中的铝酸钙含量偏高，形成这种熔铸耐火材料的结构物相是 α-Al_2O_3 和铝酸钙。

4.4.3.2 铝熔炼炉用铝酸钙质耐火材料

铝熔炼炉内衬耐火材料通常处于1000℃以下的温度中。这些耐火材料中都添加氟石或者重晶石等助烧结剂和抗润湿剂，以促进材料的低温烧结，并提高对铝液渗透的抵抗能力。然而，当炉子因某种原因导致过热时，这些添加剂却能导致耐火材料过早发生蚀损。

为了克服铝熔炼炉内衬耐火材料过早蚀损问题，便开发了一种以铝酸钙为骨料而以铝酸钙水泥为结合剂的铝酸钙（CaO · Al_2O_3，简写为 CAA）质耐火材料通常 CAA 是以 Al_2O_3 和 CaO 物料比 CaO/Al_2O_3 =1 或 0.7(摩尔比)的原料通过熔融而制得，并破碎成不同粒度。由于 CAA 是由熔融工艺制得的，所以其显气孔率几乎为零。在 CAA 材料中，其矿物相主要是 CaO · Al_2O_3，熔点为1600℃。

铝酸钙水泥（简写为 CAC）可通过烧结和电熔工艺制取，其化学成分约为 CaO 27%、Al_2O_3 71%。

CAA 质浇注料和普通浇注料于 800℃，72h 用 AZ8GU 铝合金进行的对比坩埚自蚀试验所获得的结果表明，CAC 结合 CAA

质浇注料具有优质的抗渗透能力。相反，CAC 结合板状氧化铝质浇注料却能被铝合金熔体深深地渗入其结构中，而且有明显的刚玉（α-Al_2O_3）生成。试验结果还表明，铝液在加有抗润湿剂的黏土质浇注料中的渗透也很深，即使添加有 CAA 的黏土浇注料也不例外。

已经明确，铝熔炼炉中合金熔液和耐火材料之间互相作用主要是熔体向炉衬耐火材料结构中的气孔内渗透，导致 SiO_2 和/或铝的氧化物还原，生成刚玉（α-Al_2O_3）。在富钠合金或用富钠碱盐处理的情况下，形成 β-Al_2O_3，致使富铝耐火材料内衬剥落而过早损毁。由于 CAA 质材料几乎不被铝液渗透，因而几乎不存在结构剥落而加快耐火内衬损毁的问题。

对比试验的结果还表明：不加抗润湿剂的 CAA 低水泥浇注料的抗渗透性与添加 $BaSO_4$（抗润湿剂）的传统矾土基低水泥浇注料相同，而且前者的使用温度可达到 1350℃，这便可以确保即使在炉子过热时也不会导致耐火内衬过早蚀损的发生。说明以 CAA 为骨料而以 CAC 为结合剂的 CAA 质低水泥浇筑料完全能够与铝熔炼炉的使用条件相适应。

另外的研究（500℃，100h 抗 CO 的侵蚀试验）结果则表明，无铁破碎的 CAA 在加热到 800℃后具有优良的抗 CO 侵蚀性能，说明以 CAA 为骨料而以 CAC 为结合剂的 CAA 质浇注料也可使用于石化工业。

4.5 高纯铝熔炼炉用耐火材料

典型的铝冶炼炉里衬用耐火材料，通常都选用高铝质耐火材料、Si_3N_4 结合 SiC 质耐火材料砌筑。当采用高铝质耐火材料时，由于该耐火材料中的 SiO_2 和杂质 Fe_2O_3 等成分会被还原成 Si 和 Fe 而熔入金属铝中，结果则难以获得高纯度金属铝。当采用 Si_3N_4 结合 SiC 质耐火材料时，虽然可以降低不纯物熔入金属铝内，而获得较高纯度的金属铝，但由于 Si_3N_4 结合 SiC 质耐火材料中含有 Si 成分，因而仍然存在金属铝从耐火材料中拾取 Si

的危险。因此，要制取极高纯度铝，则需要一种不会引入杂质的耐火材料。根据化学原理，在已有的耐火材料产品中，认为以制取金属铝相同的原料——Al_2O_3 作为原料所生产的刚玉质耐火材料即能满足上述要求。这种刚玉质耐火材料主要以烧结氧化铝或板状氧化铝为原料并配入适当数量的氧化铝微粉制成，其技术关键是需要采用纯净基质，实现氧化铝的自洁结构，以获得高强度而又不会有杂质成分熔入金属铝中。

另外，由于铝厂在铝冶炼过程中，温度变化很大，所以用于铝冶炼炉的内衬耐火材料应具有在温度急变的情况下不剥落、抗热震性能好等特点。由此可见，一种具有不使金属铝受到杂质成分侵入，而又具有高抗热震性能的刚玉质耐火材料才是生产高纯度铝选用的重要耐火材料。这种刚玉质耐火材料中 Al_2O_3 含量大于94%，耐热震性高，其性能指标如表4-3所示。

表4-3　刚玉质耐火砖的性能指标

刚玉砖编号	体积密度/$g \cdot cm^{-3}$	显气孔率/%	热循环次数/次
A(94A)	3.41	14.2	36
B(95A)	3.38	11.5	>40

当采用A砖（Al_2O_3 含量为94%）作为冶炼99.99% Al的冶炼炉里衬时，发现制取的金属铝中杂质明显减少，而且比使用 Si_3N_4 结合 SiC 砖里衬杂质更少。进一步研究则证明，将94% Al_2O_3 的刚玉砖砌筑的冶炼炉用于制取99.999% Al以及99.9999% Al都获得了成功。可见，这种通过增加基质，强化结合，组织致密的、Al_2O_3 含量大于94%的特种刚玉砖是生产高纯度金属铝用最佳耐火材料。

5 石化炉窑用耐火材料

化工和石油工业是耐火材料应用的一个重要领域。由于热工炉窑多，操作条件复杂，所以，需要选择各种不同类型耐火材料以适应各自特殊的应用条件。在此，选择其中较为突出的特殊应用的例子作些简单说明。

（1）炭黑燃油炉用耐火材料。在生产炭黑的工艺中，为了提高生产效率和反应程度，必须提高反应温度，所以，需要具有高耐火性能的耐火材料才能与之相适应。又如，要生产硬质炭黑，也必须提高反应温度，特别是生产长寿命、滚动磨损小的轮胎则需要更硬的炭黑，其反应温度达到2000～2100℃，这就要求更耐火的耐火材料与之相适应。

（2）渣化煤气化装置。众所周知，煤气工业广泛应用耐火材料。气化设备内衬耐火材料使用条件极为严酷，操作温度和压力高，气化炉渣属于侵蚀力极强的酸性渣，对耐火材料具有极强的侵蚀能力。同时，还有出现高度侵蚀性气体的情况。选用高耐酸性炉渣侵蚀的耐火材料才能获得高寿命。

（3）石油裂化器：在石油精炼工艺中，催化裂化器内的操作条件属于最苛刻的操作条件之一，工艺条件包括高温和高压。催化裂化器衬用耐火材料需要具备较高的耐磨性和较低的热传导率这样两个相互矛盾的性能。因为高耐磨性一般需要高密度，而低热传导率一般需要较低的密度，因此，需要介绍一下具备这两个性能的材料及其有关的问题。

本章主要对上述石化工业中这些特殊应用的耐火材料进行讨论和分析，为相关耐火材料的开发和应用提供依据。

5.1 炭黑反应器用耐火材料

炭黑主要是元素碳熔融或结合的近似球状颗粒的聚集体。当今主要采用油炉工艺进行生产，生产出不同品种和不同粒度的炭黑。

5.1.1 炭黑生产工艺简况

炭黑的生产大部分采用燃油炉。通常，燃油炉工艺采用一种类似很大的燃油器的圆筒形反应器，由4个带（或室）组成，即燃烧带（室）、节流环（室）、反应带（室）和急冷带（室）。

在燃烧带增加的预热空气和燃烧的原料提供生产过程所需要的高温，同时亦为原料进入反应带的通道起点。

节流环将燃烧带和反应带分离，同时提高进入反应带的气体速度。

反应带形成炭黑，并通过温度、气体速度和随着原料引入的不同“种子”材料而控制炭黑的颗粒大小、形状和硬度。

急冷带通过喷水使温度急剧下降，从而结束炉内反应。

操作温度在反应器全部反应过程中变化不定。加温操作从燃烧带的前端开始，向着节流环温度越来越高。在节流环处温度最高，速度最快。在反应带，温度稍有下降，速度变得相当缓慢，通过沿着冷却带不同位置喷射冷却水来改变反应时间的长短，即通过急速喷水来降低温度。

此外，当生产炭黑的品种改变时，通常会发生温度的剧烈波动，当冷却带的位置改变时，也会引起温度的急剧变化，这种温度剧变都会引起耐火材料剥落损毁。

炭黑颗粒的大小受炉子尺寸、结构、温度和冷却前在反应带停留的时间长短的限制，而操作温度和第一次喷水的位置则取决于炭黑的等级。

5.1.2 反应器用耐火材料的选择

最理想的炭黑反应器内衬耐火材料应具有耐火度高、抗热震稳定性好、密度大、气孔率低和抗高温腐蚀/侵蚀性强等优点。

大多数炭黑反应器内衬采用 Al_2O_3-SiO_2 质耐火材料砌筑，其中靠内衬则采用高铝质耐火材料或者黏土质耐火材料砌筑。操作温度范围不同时需要选用不同档次的耐火材料筑衬。

在低温（1550～1750℃）范围内操作的反应器内衬，一般选用莫来石结合 Al_2O_3（含量大于90%）的刚玉砖砌筑。有时在冷却带则选用高纯度的（Al_2O_3 含量为60%～70%）高铝砖砌筑。

在高温（1750～1925℃）范围内操作的反应器内衬，通常都进行分区砌筑，在燃烧带的热面，一般选用90% Al_2O_3-10% SiO_2 的耐火材料筑衬；在高温节流环和反应器热面，则选用99% Al_2O_3 的刚玉砖和具有良好的抗热震性能的90% Al_2O_3-10% Cr_2O_3 砖砌筑。

在超高温（大于1925℃，即2000～2100℃）范围，则选用 Cr_2O_3-Al_2O_3（70% Cr_2O_3）砖砌筑。

5.1.2.1　SiO_2-Al_2O_3 质耐火材料

在 SiO_2-Al_2O_3 系耐火材料中，当 $w(Al_2O_3)>90\%$ 时，被称为刚玉质耐火材料。

当使用纯净 SiO_2 和 Al_2O_3 材料生产刚玉质耐火材料时，其液相出现的温度为1840℃，如图5-1所示。

采用传统的工艺生产的刚玉质耐火材料，其物理性能和使用性能并不能达到非常理想的程度，其抗热震性都较差。现在通过使用纯净原料和原位形成的结合技术等，刚玉质耐火材料的物理性能和使用性能有了长足的进步，品种不断增加。其中，原位莫来石结合90% Al_2O_3 的刚玉砖和特殊 Al_2O_3 结合94% Al_2O_3，甚至98% Al_2O_3 的刚玉砖都先后开发出来了。这些特殊刚玉耐火制品比同材质的传统刚玉耐火制品的气孔率更低，密度更高，强度更大，尤其是抗热震性非常突出。50mm×50mm×

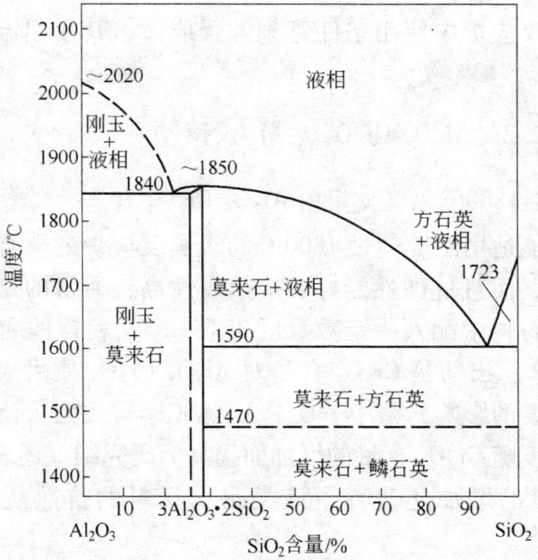

图 5-1 Al_2O_3-SiO_2 二元相图

76mm 样品在 1200℃ 保温 10min、水冷 2min，空气中放置干燥 8min 为一循环在 40 次以上（见表 5-1），而传统制品仅为 2 ~ 7 次，即使是传统莫来石刚玉制品也只有 10 ~ 15 次。

表 5-1 特殊氧化铝砖的性能比较

名 称	气孔率/%	体积密度 /g · cm^{-3}	抗热震性/次	$w(Al_2O_3)$/%
莫来石结合	13.7	3.19	>40	94
氧化铝结合	11.5	3.38	>40	98
标准砖	16 ~ 20	3.05 ~ 3.20	2 ~ 7，10 ~ 15	—

特殊莫来石结合刚玉砖主要用于低温炭黑反应炉中，或者用于高温炭黑反应炉的冷却带。实际使用结果表明，在燃烧和限制带使用时，特殊莫来石结合 90% Al_2O_3 的刚玉砖的使用寿命比同材质传统莫来石-刚玉砖高 50% ~200%，大大延长了炉子

的使用寿命。特殊 Al_2O_3 结合刚玉砖（95%～98% Al_2O_3），主要用于炭黑反应炉中使用条件苛刻的反应带，其使用温度极限可达 2000℃。

5.1.2.2　Al_2O_3-Cr_2O_3 质耐火材料

A　在 1800℃以上使用的 Al_2O_3-Cr_2O_3 材质

为了能适用温度超过 1800℃的炭黑反应炉的燃烧室等部位内衬使用，而且抗蚀性能好、抗热震性高，通常的做法是向刚玉质耐火材料中配入一定数量的工业 Cr_2O_3 粉以改善其高温性能。图 5-2 示出的是 Cr_2O_3 含量对 Al_2O_3-Cr_2O_3 质耐火浇注料高温抗折强度的影响。图中表明，Al_2O_3-Cr_2O_3 质耐火浇注料的高温抗折强度随 Cr_2O_3 含量的增加而提高。研究结果还表明，由于 Cr_2O_3 含量的增加还改善了该类耐火材料的抗热震性和耐磨性能。

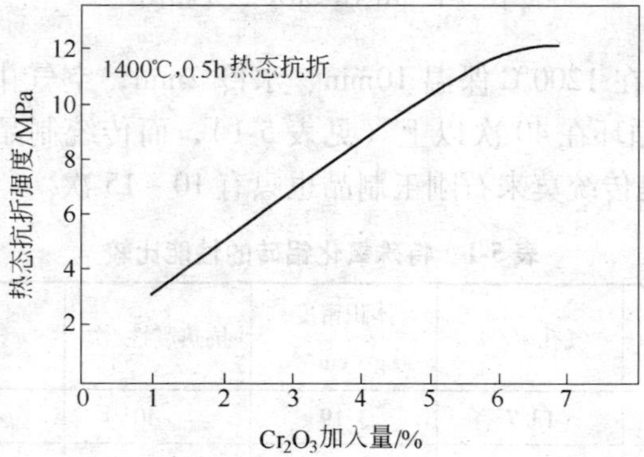

图 5-2　氧化铬加入量与热态抗折的关系

这类 Al_2O_3-Cr_2O_3 质（10% Cr_2O_3）耐火浇注料用作炭黑反应炉的燃烧室、喉管以及反应段等接触高温气体部位的工作内衬时，可确保炭黑反应炉在高于 1800℃的操作条件下安全运行。

B 在超高温条件下使用的 Cr_2O_3-Al_2O_3 材质

在温度超过1925℃，即2000～2100℃的条件下，由于 Al_2O_3（T_e=2030℃）砖（刚玉砖）已经不能胜任。例如，生产用于制造低滚动摩擦轮胎的硬质炭黑的反应炉，其操作温度高达2100℃。在这种条件下，需要根据超高温的使用条件，开发出更加耐火的材料来与之相适应。

研究和开发炭黑反应器超高温条件下使用的内衬耐火材料的性能要求如下：

（1）高耐火度，以避免熔融和允许更高的操作温度；

（2）热震稳定性好，以减少裂纹和剥落损坏；

（3）低气孔率（高密度），以提高抗腐蚀/侵蚀能力。

根据炭黑内衬耐火材料研究结果和在高温（1750～1925℃）条件下使用90% Al_2O_3-10% Cr_2O_3 砖已有的经验，认为开发在超高温条件下使用的炭黑反应器内衬耐火材料应从 Cr_2O_3-Al_2O_3 系统中去选择。

由 Cr_2O_3-Al_2O_3 二元系（图5-3）可知，富 Cr_2O_3 或者高 Cr_2O_3 质耐火材料是最佳的选择。

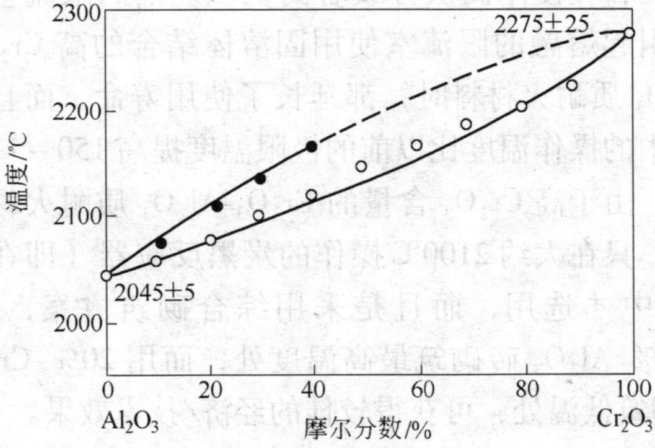

图5-3 Al_2O_3-Cr_2O_3 系状态图

由图5-3看出，Al_2O_3-Cr_2O_3 混合物可以形成连续固溶体，其熔化温度从 Al_2O_3 的 T_e = 2030℃连续上升到 Cr_2O_3 的 T_e =

2275℃。例如，以固溶体结合的 70% Cr_2O_3、25% Al_2O_3 的 Cr_2O_3-Al_2O_3 质耐火材料，其操作温度大约比莫来石结合 90% Al_2O_3 的刚玉砖要高 350℃，也比 90% Al_2O_3-10% Cr_2O_3 砖高出 150℃。而 Cr_2O_3 含量更高的 Cr_2O_3-Al_2O_3 质耐火材料，其操作温度还会进一步提高。可见，高 Cr_2O_3 含量的 Cr_2O_3-Al_2O_3 质耐火材料可与炭黑反应器的超高温操作条件相适应。

高 Cr_2O_3 含量的 Cr_2O_3-Al_2O_3 质耐火材料是以合成 Cr_2O_3-Al_2O_3 为原料，即（Cr_2O_3-Al_2O_3）$_{SS}$为原料生产的高性能复相氧化物系耐火材料。合成 Cr_2O_3-Al_2O_3 原料是由 Cr_2O_3 和 Al_2O_3 混合物制成的烧结球块料或电熔块料，经破/粉碎制成颗粒料，然后配入 Cr_2O_3 微粉和 Al_2O_3 微粉生产的 Cr_2O_3-Al_2O_3 质制品或 Cr_2O_3-Al_2O_3 质耐火材料。在后一种情况下，由于 CaO 会同 Al_2O_3 反应生成低熔相，因而应严格限制水泥用量。所以，Cr_2O_3-Al_2O_3 质耐火浇注料应采用 L_{CC}或者是 UL_{CC}方案。

高 Cr_2O_3 含量的 Cr_2O_3-Al_2O_3 质耐火材料作为炭黑反应器内衬耐火材料应用时，在高温操作条件下，可延长使用寿命。在超高温操作条件下也可确保反应器的正常运转。另外，实际使用结果表明：在使用高灰分或者高钒燃烧油的限流室和由于间断高温而引起熔融的限流室使用固溶体结合的高 Cr_2O_3 含量的 Cr_2O_3-Al_2O_3 质耐火材料时，都延长了使用寿命，而且可以使炭黑反应炉中的操作温度比以前的极限温度提高 150 ~ 170℃。

通常，由于高 Cr_2O_3 含量的 Cr_2O_3-Al_2O_3 质耐火材料非常昂贵，所以，只在大约 2100℃ 操作的炭黑反应器（即在生产硬质炭黑时）中才选用，而且是采用综合砌筑方案，即用 70% Cr_2O_3、25% Al_2O_3 砖砌筑最高温度处，而用 20% Cr_2O_3、75% Al_2O_3 砖砌筑低温处，可获得较佳的经济/技术效果。

5.1.2.3　ZrO_2 质耐火材料

纯 ZrO_2 是由含锆矿石中提炼出来的，高纯 ZrO_2 为白色粉状。其熔点高（T_e = 2700℃），密度大（d_0 = 6.10g/cm^3，

$t\text{-}ZrO_2$)，莫来石硬度为 6.5，导热系数较小［1000℃，λ = 1.95kcal/(m·h·℃)］，热膨胀系数较大（25~1500℃，$\overline{\alpha}$ = 9.4×10^{-6}/℃），而且同温度的关系很弱，化学稳定性好，在 2000~2300℃下的高温蒸气压很低，蒸发速度不大，分解压力也很低。因此，ZrO_2 质耐火材料是高温炉衬的一类重要耐火材料。

ZrO_2 的晶体结构在不同温度下有两种不同形式，即单斜晶型（$m\text{-}ZrO_2$）和四方晶型（$t\text{-}ZrO_2$）：

$$m\text{-}ZrO_2 \xrightleftharpoons{1000℃} t\text{-}ZrO_2 \tag{5-1}$$

在大约 1000℃的温度下发生相变，由 $m\text{-}ZrO_2$（d_0 = 5.56g/cm^3）转变为 $t\text{-}ZrO_2$（d_0 = 6.10g/cm^3）。该转变是可逆的，而且是快速的，同时产生约 7%~9%的体积变化。这会导致在加热时，约在 1200℃产生明显的收缩，见图 5-4。

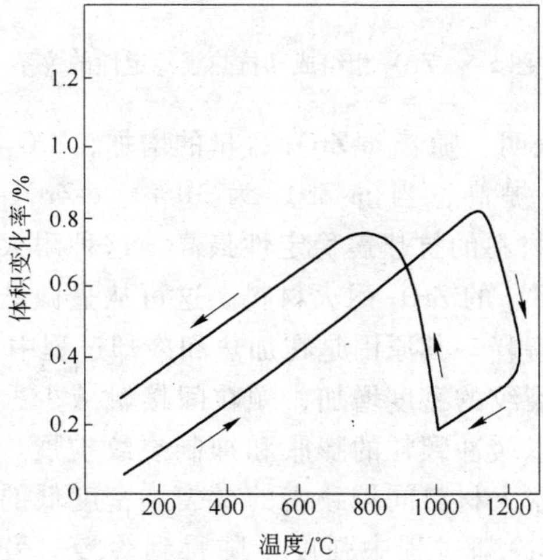

图 5-4 ZrO_2 的热膨胀曲线

上述关于 $m\text{-}ZrO_2$ 与 $t\text{-}ZrO_2$ 之间的转化是可逆的、快速的，

而且伴有很大的体积变化，表明容易使 ZrO_2 制品产生裂纹，导致剥落，难以制出制品。为此，应通过添加稳定剂（如 CaO、MgO、Y_2O_3、Nb_2O_3、CeO_2、SeO_2 等）而使 ZrO_2 稳定（c-ZrO_2），作为生产稳定 ZrO_2 质耐火材料的原料。但要生产抗热震性能高的 ZrO_2 制品，还需要向 c-ZrO_2 中配入 m-ZrO_2，如图5-5所示。

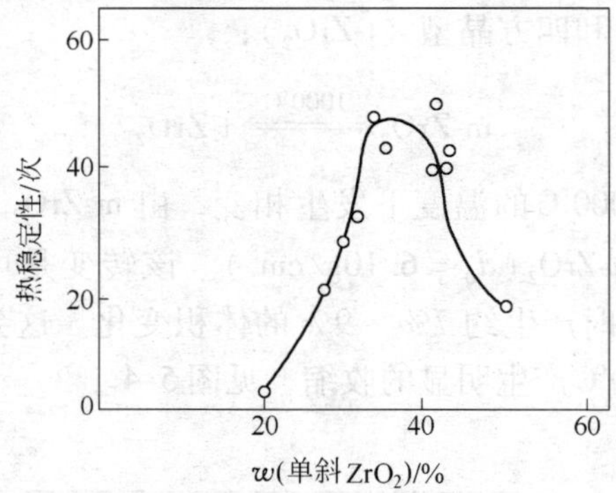

图 5-5　ZrO_2 相组成和抗热震稳定性的关系

图 5-5 表明，随着 m-ZrO_2 含量的增加，ZrO_2 质耐火材料的热震稳定提高，当 m-ZrO_2 为 30%、c-ZrO_2 为 70% 时，ZrO_2 质耐火材料的抗热震稳定性最高，这种耐火材料称为部分稳定（PZS）的 ZrO_2 耐火材料。这可从显微结构形成微裂纹理论得到解释。其原因是在加热和冷却过程中由于 ZrO_2 相转化形成微裂纹的密度增加，颗粒间接触减少，当温度急变时微裂纹可以缓冲颗粒的膨胀和抑制裂纹扩展。同时，具有这种结构的耐火材料同较致密的微裂纹密度低的耐火材料相比，在加热/冷却过程中强度下降得到缓慢。另一方面，虽然 m-ZrO_2 含量增加会使强度下降，但同时却使 E 模数和热膨胀系数下降得更多，因而导致材料的抗热震性显著增加。

根据已有的资料介绍，为了使 ZrO_2 质耐火材料获得较佳的高温性能，提高 WTB，其相组成为 m-ZrO_2 为 30%，c-ZrO_2 为 70%，在生产中可以采用少加入一些稳定剂来办到。对于采用 CaO 作稳定剂而言，其配入量为 4.0% ~5.5%，也可以采用不稳定 ZrO_2（U-ZrO_2）30% 和预先全稳定 ZrO_2（c-ZrO_2）70% 配制生产抗热震稳定性高的 ZrO_2 质耐火材料。该耐火材料用作炭黑反应器中超高温区域可获得高寿命。

炭黑反应器超高温区域用 ZrO_2 质耐火材料的另一生产方案是生产锆质耐火浇注料。这种耐火浇注料以 PZS-ZrO_2 为主原料而以铝酸钡水泥为结合剂。

在 Al_2O_3-BaO 二元系（图 5-6）中，仅有 BaO · Al_2O_3 和 3BaO · Al_2O_3 具有水化能力，而 BaO · 6Al_2O_3 却没有这一特性。

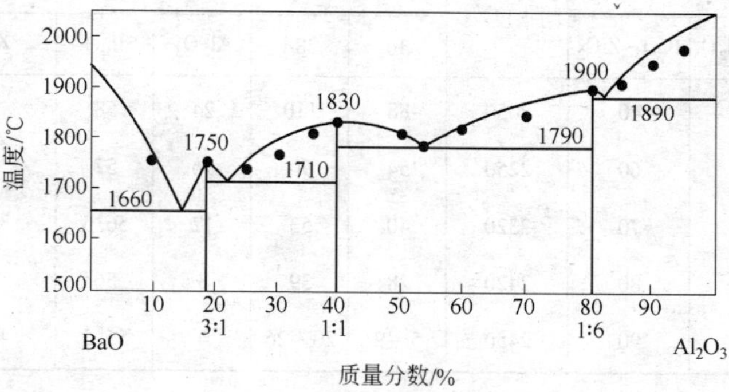

图 5-6 按熔融曲线绘制的 BaO-Al_2O_3 系状态图

但是，以单铝酸钡作为结合剂时，因为 3BaO · Al_2O_3 在合成中通常有 fBaO 出现，它会导致水泥体积的不稳定，容易使水泥组织结构受到损坏，致使结合剂迅速溢结，产生发育不良的细小晶质的低强度结构。为了克服铝酸钡水泥这一弱点，则向其内部添加 ZrO_2，即合成 BaO-Al_2O_3-ZrO_2 质水泥结合剂。在这个三元系中，仍然只有 BaO · Al_2O_3 和 3BaO · Al_2O_3 具有水化能力，而 BaO · 6Al_2O_3、BaO · ZrO_2 和 2BaO · ZrO_2 则不具备水化特性。向铝酸钡中掺入锆酸钡后，能促进水泥水化过程的活性化；除了单铝酸钡水泥 $BaO \cdot Al_2O_3 \cdot 6H_2O$ 和 $BaO \cdot Al_2O_3 \cdot 7H_2O$ 以外，由于有锆酸钡 $2BaO \cdot ZrO_2 \cdot 8H_2O$ 及 $3BaO \cdot Al_2O_3 \cdot 6H_2O$ 的参与，便生成了钡含量高的化合物，在加热时，可保证水泥有更高的强度和较低的软化性能。

铝锆酸钡水泥的特性，依铝酸钡和锆酸钡的比例（$BaO \cdot Al_2O_3/BaO \cdot ZrO_2$）而变化，如表 5-2 所示。因为 $BaO \cdot Al_2O_3$ 的熔点为 1815℃，而 $BaO \cdot ZrO_2$ 的熔点为 2600℃，所以 $BaO \cdot Al_2O_3/BaO \cdot ZrO_2$ 比例下降，水泥物料的耐火度上升。

表 5-2　铝酸钡锆结合剂的特性

重量比/%		耐火度/℃	耐压强度/MPa		化学成分/%		
$BaO \cdot Al_2O_3$	$BaO \cdot ZrO_2$		3d	28d	Al_2O_3	BaO	ZrO_2
60	40	2050	88	110	24	58	18
40	60	2250	54	90	16	57	27
30	70	2320	40	53	12	56.5	31.5
20	80	2420	28	39	8	56	36
10	90	2450	5 ~ 9	20 ~ 26	4	55.5	40.5

对于使用温度为 2200 ~ 2400℃ 的高耐火锆质材料来说，可选用铝酸钡为 20% ~ 30% 和锆酸钡 80% ~ 70% 的水泥。当以这种水泥作为 ZrO_2 质耐火浇注料的结合剂时，认为结合剂的用量为 10% ~ 20% 较为理想。如 Al_2O_3-ZrO_2 二元系相图（图 5-7）所表明的那样，Al_2O_3 与 ZrO_2 的最低共熔点温度为 1845℃，说明前者是后者的熔剂。

表 5-3 列出了以 6mm（CaO-）ZrO_2（电熔）为原料和以 10% ~ 20% 铝锆酸钡水泥为结合剂，配成的 ZrO_2 质耐火浇注料的性能。

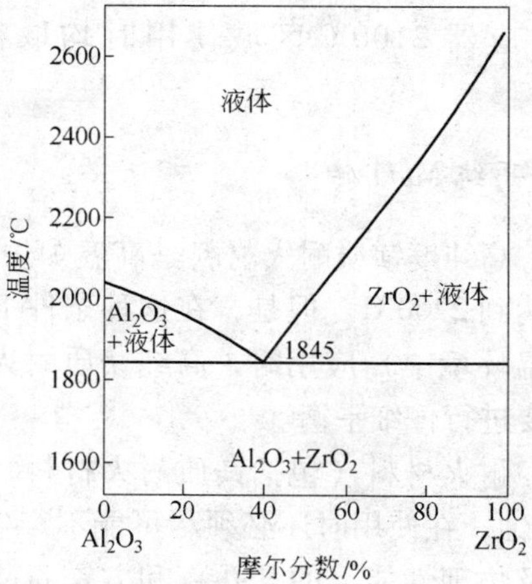

图 5-7 Al_2O_3-ZrO_2 系相图

表 5-3 锆质耐火浇注料的常温性能

热处理温度/℃	水泥用量 10%			水泥用量 20%		
	开口气孔率/%	体积密度/$g \cdot cm^{-3}$	耐压强度/MPa	开口气孔率/%	体积密度/$g \cdot cm^{-3}$	耐压强度/MPa
120	14.9	4.54	22.0	17.5	4.40	23.0
300	17.5	4.47	21.7	17.6	4.41	33.0
800	20.6	4.43	28.8	19.1	4.44	38.6
1000	18.3	4.51	24.7	18.5	4.54	28.3
1200	19.3	4.49	20.5	19.0	4.40	28.0
1750	17.0	4.57	39.8	17.5	4.50	32.4

表 5-3 中结果表明，水泥用量为 10% 时，ZrO_2 质耐火浇注料已具有足够高的强度，而水泥用量增加到 20% 时，强度并没有显著改善，表明水泥用量为 10% 时即已足够了。

上述 ZrO_2 质耐火浇注料在气流温度为 2000 ~ 2600℃ 和气流速度为 400m/s 的高温燃烧室上、在温度为 2600℃ 和更大热流（$8\times10^{-6}\sim33\times10^{-6}W/m^2$）的汽油热分解反应器上以及在炭黑反应器2100℃区域使用时均取得了良好的效果。

5.1.2.4 高纯MgO砖

早就确定，高纯度镁质耐火材料是高温炉炉衬的结构材料，其使用温度可达到2200℃。但是，在这种条件下（例如炭黑反应器中的超高温环境中）应用时，高纯镁质耐火材料的镁砂纯度和性能却需要进行仔细平衡。

我们知道，耐火材料（包括镁质耐火材料）不只是要耐高温和耐腐蚀/侵蚀，在使用时还必须尽可能不产生变化。一般认为镁砂纯度以及物理性能上的气孔率和方镁石晶粒尺寸等都是提高高纯镁质耐火材料使用寿命的关键参数。

A 纯度

镁砂中MgO含量是镁砂质量的重要指标。但只用MgO含量作为评价标准是不够的，杂质的相对含量，特别是那些在高温条件下容易形成熔体的成分的含量也很重要。在杂质成分中，首先是B_2O_3和SiO_2，其次是Al_2O_3、Fe_2O_3、MnO以及CaO。它们的影响不仅取决于其含量，特别是要根据CaO/SiO_2比来评价各成分对镁砂质量的影响，通常希望镁砂中具有高CaO/SiO_2比，以便获得最佳的高温性能。

在超高温环境中使用的镁质耐火材料则需要高纯度。因为高纯度的镁质耐火材料具有高的高温强度，如图5-8所示。该图表明，镁质耐火材料的高温抗折强度随MgO含量由90%～98%有缓慢下降的趋势，但MgO含量超过98%时则突然增加了，其中MgO含量增加到99%以上时能显著地提高其高温强度。在这种情况下，杂质种类的影响已经变得无足轻重了。因为在这种情况下，杂质孤立存在于方镁石晶粒交接处（角隅），所以MgO-MgO直接结合组织发达，高温强度大，材料的耐磨性高，抗腐蚀/侵蚀性强。

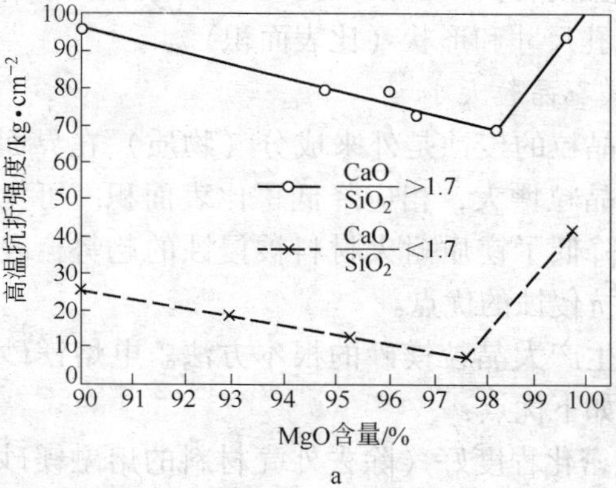

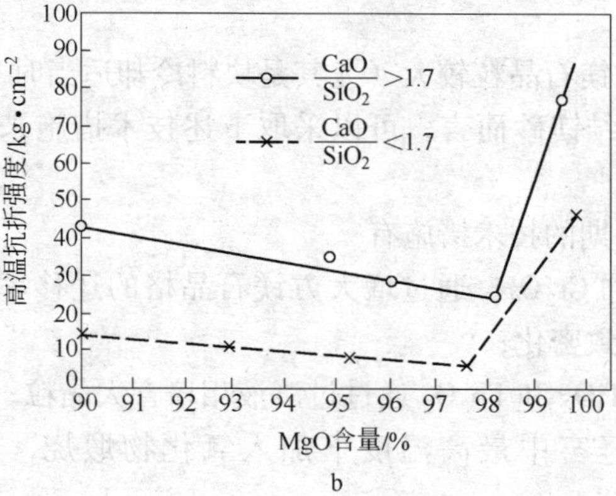

图 5-8 镁砖的高温抗折强度和 MgO 含量及 CaO/SiO_2 的关系

a—1260℃；b—1450℃；

B 致密度（气孔率）

耐火材料的相对密度 μ 与气孔率 ε 存在下述关系：

$$\varepsilon = 1 - \mu \tag{5-2}$$

这表明低气孔率的材料具有高密度，所以气孔率是材料致密度的一种尺度。它们对材料的蚀损有影响。评价气孔率的标准为：

（1）气孔的体积（致密度，即总气孔率 ε）；

(2) 气孔的种类（封闭气孔比开口气孔有利）;

(3) 气孔尺寸和形状（比表面积）。

C 方镁石晶粒大小

方镁石晶粒的侵蚀是外来成分（物质）在界面开始的。因此，方镁石晶粒增大，相应降低了比表面积。可见，增加方镁石晶粒尺寸降低了镁质耐火材料被侵蚀的趋势，表明粗晶烧结镁砂具有高抗侵蚀的优点。

电熔是生产大晶粒镁砂的根本方法。电熔镁砂同烧结镁砂相比，具有如下优点：

(1) 致密化程度好（除去外壳材料的熔融镁砂几乎没有开口气孔）;

(2) 方镁石晶粒较大（尤其是块料冷却适当时）。

对于烧结镁砂而言，可以采取下述技术措施来增加方镁石晶粒尺寸：

(1) 早期的技术措施有

1) 添加 Cr_2O_3，通过增大方镁石晶格的迁移率以增大晶粒尺寸和促进致密化；

2) 以 TiO_2 和 Fe_2O_3 通过过渡液相培育大晶粒；

3) 在竖窑中最高温度下加入氧化物煅烧，达到大的晶粒。

实际生产中，为了促进方镁石晶粒长大，常使用少量（小于 0.5%）Cr_2O_3、Fe_2O_3，尤其是 ZrO_2 以及钛、钒、锰、铝、铜的氧化物和盐。稀土元素促进晶粒长大，但机理是不同的。

(2) 以天然微晶菱镁石为原料在竖窑中以非常高的温度烧结可获得方镁石晶粒尺寸从 50μm 到大于 200μm 的优质烧结镁砂。

通过以上分析可以认为，选择纯度为 98.5% ~99% MgO、体积密度大于 3.35g/cm^3、方镁石晶粒尺寸为 50μm 到 200μm 的优质镁砂生产的特种高纯度镁质耐火制品可与炭黑反应器中超高温（2100℃）区域的操作条件相适应，而高温（1725～1925℃）区域则选用97.5%～98% MgO的镁质耐火制品筑衬，进行分区砌筑便可获得较佳的经济/技术效果。在炭黑反应器连续操作的条件下证明其使用寿命是充分的。然而，当炉子操作条件难以保证连续操作时，由于剥落所引起的炉衬不连续损毁却是导致其使用寿命并不十分理想的重要原因。

5.2 渣化煤气化装置用耐火材料

5.2.1 渣化煤气化的工艺简况

渣化煤气化，即水煤浆气化装置是以水煤浆为原料，水、O_2混合后，部分燃烧制取CO和H_2混合气体的气化炉子。由于水煤浆和O_2一起在发生装置内燃烧，其操作温度达1350～1500℃，且在高压强还原气氛（$CO + H_2 + H_2O$）下发生反应，周期性地产生一些高温。由煤气化反应所获得的煤气可作民用气、发电以及作为化工原料（如通过合成塔制取氨，用于生产化肥等）。在煤气化过程中会产生大量的液态煤灰渣，属酸性（$w(CaO)/w(SiO_2) = 0.4 \sim 1.0$），其化学成分一般为40%～50% SiO_2、25%～35% Al_2O_3，而CaO和FeO_n含量可高达20%。这种煤灰渣的特点是对耐火材料具有极强的侵蚀性。

5.2.2 渣化煤气化装置用耐火材料的选择

水-煤浆气化装置的操作温度通常都高于煤灰渣的熔化温度，因而煤灰渣呈液态，伴随高速气流沿气化炉炉壁流下，导致内壁耐火材料严重蚀损。

$$\frac{1}{S_0}v = K_C(C_S - C) \tag{5-3}$$

式中，S_0为耐火材料与煤灰渣接触的表观面积；C_S、C分别为耐火材料成分在煤灰熔渣中的熔解度和 t 时的浓度；K_C 为耐火材料熔解蚀损反应速度常数。

一般来说，在液态煤灰渣组成范围内（$w(CaO)/w(SiO_2) = 0.4 \sim 1.0$），与 Al_2O_3、MgO 相比，Cr_2O_3 熔解到这类酸性渣中的最高数量（饱和熔解度 C_0）最小，并能明显地增加熔渣的黏度，表明 Cr_2O_3 质或含 Cr_2O_3 质耐火材料抗侵蚀性最高。同时，因为水-煤浆气化炉处于强还原性气氛中操作，故不必担心 Cr^{6+} 对环境危害的问题。

早期，水煤浆气化炉内衬主要使用 Cr_2O_3-MgO 质和 Cr_2O_3-Al_2O_3-ZrO_2-SiO_2 质耐火材料，它们都具有良好抗蚀性能。前者为75% ~85% Cr_2O_3 和 18% ~20% MgO，属于尖晶石结合的 Cr_2O_3-MgO 砖；后者是由 Cr_2O_3-Al_2O_3 材料和锆英石搭配生产的含 Cr_2O_3 质耐火材料，主要由硅酸盐相结合。

在使用过程中，Cr_2O_3-MgO 砖趋向于和酸性煤灰渣反应生成一种低熔点、高膨胀相，导致受热面变化而使表面致密、膨胀，在变化和未变化的交界处产生裂缝，在停炉或点火温度变动时，砖的表面就会从裂缝处剥落（结构剥落），导致 Cr_2O_3-MgO 砖超前损毁。表明 Cr_2O_3-MgO 砖在水煤浆气化炉上使用难以获得高寿命。

Cr_2O_3-Al_2O_3-ZrO_2-SiO_2 砖的损毁主要由于煤灰渣和砖中硅酸盐相反应导致的蚀损，而煤灰渣中 CaO 也会熔解 ZrO_2，生成熔点极低的玻璃相。操作温度升高，Cr_2O_3-Al_2O_3-ZrO_2-SiO_2 砖损毁速度加快。当操作温度由 1450℃上升到 1550℃时，其损毁速度便急剧加快。另外，在 1510℃时，Cr_2O_3-Al_2O_3-ZrO_2-SiO_2 砖的高温强度优于 Cr_2O_3-MgO 砖，预计在大约 1540℃时，前者的高温强度会降低，因为它们的结合相为硅酸盐相。由对比研究的结果得出，Cr_2O_3-Al_2O_3-ZrO_2-SiO_2 砖的损毁速度比 Cr_2O_3-MgO 砖慢。

从原理上讲，酸性的煤灰渣，只有酸性耐火材料才能与之相适应。特别是在煤气化过程中产生大量液态煤灰渣，一般

SiO_2 含量高达40%～50%，Al_2O_3 含量为25%～35%，CaO和 Fe_2O_3 含量达20%，$CaO/SiO_2=0.4\sim1.0$，对耐火材料具有极强的侵蚀能力。磨损最快的是温度较高、熔渣冲刷最严重的那些部位，而温度较低、熔渣较少的那些部位，其内衬耐火材料的损毁比较轻微。在某些时间以及某些范围内热震则加剧了耐火内衬的损毁。

实际使用结果表明，能够适应渣化煤气化装置操作环境的耐火材料，以 Al_2O_3-Cr_2O_3 系耐火材料最理想。因为这类耐火材料含有足够的 Cr_2O_3 组分，提供了优越的抗渣性，而高纯度基质相可使它们在正常操作或温度偏高时也具有良好的抗渣性。

气化炉内衬耐火材料在使用过程中会受到热震，包括水的冷却、过快升温和生产过程中的温度波动；在正常操作时还会由于炉体表面散热而存在径向温差等，而导致耐火内衬的龟裂、开裂和剥落，说明内衬耐火材料应具有良好的抗热震性。因此，通过往煤气炉内衬用 Al_2O_3-Cr_2O_3 质耐火材料中添加单斜 ZrO_2，产生相变，导致微裂纹，从而提高耐火内衬材料的抗热震性，以适应煤气化炉的使用条件。

使用实践已经证明，在渣化煤气化装置上应用的 Al_2O_3-Cr_2O_3 系耐火材料，其 Cr_2O_3 含量越高，抗蚀性能就越高。

目前，水煤浆气化炉使用的 Al_2O_3-Cr_2O_3 质耐火材料的成分范围是30% Cr_2O_3、70% Al_2O_3 到90% Cr_2O_3、10% Al_2O_3，其基质应使用高纯度 Cr_2O_3-Al_2O_3 固溶体 $(Cr_{1-x}Al_x)_2O_3$ 构成耐火材料。这类 Cr_2O_3-Al_2O_3 质耐火材料不仅高温强度大，气孔率低（密度大），而且其耐用性好。表5-4中列出的高纯 Cr_2O_3-Al_2O_3 砖就是这类铬-铝尖晶石结合的 Cr_2O_3-Al_2O_3 砖。这类耐火材料另外的优点是致密度高，气孔率低，气孔尺寸小，煤灰渣难以渗透引起结构解体和剥落问题发生。

表 5-4　渣化煤气化装置用耐火材料的对比

种　类		高纯铬-铝砖	玻璃相结合铬-铝砖	铬镁砖
体积密度/$kg \cdot m^{-3}$		4135	3750	3685
气孔率/%		14	13	16
1480℃下的抗折强度/$N \cdot mm^{-2}$		16	7	2
组成/%	Cr_2O_3	76	60	75～80
	MgO	0.1	0.1	18～20
	Al_2O_3	23	20	0.5～1.5
	SiO_2	0.3	6.5	未测定
	ZrO_2	0	11.5	0

水煤浆气化炉内衬耐火材料在使用过程会受到热震，包括水的冷却、过快的升温和生产过程中的温度的波动。即使在正常操作时也会由于装置的表面散热而产生径向温差。所有这些情况都会导致耐火材料开裂甚至剥落，因而用于水煤浆气化炉的内衬耐火材料应具有良好的抗热震性。然而，高 Cr_2O_3 含量的 Cr_2O_3-Al_2O_3 质耐火材料本身却存在抗热震性差的问题，所以必须对高 Cr_2O_3 含量的 Cr_2O_3-Al_2O_3 质耐火材料的抗热震性进行改善。

目前，改善 Cr_2O_3-Al_2O_3 质耐火材料的抗热震性最普遍的方法是向配料中补入单斜氧化锆（m-ZrO_2），但这需要对单斜氧化锆的引入量和颗粒大小进行仔细选择。在 Cr_2O_3-Al_2O_3 质特别是高 Cr_2O_3 含量的 Cr_2O_3-Al_2O_3 质耐火材料中引入单斜 ZrO_2 是通过 ZrO_2 相变导致适量数量微裂纹而提高耐火材料的抗热震性的。有关引入单斜 ZrO_2 改善 Cr_2O_3-Al_2O_3 质耐火材料抗热震性更详细的内容可参见第 6 章废弃物熔融炉用耐火材料。

小结：

通过对实炉使用后的 Cr_2O_3-Al_2O_3 质耐火材料残衬的研究和抗煤灰渣试验的结果得出：

（1）随着Cr_2O_3-Al_2O_3质耐火材料中Cr_2O_3含量的提高，其抗煤灰渣的侵蚀性能也提高；

（2）在Cr_2O_3含量相同的情况下，纯度越高，Cr_2O_3-Al_2O_3质耐火材料抗煤灰渣的侵蚀能力就越强；

（3）采用高纯基质的$(Cr_{1-x}Al_x)_2O_3$固溶体为结合相是提高Cr_2O_3-Al_2O_3质耐火材料抗煤灰渣侵蚀能力的重要途径；

（4）向高Cr_2O_3含量的Cr_2O_3-Al_2O_3质耐火材料引入颗粒尺寸适度、数量适中的单斜ZrO_2是改善材料抗热震性的重要方法；

（5）Cr_2O_3-Al_2O_3质耐火材料成分稍有变化，就会对抗侵蚀性能产生很大的影响；

（6）随着煤灰渣中CaO、MgO、Fe_2O_3以及碱含量的增加，Cr_2O_3-Al_2O_3质耐火材料抗煤灰渣侵蚀能力下降；

（7）随着操作温度的上升，含SiO_2高的Cr_2O_3-Al_2O_3质耐火材料比含SiO_2低的同类耐火材料的蚀损更大；

（8）温度升高或者气流扰动增大都会导致Cr_2O_3-Al_2O_3质耐火材料的蚀损增加。

来自水-煤浆气化炉实际使用的结果表明：

（1）含75% Cr_2O_3的Cr_2O_3-Al_2O_3砖的蚀损率通常仅为含80% Cr_2O_3的Cr_2O_3-Al_2O_3砖的50%；

（2）含75% Cr_2O_3的Cr_2O_3-Al_2O_3砖的蚀损率大约只有含60% Cr_2O_3的Cr_2O_3-Al_2O_3-SiO_2砖的1/2 ~ 2/3；

（3）含40% Cr_2O_3的Cr_2O_3-Al_2O_3砖的蚀损率为含60% Cr_2O_3的Cr_2O_3-Al_2O_3-SiO_2砖的2/3；

（4）含30% Cr_2O_3的Cr_2O_3-Al_2O_3砖的蚀损率与含60% Cr_2O_3的Cr_2O_3-Al_2O_3-ZrO_2-SiO_2砖的蚀损率相当。Cr_2O_3-Al_2O_3砖在普通煤气化温度下对煤渣几乎是惰性的。颗粒或Cr_2O_3-Al_2O_3-ZrO_2-SiO_2固溶基质与炉渣均不发生反应。

5.2.3 大型加压气化炉用耐火材料

大型合成氨水煤浆加压气化炉是高温高压操作窑炉的重要

例子。这种装置以煤为原料制成水煤浆使之加压气化生成气，通过合成塔制成氨。其中，水煤浆加压气化炉内衬耐火材料往往成为左右其寿命的原因。因为水煤浆加压气化炉长期处在高温（1350～1450℃）、高压（8.5～27MPa）和强还原性气氛（$CO + H_2 + H_2O$）以及高速粉煤粒子气流（达10m/s）的冲刷作用下，炉衬耐火材料受到严重的侵蚀和损坏。因此，合成氨水煤浆加压气化炉用耐火材料应具备以下性能：

（1）能够经受高温、高压作用；

（2）在高温、高压条件下具有足够的抵抗化学侵蚀的能力；

（3）耐磨损性高。

针对大型水煤浆加压气化炉较高的操作温度、压力以及液态排渣等苛刻要求，认为在已有的耐火材料范围内，Al_2O_3-Cr_2O_3 质耐火材料尤其是 Cr_2O_3 含量高、抗煤灰渣侵蚀和抗热震性优异的高铬耐火材料最能满足上述要求。

Al_2O_3-Cr_2O_3 系混合物可以生成连续固体。在平衡条件下其矿物相为$(1-x)Al_2O_3 \cdot xCr_2O_3$，即$(Al_{1-x} \cdot Cr_x)_2O_3$（$0 \leqslant x \leqslant 1$），在 $x=0$ 时为刚玉相 α-Al_2O_3，在 $x=1$ 时为 Cr_2O_3，在 $0<x<1$ 时为铬刚玉$(Al_{1-x} \cdot Cr_x)_2O_3$。

α-Al_2O_3 的熔点温度为 2045℃，而 Cr_2O_3 的熔点温度则为 2275℃。当 Cr_2O_3 加入 α-Al_2O_3 中时固溶体$(Al_{1-x} \cdot Cr_x)_2O_3$ 的固化温度由 $x=0$ 的 2045℃连续上升到 $x=1$ 的 2275℃，表明 Cr_2O_3 加入 Al_2O_3 中会提高材料的耐热性能。

当采用$(1-x)Al_2O_3 \cdot xCr_2O_3$ 为结合组织时，即可获得坚固的组织结构，因而其高温强度大，而且含 Cr_2O_3 的 Al_2O_3-Cr_2O_3 质耐火材料对酸性熔渣具有优异的抵抗能力，同时水煤浆加压气化炉处于强还原性气氛中操作，故不需担心 Cr^{6+} 对环境危害的问题。所有这些都说明，Al_2O_3-Cr_2O_3 质耐火材料是水煤浆加压气化炉用理想耐火材料。

根据大型水煤浆加压气化炉的特点，认为其内衬最理想的筑衬方法是浇筑施工。按最佳技术/经济指标要求，认为用于水

煤浆加压气化炉的 Al_2O_3-Cr_2O_3 质耐火浇注料，在正常操作条件下，可以选择低铬的配方设计，即以刚玉（烧结、电熔或板状氧化铝）为主原料，同时添加 10% Cr_2O_3 细粉，按低水泥（Lcc）配方设计，其结合系统为 CA-70C/CA-80C + ufAl_2O_3 + uf-SiO_2 和极少量的外加剂（分散剂）。表 5-5 列出了两种水煤浆加压气化炉用 Al_2O_3-Cr_2O_3 质耐火浇注料（Cr_2O_3 含量为 10%）的例子，可供读者参考。

表 5-5　Al_2O_3-Cr_2O_3 质耐火浇注料性能

性能		耐压/抗折强度 (110℃,24h)/MPa	气孔率/体积密度 /%/(g·cm^{-3})	线变化 /%	软化点（0.2MPa, 0.6%）/℃
进口材料		63.2	14.4/3.37	—	>1800
国产材料	110℃	91.9/19.8	7.8/3.36	-0.05	>1800
	1500℃，3h	132.9/37.5	17.3/3.30	-0.07	

5.3　石油裂化器用耐火材料

5.3.1　概论

裂化器是石油精炼工艺中的关键设备。催化裂化是将低辛烷石蜡油转化成高辛烷烃、环烷烃和芳族烃，然后掺入到汽油中。因此，裂化器就成了炼油厂的重要设备，与之相连的是再生器。

裂化器内的耐火材料处于最苛刻的操作环境中。工艺条件包括高温和高压，反应器的反应温度约 500℃，至再生器内则达到 700℃或更高些，操作压力为 150 ~200kPa。

长链烷烃（主要是粗石蜡）是裂化器的主要原料。当原料不足时，便需要残油进行补充，这便导致更多的碳附着到催化器上面使再生器被启动，在高温下操作以脱碳。随之，循环催化剂则在更高温度下返回到反应器，于是就增加了这两个容器的热应力。

而且，循环催化工艺还产生了机械应力，其中包括用作原料的细微分布的催化剂（多角硅酸铝和沸石（20～200μm））等的循环，其循环速率为50t/min或更高，因而对内衬耐火材料造成了严重的磨损。

此外，反应器和再生器里衬的环境都必须与外界的环境隔绝开。

通过上述分析可知，催化器里衬用耐火材料必须具备两个性能，即较高的耐磨性和较低的热传导率。一般来说，要使这两个性能协调起来是非常困难的，因为高耐磨性通常需要高密度，而低热传导率则通常需要较低的密度。

一般认为，用于催化器中的反应器和再生器的内衬耐火材料其热导率为1.0～1.5W/(m^2·K)。这说明，在这种环境中应用的耐火材料应选择轻质绝热材料。

为了满足上述要求，当选择SiO_2-Al_2O_3质耐火材料时，其相对密度应低于50%，甚至更小。为了增加该类耐火材料的耐磨性能，则需要提高其强度。因此，应首选高强轻质耐火材料作为裂化器内衬耐火材料。美国曾提供一种性能较佳的轻质绝热材料，是裂化器内衬耐火材料的重要例子。这种材料由单一轻质骨料制成，这种轻质骨料是一种烧成高岭石，它是通过向未煅烧的高岭土中加入添加剂并混合，以保证在煅烧过程中能产生大量的小气孔，其密度仅1.3g/cm^3，ε =55%，气孔尺寸非常小（平均气孔尺寸仅75μm），因而这种材料的强度大。然后破碎、筛分获得单一轻质颗粒，采用这种单一骨料生产的轻质绝热制品耐磨性高而传导率却较小，因而是可供石油裂化器里衬使用的最好的轻质耐火材料品种。

当然，也可以采用粉料生产有大量细小气孔分布的材料，然后加工成所要求尺寸而得到一种轻质耐火制品，用作石油裂化器内衬耐火材料，也可获得高寿命。

然而，随着经济不断发展，燃油供应也越来越紧张。因此，石油精炼（催化裂化）也就越来越重要，这对开发石油工业催化裂化器用耐火材料提出了日益严格的要求。这说明开发出能够适应催化裂化器日益严酷操作条件的特殊耐火材料品种才能满足石油精炼工业的发展。

5.3.2 石油裂化器用微孔 CA_6 质耐火材料

日本开发的一种微孔 CA_6（$CaO \cdot 6Al_2O_3$，简写成 CA_6）质耐火材料用作石油裂化器里衬材料具有良好的使用性能。

微孔 CA_6 质耐火材料是以 SLA-92 高纯、微孔原料和结合剂（水泥和磷酸盐）而生产的浇注料。SLA-92 的主要成分为 Al_2O_3 和 CaO，密度为 0.75g/cm³，耐火度为 177SP，其微孔尺寸分布如图 5-9 所示。可见，SLA-92 是一种高耐火度、高纯度的微孔材料。

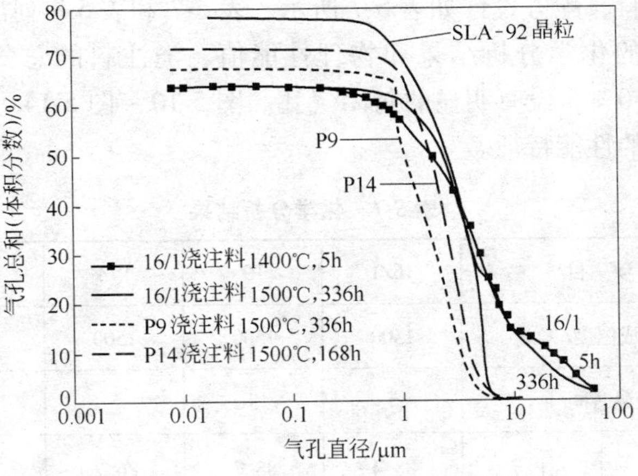

图 5-9 微气孔尺寸分布

如已了解到的，CA_6 的高温性能优异，熔点为 1860℃（分解熔融）。由于 CA_6 晶粒呈各向异性长大，所以具有高抗热震性；同时，热膨胀（线膨胀系数 8.5×10^{-6}℃$^{-1}$）和断裂韧性与 α-Al_2O_3 相似，而且具有适宜的机械强度（详见表 5-6），且在还原性气氛中的稳定性甚佳，表明 CA_6 本身作为耐火材料的高纯重要性。

表 5-6 CA_6 压块的力学性能

温度/℃	K_{IC}/MPa·$m^{-1/2}$	E/GPa	σ_f/MPa
1500	3.8±0.1	150±15	179±110.82
1550	4.2±0.05	185±26	207±190.84
1600	4.2±0.05	195±22	206±160.84
1650	5.5±0.1	210±20	219±230.88

注：热处理温度 1600℃，2h。

鉴于上述情况，曾经使用微孔 CA_6 材料，以 SLA-92 为原料的铝水泥或 Na-磷酸盐为结合剂，采用浇筑工艺，生产 SLA-92 质浇注料，配方设计如表 5-7 所示。表 5-7 和表 5-8 列出了这类浇注料的化学分析结果和物理性能值。浇注料的总气孔率为 65%～70%，没有明显的封闭气孔。图 5-10～图 5-14 示出了各浇注料的性能特征。

表 5-7 化学分析结果

项 目		16/1	P9	P14	P14
烧成温度/℃		1500	1500	1500	1500
保温时间/h		5	5	5	336
化学成分/%	Al_2O_3	88.4	88.7	86.2	86.7
	CaO	10.4	8.1	8.3	8.2
	Na_2O	0.54	1.40	2.02	1.64
	P_2O_5	0.01	1.26	2.77	2.71
	Fe_2O_3	0.05	0.04	0.04	0.05
	SiO_2	0.11	0.11	0.14	0.10
	MgO	0.51	0.45	0.54	0.65

表 5-8 物理性能

项 目	预处理温度/℃	16/1	P9	P14
体积密度/g·cm^{-3}	110	1.10	0.97	0.95
	250	n. a.	0.97	1.07
	450	n. a.	0.98	1.06
	1000	0.02	0.99	0.93
	1500	1.03	0.97	0.92
	1500(336h)	1.15	1.00	1.02
冷态抗折强度/N·mm^{-2}	110	0.8	0.5	0.7
	250	1.5	0.4	0.6
	450	0.6	0.6	0.5
	1000	0.5	0.7	0.6
	1500	0.7/1.9	0.3/0.8	0.5/0.7
	1500(336h)	0.7	0.3	0.7
冷态耐压强度/N·mm^{-2}	110	5.0	1.1	6.7
	250	4.3	1.6	4.7
	450	4.7	1.9	4.3
	1000	4.1	1.9	1.0
	1500	7.6	3.4	1.9
	1500(336h)	6.0	5.3	4.6
永久线变化率/%	110		0	0
	250	0	0	-0.09
	450	0	0	+0.04
	1000	0	0	0
	1400	-0.06	+0.27	+0.09
	1400(336h)	-0.21	+0.76	+0.16
	1500	-0.68	+0.26	+0.17
	1500(336h)	-1.9	-0.27	-0.25

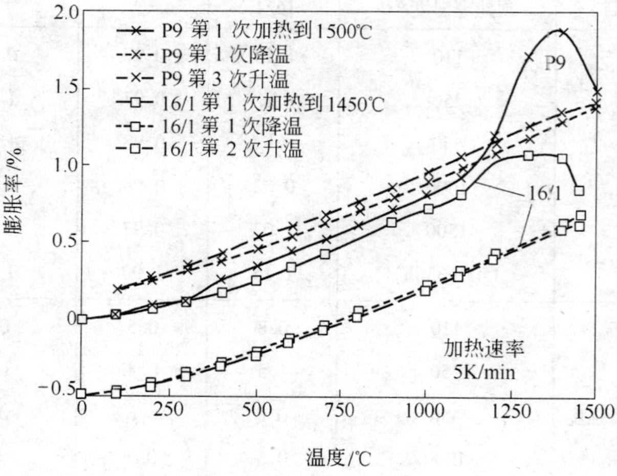

图 5-10　直到 1500℃浇注料 16/1 和 P9 的热膨胀率

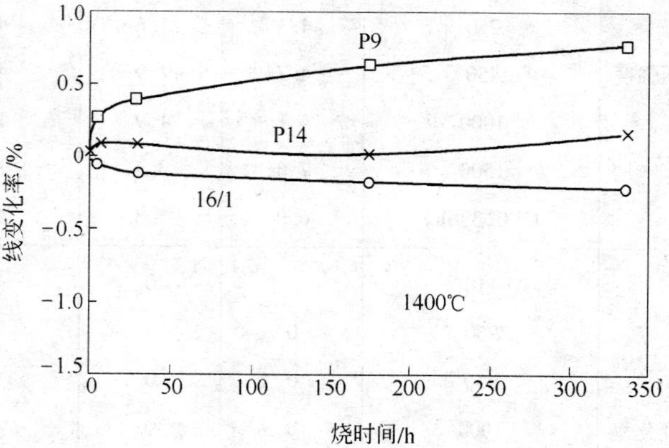

图 5-11　在 1400℃的永久线变化率

对于水泥结合 SLA-92 质耐火浇注料来说，在高温条件下，材料中水泥成分 CA 和 CA_2 等则同 Al_2O_3 反应：

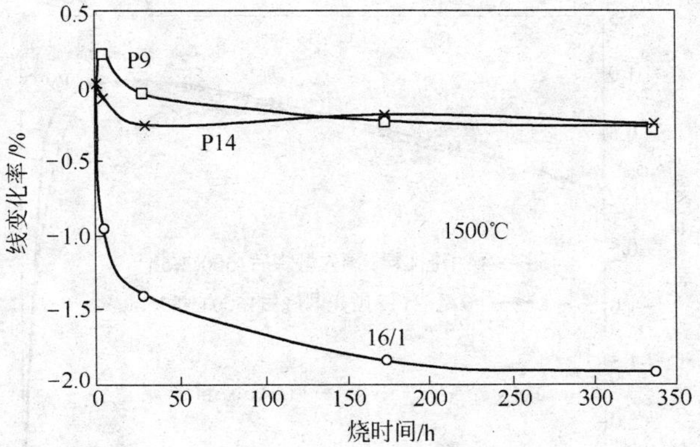

图 5-12 在 1500℃的永久线变化率

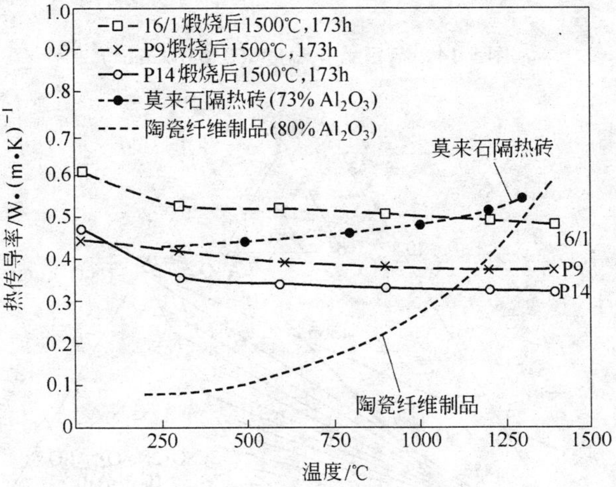

图 5-13 热导率

$$CA + Al_2O_3 \longrightarrow CA_2 \tag{5-4}$$

$$CA_2 + 4Al_2O_3 \longrightarrow CA_6 \tag{5-5}$$

导致结合相转化为 $CA_2 + CA_6$，这些高温固相（详见图 5-15）赐予了浇注料的优异的高温性能。

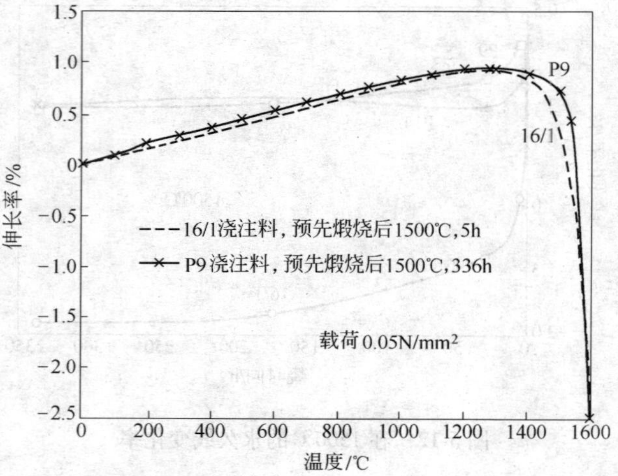

图 5-14　荷重软化温度（0.05N/mm²）

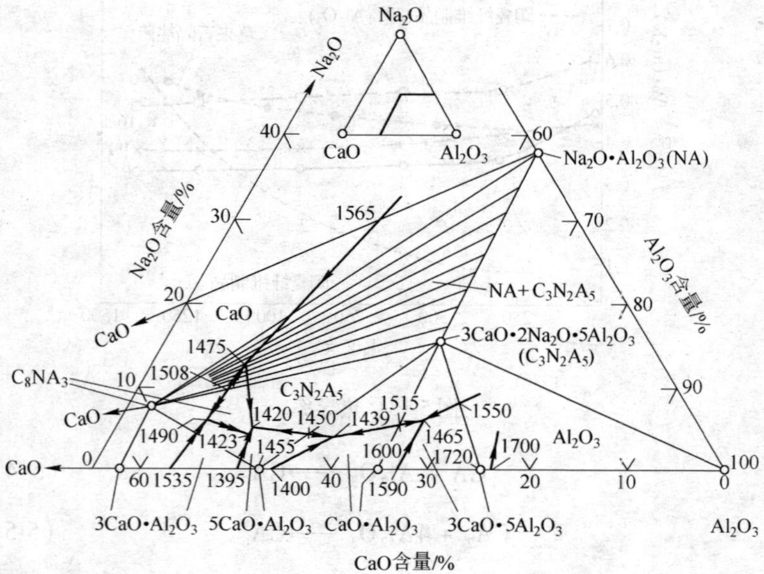

图 5-15　CaO-Al₂O₃-Na₂O 系的富铝矾土区域

对于Na-磷酸盐为结合剂的SLA-92质材料来说，经高温处理后所形成的结合相属于N-C-P三元系统。在这个三元系中，CaO-NC_2P-N_2CP亚三元系的最低共熔温度为1630℃。当材料中(C+N)/P>1.2(实际P_9为7.3，P_{14}为3.7）时，即会导致高熔点的结合相（NC_2P-C_3P_{ss}）的形成。NC_2P的熔点为1830℃，而C_3P的熔点则为1800℃。这就解释了Na-磷酸盐为结合剂的SLA-92具有高温稳定性高的原因。

由表5-7看出，SLA-92质浇注料均具有良好的体积稳定性：1400℃，14d和1500℃，14d处理后，其PLC（残余线变化率）<2%（1400℃，14d处理后，Na-磷酸盐结合的SLA-92质浇注料PLC=+0.2%～+0.8%，水泥结合SLA-92质浇注料PLC=-0.2%)。

SLA-92质浇注料经1500℃，14d处理后，微气孔率保持稳定，显气孔率为65%～70%，图5-9示出了各配方材料的微气孔尺寸分布，其平均气孔尺寸为1～3μm。微气孔的这一特征可赐予材料低的热导率。正如图5-15所表明的那样，在1500℃，7d后，所研究的全部SLA-92质浇注料在300～1400℃之间都具有一稳定的低热导率值，其中Na-磷酸盐结合SLA-92质浇注料在1400℃的热导率最低[仅0.33W/(m·K)]。水泥结合SLA-92质浇注料具有较高的冷态强度，而Na-磷酸盐结合SLA-92质浇注料中温冷态强度却较低（详见表5-7)。

由显微结构研究发现，在1400～1500℃保温168h处理后的晶体结构和原料中的晶体结构非常类似，表明在高温大约1500℃长时间烧制可使SLA-92质浇注料的显微结构稳定，因而其软化开始点被抑制。在0.5N/mm^{2}的荷重下，P_{14}和16/1的$T_{0.5\%}$大约为1500℃。

在14d处理后的SLA-92质浇注料进行10个循环热震试验（按NV1402-6测试）后，水泥结合SLA-92质浇注料没有破坏，而 Na-磷酸盐结合 SLA-92 质浇注料显现出裂纹，并在 10 个循环后破坏。

上述试验结果表明，SLA-92 质浇注料具有很大的微气孔率和高的耐火度，而体积稳定性、抗热震性和隔热性都非常好，是一类独特的轻质耐火材料，在石化厂、钢厂（加热炉等）炉窑使用都显示出良好的性能。

6 废弃物熔融炉及其用耐火材料

随着世界人口的不断增加和工业的迅速发展，城市垃圾和工业废弃物的产生量也逐年增多，对地球环境造成了严重污染，所以城市垃圾和工业废弃物的处理已成为一个急需解决的问题。目前，最有效的方法是采用焚烧炉和熔融炉处理城市垃圾和产业废弃物。为了适应环保产业的发展，满足处理废弃物炉窑用耐火材料的要求，需要研究和开发优质耐火材料与之相适应。

6.1 废弃物处理设备与处理流程

废弃物除了日常生活排出的一般废弃物即城市垃圾和下水污泥外，还有排出量最大的工业废弃物。这些废弃物都需要进行无害化处理，其处理流程如图 6-1 所示。

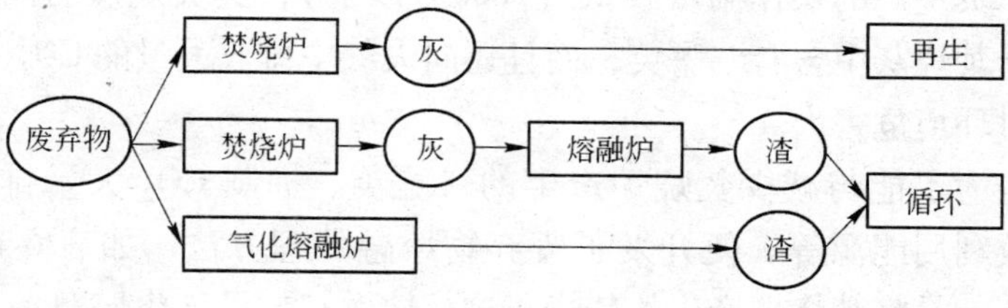

图 6-1　废弃物处理流程

废弃物处理开始于卫生处理为目的的城市垃圾的焚烧处理。焚烧设备主要是焚烧炉，有炉箅式、流动床式、回转窑式等，如表 6-1 所示。

表 6-1 焚烧灰处理方法的特征

焚烧炉	目的	卫生处理；减少焚烧灰量
	问题	产生二噁英（采用其他措施减少）；焚烧灰污染填埋地周围的土壤
焚烧炉和焚烧灰熔融炉	目的	减少焚烧灰量；焚烧灰的无害化
	问题	产生二噁英（采用其他措施减少）
熔融炉	目的	减少焚烧灰量； 焚烧灰的无害化； 控制二噁英的产生； 节能； 发电，从而减轻环境负担

炉算式焚烧炉从炉箅下部吹入燃烧气体，驱动炉箅，使垃圾连续燃烧。由于这种处理方法适合大量处理，故在大城市广泛采用。

流动床式燃烧炉是以蓄热的沙子为载热体、瞬时焚烧垃圾的炉子。由于设备容易停转，也适合焚烧废液，故被用作焚烧中小城市的垃圾和下水污泥、工业废弃物。

回转窑式焚烧炉由于能以炉内辐射热使废弃物充分焚烧，因而广泛用于难烧的污泥、废液等工业废弃物的处理。

焚烧炉的操作温度较低（1000℃以下），其焚烧灰为固体。由于焚烧灰中含有二噁英，而且还向大气中排放大量的 CO_2，因而对环境危害大。

为了能与减少焚烧炉产生的二噁英、抑制 CO_2 大量排放、有效利用能源等，便开发了废弃物熔融处理方法，如表 6-1 所示，一是将焚烧炉产生的焚烧灰进行熔融；二是气化熔融。

焚烧灰熔融炉主要有：将烧嘴用作热源的表面熔融炉、旋转熔融炉，使用电能的等离子熔融炉、电弧熔融炉等。所有这些熔融炉都在 1400～1600℃的高温下使焚烧灰熔融、渣化。

气化熔融炉主要有热分解气化熔融炉和直接气化熔融炉。它们是不带焚烧炉的废弃物熔融设备，因而难以产生二噁英。

热分解气化熔融炉是使用热分解炉在低温还原气氛中将垃圾热分解，同时将得到的可燃性气体和炭（炭质残渣）自燃，进行渣化。因而这种处理方法有助于减少二噁英，抑制 CO_2 排出。有些情况下，则将热分解炉与旋转熔融炉组合起来使用。

直接气化熔融炉是一种将废弃物与焦炭等燃料一起，直接熔融的熔融炉，产生的可燃气体用于发电等。这种熔融方法也有助于减少二噁英，并可有效利用能源。

废弃物熔融炉（包括焚烧灰熔融炉、气化熔融炉）在1400~1600℃的高温条件下使焚烧灰熔融、液化，其残余物（熔渣）都呈液态（液相）。

6.2 熔融炉内衬耐火材料所处的环境

6.2.1 熔融物特性及其对耐火材料蚀损的影响

熔融炉中被熔解物的种类以及各自的化学组成与熔化温度如表6-2~表6-4所示。它们表明：

表6-2 一般熔融物（渣）的化学组成

熔融物（渣）	化学组成/%							熔点/℃	备注
	SiO_2	Al_2O_3	Fe_2O_3	CaO	Na_2O+K_2O	P_2O_5	C/S		
污泥渣	30~40	10~20	6~10	10~35	1~5	3~10	1.2~0.3	1250~1300	富 P_2O_5，高碱度，高熔点
焚烧灰渣	36~48	13~18	1~6	11~21	3~7	1~2	0.6~0.2	1150~1200	含5%~10%左右的金属（Fe、Al、Cu）
E.P渣	22~24	10~11	2~3	15~17	5~8	Cl 10~17	0.7~0.6	900~1000	包括Cl、SO_3 和ZnO
粉碎机粉末渣	27~28	4~18	6~23	28~32	3~4	MgO 2~6	0.2~0.7	1250~1280	包括非铁金属
金属粉末渣	5	2	30	4	C 21	ZnO 17	0.8	—	富ZnO和C

表 6-3　各种被熔解物的性能

性能	成分/%							熔化温度/℃
	SiO_2	Al_2O_3	Fe_2O_3	CaO	R_2O	P_2O_5 (Cl)	CaO/ SiO_2	
污泥灰	25/40	10/15	10/15	10/30	2/5	5/10	0.7	1250/1300
焚烧灰	25/40	10/15	5/15	10/25	2/5	1/2	0.3/0.6	1150/1200
飞　灰	15/25	10/15	1/5	20/30	5/20	(10/20)	1/2	1300/1350
粉破机粉尘	30/40	15/25	1/5	30/40	0.1/1	1/5	1/1.5	—

表 6-4　飞灰和主灰的典型组成实例

灰的种类		飞　灰		主　灰
灰的处理方法		钙盐处理	湿式处理	
化学成分/%	SiO_2	13.7	18.0	51.2
	Al_2O_3	7.8	8.9	13.7
	Fe_2O_3	1.7	2.7	4.1
	CaO	31.0	15.3	16.1
	Na_2O	0.2	7.4	3.2
	K_2O	0.2	2.9	0.8
	Cl	15.5	16.4	0.4
由粉末 X 射线检测出的主盐		$CaCl_2$ 水合物 $CaCO_3$ $Ca(OH)_2$ NaCl, KCl	NaCl KCl	—
碱度(CaO/SiO_2)		2.26	0.85	0.31

(1) 生活废水污泥的特点是 P_2O_5 含量高。碱度（C/S 比）由于废水处理不同波动大（C/S≈0.3~1.2），熔化温度下相对较高（1250~1300℃）。

(2) 垃圾焚烧灰的碱度一般为 C/S≈0.2~0.6，但一般含有多种金属（Fe、Al、Ca、Zn 等达 5%~10%）。

（3）电除尘器渣含有约10% ~17%的碱 Na_2O+K_2O 和Cl。

（4）粉碎机的粉尘渣的碱度 C/S≈0.7 ~1.2，同时含有大量的碱和多种非铁金属。

炼钢尘渣含有ZnO和C，碱度约为0.8，图6-2列出了熔渣碱度对几种耐火材料耐蚀性的影响（表6-5列出了相应耐火材料性能）。

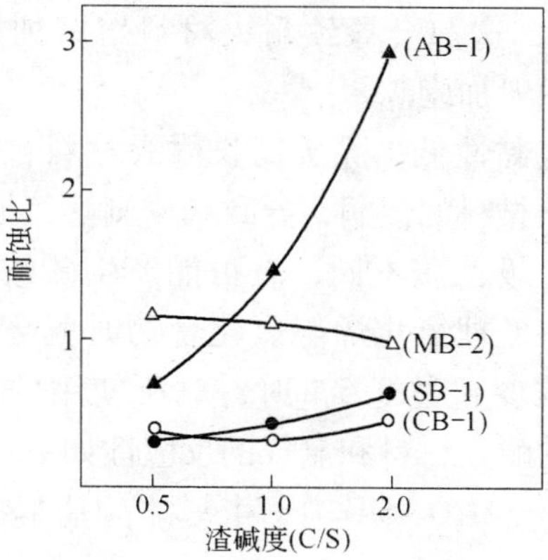

图6-2 渣碱度与侵蚀量的关系

（试验条件：回转电弧炉法（还原气氛）；1650℃ ×4h）

表6-5 实验材料性能

编号	Al_2O_3	MgO	Cr_2O_3	SiC	ZrO_2	AP/%	B. DI	CMOR/MPa
AC-1	90	—	6	—	—	13.0	3.20	46
SC-1	9	—	—	84	—	18.0	2.60	108
MC-3	—	66	16	—	—	17.9	3.10	35
AB-1	69	—	19	—	10	16.5	3.55	150
MB-2	—	62	23	—	—	13.5	3.30	78
SB-1	—	—	—	95	—	11.0	2.75	147

熔渣中碱含量和 P_2O_5 含量高时，会导致熔渣黏性下降，侵蚀能力增强。根据耐火材料的蚀损反应速度（v）公式可知：

$$\frac{1}{S_0}v = K_C(C_S - C) \qquad (6\text{-}1)$$

式中，S_0 为耐火材料与熔渣接触的表观面积；K_C 为耐火材料熔解蚀损反应速度常数，$K_C \propto D\alpha\eta^{-1}$（$D$ 为耐火材料熔解成分在熔渣中的扩散系数，η 为熔渣黏度）；C_S、C 分别为耐火材料的饱和浓度（熔解度）和 t 时的浓度。η 下降会使 K_C 显著增加，也会使 C_S 值增大，这都会导致耐火材料熔解蚀损反应速度（v）明显加快，使损毁加剧。

另外，熔渣黏性低，除了助长耐火材料被侵蚀之外，还会增加熔渣对耐火材料的侵润，导致结构剥落，损毁加大。

由于处理垃圾性质不同，有可能产生硫酸、氯化氢等酸性气体。例如，在处理氯化烯等氯化合物时就会产生氯化氢和氯气。若氯气的浓度超过 0.5% 时，对所使用的耐火材料需要注意。不同种类的耐火材料和氯气的反应性如下：

（1）Al_2O_3、Al_2O_3-SiO_2 质耐火材料基本上具有抗氯气侵蚀性。

（2）耐火材料中的 CaO、MgO 容易与氯气发生反应，生成 $CaCl_2$、$MgCl_2$ 和液相。

（3）Fe_2O_3 虽然在热力学上不发生氯化反应，但生成的 $FeCl_3$ 是气相，会挥发，从而失去平衡，产生反应。

（4）SiC 在热力学上容易发生氯化反应，分解成 $SiCl_4$ 和 C（石墨），$SiCl_4$ 挥发，使 SiC 耐火材料重量减少而损耗。

6.2.2 操作条件对耐火材料蚀损的影响

熔融炉炉内的最高温度通常为 1400～1600℃，偶尔也有超过 1700℃ 的情况，而且渣线下部的金属层的温度也达到 1200～1300℃，炉内各部位都是高温区。

操作温度产生的后果有二：

（1）关于温度对熔渣黏度的影响，认为简单的不缔合熔体满足弗兰克里方程式：

$$\eta = A\exp\left(\frac{-E}{RT}\right)$$

或　$$\ln\eta = A' - E/RT \tag{6-2}$$

式中，A、A'为常数；E 为黏程活化能，它决定黏程本身的熔体质点做直线运动时所必需的能量；R 为气体常数；T 为绝对温度。

对于熔融炉熔渣来说，上式只是近似的，但黏度 η 随温度上升成指数倍下降的规律却是可以肯定的。图 6-3 示出了温度（T）对低碱度熔渣黏度（η）的影响。它表明，碱度若高，黏度就低。另一方面，温度在 1400℃以下，黏性急剧增加。所谓黏性低，则意味着对耐火材料的侵润和侵蚀均大，蚀损严重。

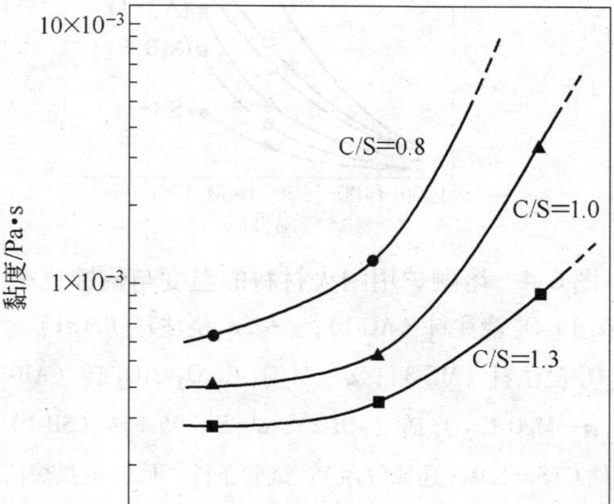

图 6-3　不同 C/S 的黏性与温度的关系

（2）耐火材料熔解蚀损反应速度常数（K_C）与温度的关系可以用阿伦牛斯公式表达：

$$K_C = B\exp(-Q/RT) \tag{6-3}$$

式中，B 为撞击系数；Q 为活化能。式（6-3）说明耐火材料熔解蚀损反应随温度上升成指数倍增加。图 6-4 示出了在不同温度下，熔融炉熔渣对几种耐火材料耐蚀性的影响。图中表明，在还原气氛中，含 Cr_2O_3 的耐火材料蚀损大。相反，SiC 材料（95% SiC）蚀损小，抗蚀性好。另外，也可通过采用水冷技术来降低耐火材料承受的温度压力，延长其使用寿命。

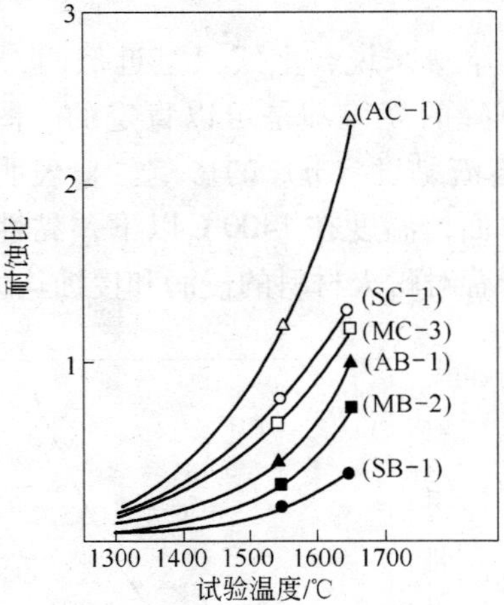

图 6-4　熔融炉用耐火材料的温度与耐蚀比率

△—Al_2O_3-Cr_2O_3 浇注料（AC-1）；○—SiC 浇注料（SC-1）；□—MgO-Cr_2O_3 浇注料（MC-3）；▲—Al_2O_3-Cr_2O_3-ZrO_2 砖（AB-1）；■—MgO-Cr_2O_3 砖（MB-2）；●—SiC 95% 砖（SB-1）

（条件 C/S = 1.0（还原气氛）；试验条件：回转电弧炉法 4h）

对于熔融炉来说，炉内气氛也是影响耐火材料使用寿命的重要因素。通常，规定炉内气氛中氧气含量大于 1% 时为氧化性气氛，而氧气含量低于 1% 为还原性气氛。在氧化性气氛中需要选用氧化物系耐火材料，而在还原气氛或者中性气氛中则需要选用中性耐火材料、非氧化性耐火材料或者非氧化物的复合耐火材料。

此外，熔融炉是在间歇条件下操作的，因而应选用抗热震性和抗结构剥落性均高的耐火材料。

6.3 熔融炉用耐火材料的选择

一般熔融炉炉渣的 C/S≈0.3~1.0，但为了提高熔化效率，达到降低熔点、固化（渣化）重金属和有害物质的目的，通常对熔融物进行成分调整（常用添加 CaO 和 SiO_2 的办法来完成），结果则导致碱度改变，需要对耐火材料适应性进行相应调整。

可见熔融炉用耐火材料的选择依据，不能仅仅考虑耐蚀性。起因于操作条件变化、熔渣组成改变、熔融温度波动使耐火材料的使用寿命明显缩短的情况也是存在的，而适合这个条件的万能材料却是不存在的。所以，只能根据导致耐火材料损毁的主要因素来选择相应的耐火材料。现在已经肯定，熔融炉内衬耐火材料蚀损主要受熔渣成分和操作条件（温度、气氛等）的控制。因此，选择熔融炉用耐火材料的主要标准是：

（1）熔渣碱度不小于 1.0 时或者 Fe_2O_3 含量高时，选择碱性（MgO、Spinel）和碳质耐火材料；而熔渣碱度 C/S<1.0 时，则选择 Al_2O_3 质、Cr_2O_3 质和 SiC 质耐火材料。

（2）根据操作条件（温度、气氛等）不同，在选择熔融炉用耐火材料时，需要考虑以下因素：

1）由于在温度超过 1450~1500℃时，耐火材料侵蚀量将急剧增加，此时，需要根据使用部位、冷却条件和炉子结构综合考虑；

2）耐火材料侵蚀损耗不仅是熔渣成分造成的，还容易受到炉内气氛和熔渣流动导致磨损；

3）具有良好的抗蚀性和抗侵润性的 C 和 SiC 质耐火材料，却存在容易受到氧化损耗的问题。

关于选择熔融炉用耐火材料更详细的内容将在后面分别讨论。

6.4　氧化气氛熔融炉用耐火材料

氧化性气氛熔融炉主体内衬，主要选用氧化物系耐火材料。最初，根据含有 Cr_2O_3 的耐火材料中 Cr_2O_3 的熔解度非常小，其熔出进入熔渣中，使熔渣的黏性增大，从而降低耐火材料的熔解蚀损反应的事实，而被选作氧化性气氛熔解炉内衬使用的主要耐火材料。后来，由于 Cr_2O_3 可能对环境产生污染，便开始对氧化物气氛熔解炉内衬耐火材料无铬化的研究。通常，氧化物气氛熔融炉内衬无铬化的耐火材料都含有 ZrO_2。其原理是 ZrO_2 同 Cr_2O_3 一样，熔解度很小，而且其熔解进入熔渣中也可增加熔渣的黏性，而提高无铬耐火材料的耐蚀性。

能够适应氧化性熔融炉操作条件的含 Cr_2O_3 质耐火材料和无铬耐火材料均可由 Cr_2O_3-Al_2O_3-ZrO_2-MgO-SiO_2(TiO_2)五元系中的物相构成，如图 6-5 所示。由这一五元系统中的物相构成的复

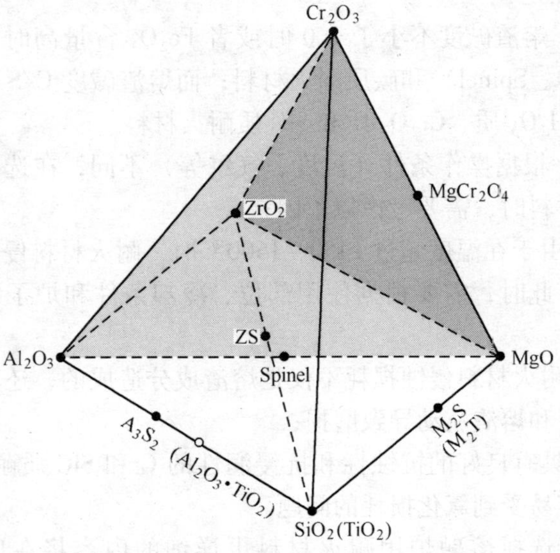

图 6-5　Cr_2O_3-Al_2O_3-ZrO_2-MgO-SiO_2(TiO_2)系锥形图

相氧化物系耐火材料有：

（1）Cr_2O_3-Al_2O_3-ZrO_2 系（含 ZrO_2 的 Al_2O_3-Cr_2O_3 系）；

（2）MgO-Cr_2O_3-ZrO_2 系；

（3）Cr_2O_3-MgO-Al_2O_3 系；

（4）Cr_2O_3-Al_2O_3-SiO_2（$3Al_2O_3 \cdot 2SiO_2$）系；

（5）MgO-Cr_2O_3-SiO_2 系；

（6）Cr_2O_3-MgO-ZrO_2-SiO_2（$2MgO \cdot SiO_2$-$ZrO_2 \cdot SiO_2$）系。

而由这一五元系统中物相构成的无铬复相氧化物系耐火材料则有：

（1）MgO-Al_2O_3-ZrO_2（主要包括 MgO-Spinel-ZrO_2 系，Al_2O_3-Spinel-ZrO_2 系和 Spinel-ZrO_2 系）；

（2）Al_2O_3-ZrO_2-SiO_2（实际为 Al_2O_3-$3Al_2O_3 \cdot 2SiO_2$-ZrO_2）系；

（3）MgO-Al_2O_3-TiO_2 系。

下面我们对氧化性气氛熔融炉主体内衬所使用的某些典型耐火材料类型进行介绍和说明。

6.4.1 高铬耐火材料

6.4.1.1 选用含 Cr_2O_3 耐火材料的原因

在工业氧化物系耐火材料中，MgO、Cr_2O_3 和 Al_2O_3 是最耐火的。在这些耐火氧化物低碱度熔渣系统中，氧化物的熔解度（在低碱度熔体中的饱和浓度 C_S）可以用来说明其对低碱度熔渣侵蚀的抵抗能力。在 1600℃ 时，MgO-Al_2O_3-CaO/SiO_2（0.5）和 MgO-Al_2O_3-CaO/SiO_2（1.0）的等温截面分别如图 6-6 和图 6-7所示，而 1600℃ 时，Cr_2O_3-CaO-SiO_2 的等温截面图如图 6-8 所示。这 3 幅图表明，MgO、Cr_2O_3 和 Al_2O_3 在 CaO/SiO_2 = 0.5～1.0 的熔体中的熔解度（即饱和浓度 C_S）的顺序是：$Cr_2O_3 \ll MgO < Al_2O_3$。说明 Cr_2O_3 的熔解度是极小（饱和浓度 C_S 极低）的。

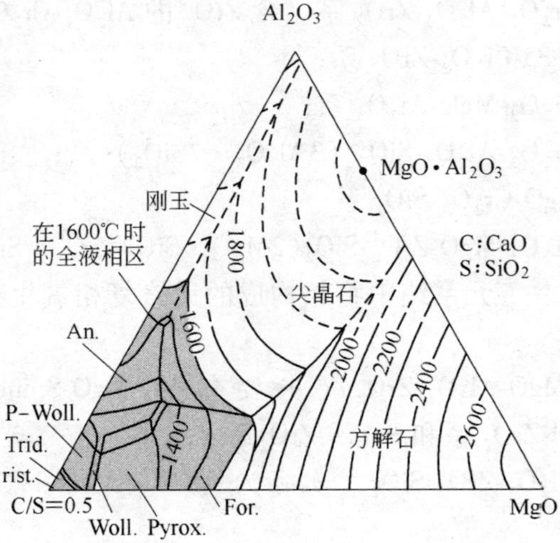

图 6-6　MgO-Al_2O_3-C/S(0.5)系相图

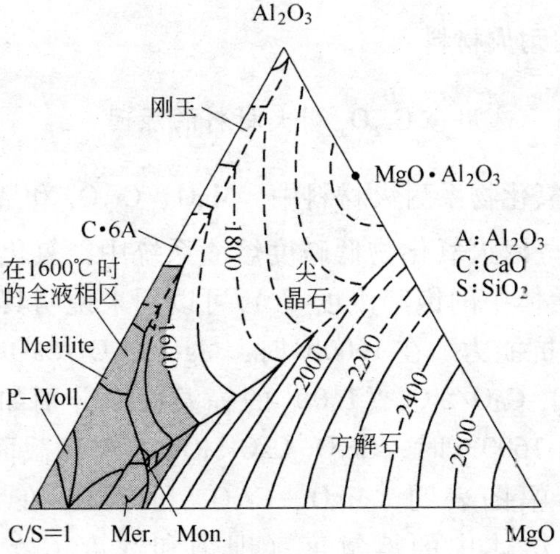

图 6-7　MgO-Al_2O_3-C/S(1)系相图

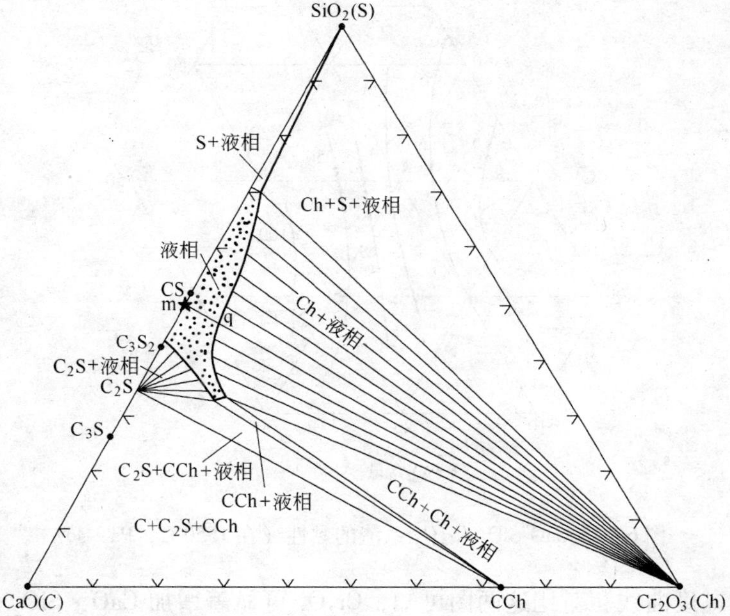

图 6-8　$CaO-Cr_2O_3-SiO_2$ 系 1600℃等温截面图

图 6-9 和图 6-10 分别示出 1500℃时 $CaO-Al_2O_3-MgO$ 系熔渣

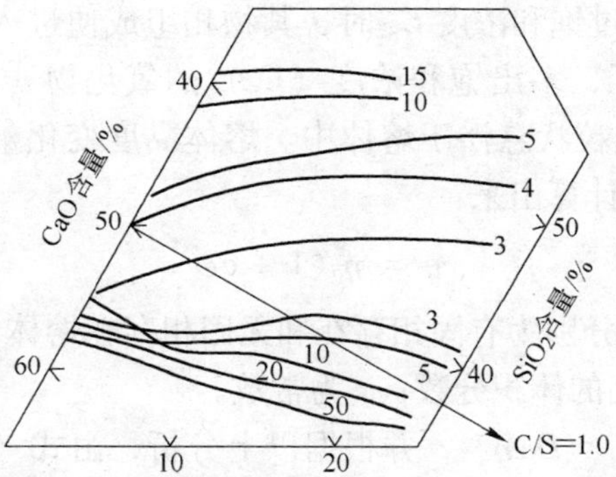

图 6-9　$CaO-SiO_2-MgO$ 等黏度曲线（Poise）（温度 1500℃）

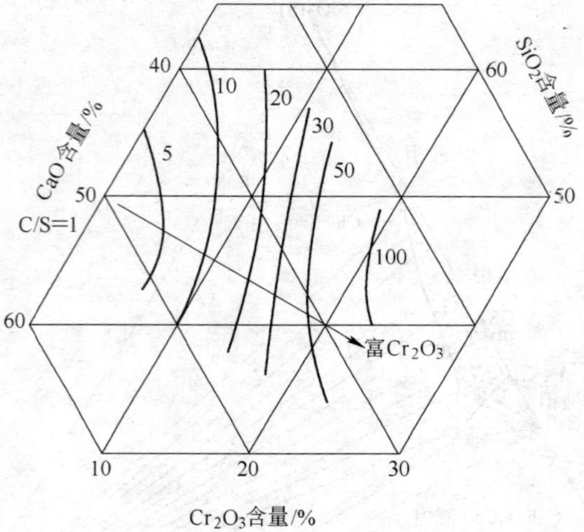

图 6-10 CaO-SiO_2-Cr_2O_3 系渣的黏性（在 1550℃，Pa · s）

的黏度曲线。对比这两图可知，Cr_2O_3 可显著增加 CaO · SiO_2 熔体的黏度。例如，在 1500℃ 时，CaO · SiO_2 熔体仅吸收 8% Cr_2O_3 便可达到 10Pa · s，但它却需要吸收 25% 以上的 MgO 才能达到 10Pa · s。

正如图 6-6 ~ 图 6-8 所表明的，当 CaO · SiO_2 熔体中 MgO 和 Cr_2O_3 含量超过饱和浓度 C_S 时，其物相组成便进入异相（固-液相）平衡相区，多出饱和浓度（C_S）的氧化物（MgO、Cr_2O_3）量则以固相微粒状悬浮于熔体中。熔体黏度变化量可以由 Einstoin 黏度公式计算出来：

$$\eta = \eta_0(1 + a\phi) \tag{6-4}$$

式中，η、η_0 分别为有固相存在和无固相存在熔体的黏度；ϕ 为分散（固）相的体积分数；a 为常数。

考虑到 $K_C \propto D\alpha\eta^{-1}$，并根据以上分析，由式（6-3）可以得出：MgO、Cr_2O_3 和 Al_2O_3 等耐火氧化物，只有 Cr_2O_3 在低碱度熔渣中的熔解蚀损反应速度是极低的。而且 Cr_2O_3 具有 2275℃

的高熔点，在与其他耐火氧化物共熔的系统中，除与 SiO_2 的共熔系统外，其共熔温度都高达2000℃左右，表明 Cr_2O_3 配入其他耐火材料中时，不会使含 Cr_2O_3 的复相耐火材料的高温性能劣化。相反，却能提高复相氧化物系耐火材料的综合性能。例如，在 Al_2O_3 中配入 Cr_2O_3 时可明显地提高其耐火度，如图6-11所示。

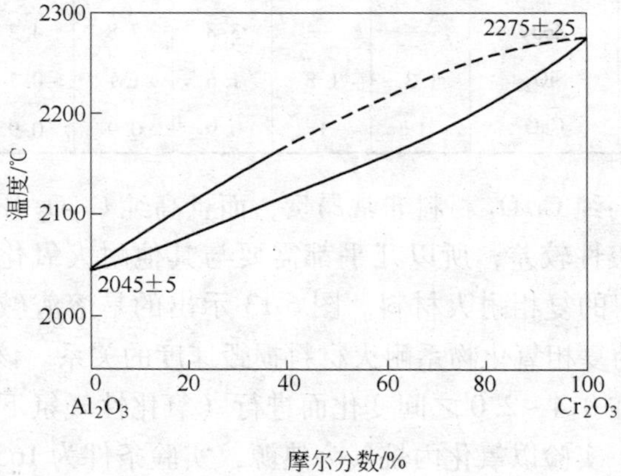

图6-11 Al_2O_3-Cr_2O_3 系相图

由此可知，氧化气氛熔融炉内衬选用含 Cr_2O_3 的耐火材料砌筑可获得高耐蚀性，而且 Cr_2O_3 含量越高抗蚀性亦越高，如图6-12所示（根据回转侵蚀试验结果，侵蚀剂列入表6-6）。

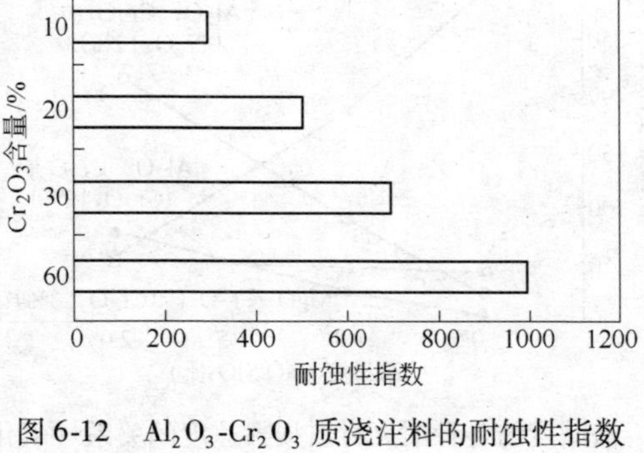

图6-12 Al_2O_3-Cr_2O_3 质浇注料的耐蚀性指数

表 6-6 实验用试样的性能

试样		A	B	C	D	E	F
种类		烧结	烧结	烧结	烧结	烧结	电熔
显气孔率/%		14.0	14.3	15.8	17.1	18.5	13.8
化学成分/%	Cr_2O_3	14.5	26.5	45.1	64.3	75.5	77.2
	Al_2O_3	82.8	70.1	48.1	25.2	18.0	18.7
	ZrO_2	—	—	3.8	7.8	4.3	3.8
	SiO_2	1.3	1.8	1.6	1.1	0.7	0.5
	CaO	1	1	0.9	0.9	0.9	0.3

由于高纯 Cr_2O_3 材料非常昂贵，而且高纯 Cr_2O_3 质氧化物材料的抗热震性较差，所以几乎都需要与其他耐火氧化物搭配制取含 Cr_2O_3 的复相耐火材料。图 6-13 示出的是熔渣碱度与几种含 Cr_2O_3 的复相氧化物系耐火材料损毁速度的关系。该结果是使熔渣碱度在 0.4～2.0 之间变化而进行（氧化性气氛下）的转鼓蚀损试验。实验以氧化丙烷气为热源，实验条件为 1650℃，5h。图中表明，Cr_2O_3 含量不同，Al_2O_3-Cr_2O_3 质试样的损毁速度也不同，但随熔渣碱度增加，损毁速度也趋于增大。相反，MgO-Cr_2O_3 质试样即使熔渣碱度增加到 2.0，不但损毁速度并无增大的情况，甚至还出现略有减小的趋势。

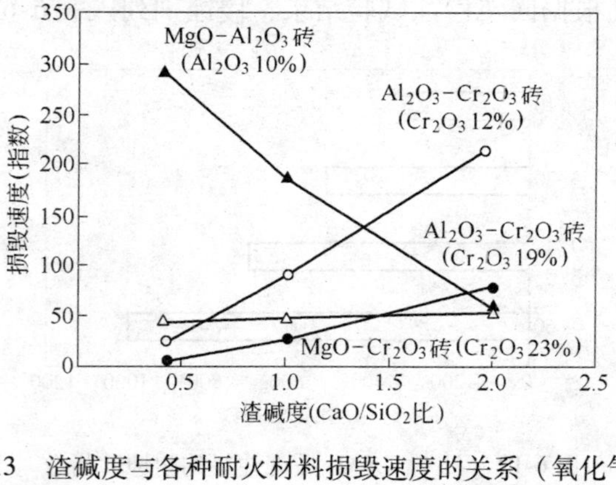

图 6-13 渣碱度与各种耐火材料损毁速度的关系（氧化气氛）

由图 6-13 得出，当熔渣碱度小于 1.0 时，应选用 Al_2O_3-Cr_2O_3 质耐火材料，而当熔渣碱度大于 1.0 时，则选用 MgO-Cr_2O_3 质耐火材料。

6.4.1.2 关于 Cr_2O_3 含量

根据回转侵蚀试验的结果（图 6-14），Al_2O_3-Cr_2O_3 质耐火材料随着 Cr_2O_3 含量的增加，耐侵蚀性提高，但在 Cr_2O_3 含量超过

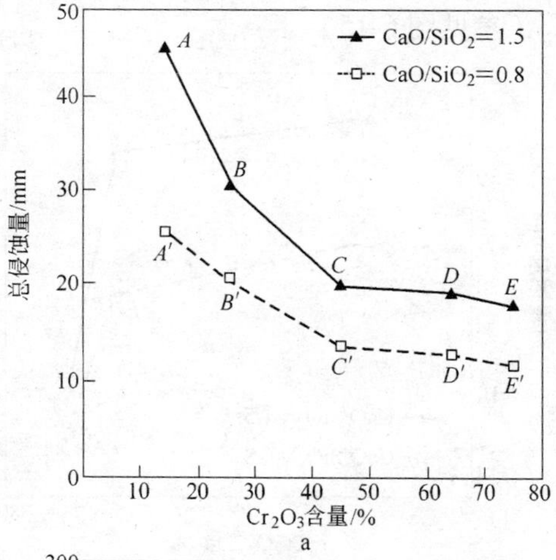

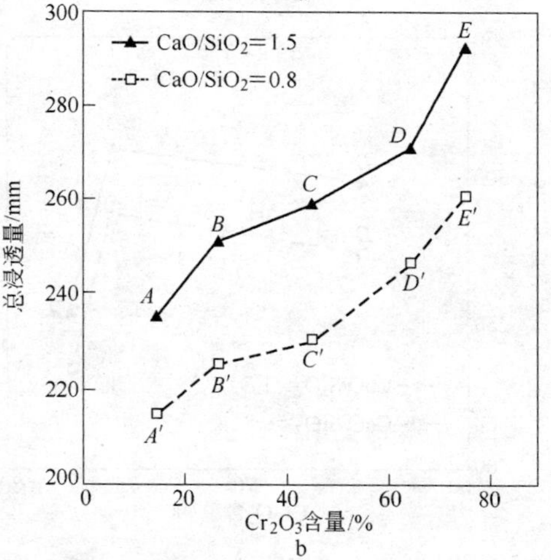

图 6-14 Cr_2O_3 含量对耐蚀性的影响（1700℃，10h）

a—侵蚀量；b—浸透深度

45%时，耐侵蚀性提高的效果变小。相反，抗渗透性则随 Cr_2O_3 含量增加而下降。该实验结果是采用 Cr_2O_3 含量不同的烧结 Al_2O_3-Cr_2O_3 材料生产的 Al_2O_3-Cr_2O_3 质耐火浇注料得出的结果。

当使用电熔 Al_2O_3-Cr_2O_3 材料生产的 Al_2O_3-Cr_2O_3 质耐火浇注料时，其耐侵蚀性比 Cr_2O_3 含量相同的烧结 Al_2O_3-Cr_2O_3 材料生产的 Al_2O_3-Cr_2O_3 质耐火浇注料好一倍以上，而熔渣渗透量也大幅度减少了（参见图 6-15）。

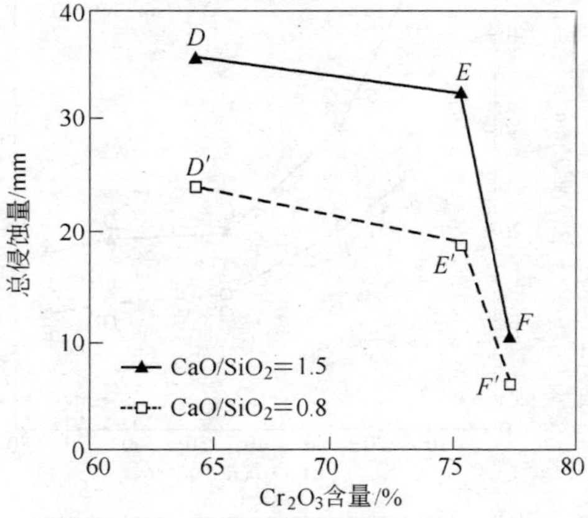

a

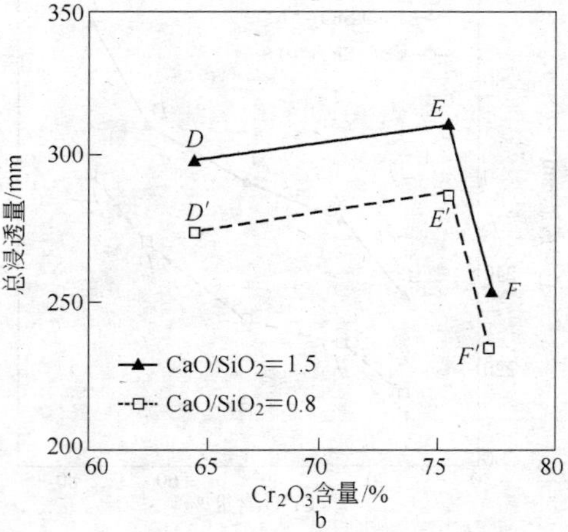

b

图 6-15　Cr_2O_3 对耐蚀性的影响（1700℃，18h）

a—侵蚀量；b—浸透深度

当使用城市垃圾渣（$CaO/SiO_2=1$）为侵蚀剂进行回转抗渣实验时，其结果如图6-12所示。实验是在1500℃，6h后，将侵蚀量的倒数作为指数，指数值越大耐蚀性就越好。该图结果是设计熔融炉内衬的重要依据。

在实际的熔融炉内，侵蚀比较轻微的部位使用Cr_2O_3含量为10%的Al_2O_3-Cr_2O_3质耐火浇注料，侵蚀严重的部位使用Cr_2O_3含量为20%～30%的Al_2O_3-Cr_2O_3质耐火浇注料，侵蚀特别严重的渣口等部位使用Cr_2O_3含量为60%的Al_2O_3-Cr_2O_3质耐火浇注料。图6-16示出了热分解气化熔融炉具有代表性的耐火材料内衬构成图。

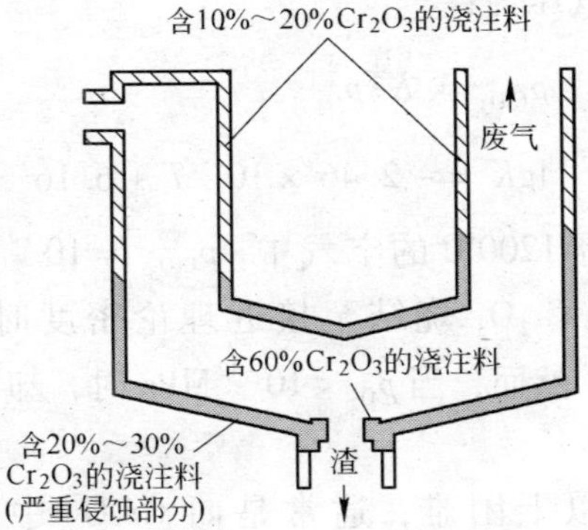

图6-16　熔融炉用典型浇注料内衬

应当指出，熔融炉用高铬Cr_2O_3-Al_2O_3质耐火材料中都添加约5%的单斜ZrO_2，其目的是为了提高材料抗热震性能，延长使用寿命。

由于熔融炉的结构往往都比较复杂，考虑成本问题和施工性，所以熔融炉多采用不定型耐火材料（耐火浇注料）砌筑。

6.4.1.3　Al_2O_3-Cr_2O_3质耐火材料的制备

为了能够同熔融炉的操作条件相适应，制备熔融炉用

Cr_2O_3-Al_2O_3 质耐火材料需要使用高质量的 Cr_2O_3-Al_2O_3 砂。这种材料是 Cr_2O_3 和 Al_2O_3 构成的固溶体，结构极为致密，强度相当高。

制备高质量 Cr_2O_3-Al_2O_3 砂的方法有两种：一是电熔法；二是烧结法。采用电熔方法制备 Cr_2O_3-Al_2O_3 合成砂与电熔制取镁铝尖晶石砂相同。采用烧结方法制取 Cr_2O_3-Al_2O_3 砂较为复杂。由于 Cr_2O_3 在高温氧化气氛中会氧化为 CrO_3，呈气态挥发，因而也会阻碍 Cr_2O_3 致密烧结：

$$\frac{1}{2}Cr_2O_{3(s)} + \frac{3}{4}O_{2(g)} = CrO_{3(g)} \tag{6-5}$$

CrO_3 的蒸气压为：

$$p_{CrO_3} = K^{\frac{1}{2}}p_{O_2}^{\frac{3}{4}} \tag{6-6}$$

$$\lg K = -2.46 \times 10^4/T + 6.16 \tag{6-7}$$

由此可算得 1200℃ 的空气中，$p_{CrO_3} = 10^{-7}$ MPa。Owndy 和 Jungquist 指出，Cr_2O_3 烧结至接近理论密度时，烧结气氛中 $p_{O_2} < 10^{-12}$ MPa。然而，当 $p_{O_2} < 10^{-12}$ MPa 时，却可能将 Cr_2O_3 还原为金属铬。

为了克服以上困难，通常是向 Cr_2O_3 中添加助烧结剂 TiO_2（TiO_2 含量大于 98% 的金红石型 TiO_2），如图 6-17 所

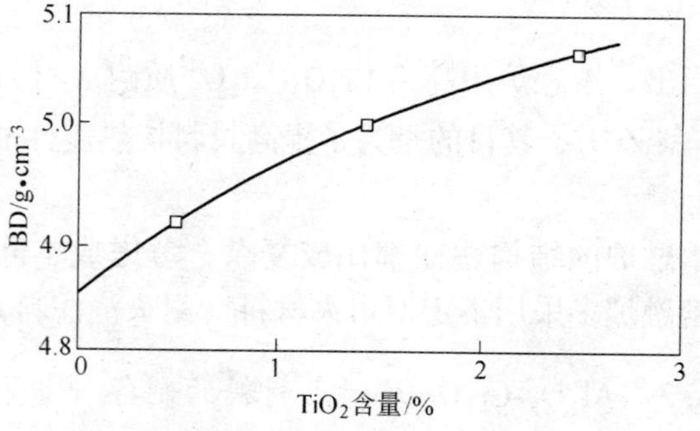

图 6-17　Cr_2O_3 的烧结密度

示。该图表明，随着 TiO_2 加入量的增加，Cr_2O_3 烧结密度增大。

虽然 Al_2O_3-Cr_2O_3 系混合物烧结时 Cr_2O_3 的稳定性可能与纯净 Cr_2O_3 有差别，但一般来说，温度提高后也存在 Cr_2O_3 氧化为 CrO_3 呈气态挥发而阻碍烧结的问题，参见图 6-18。

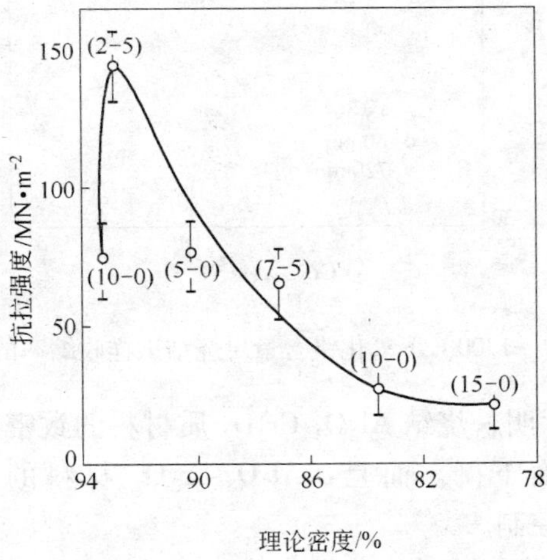

图 6-18　1600℃下烧结 15min 的试样的抗拉强度与理论密度之间的关系曲线
（括号内数字表示氧化铬含量，%）

图 6-18 是以纯度为 99% 的 Cr_2O_3（$\bar{d}=0.4\mu m$）和纯度为 99.7% 的 Al_2O_3（$\bar{d}=0.55\mu m$）为原料，高压压块后于 1600℃，0.25h 烧结的结果。与此同时，图 6-19 则示出了相同混合物在 1700℃下烧结后 Cr_2O_3 含量对 Al_2O_3-Cr_2O_3 混合物压块烧结试样收缩率影响的一个例子。它表明，当 Cr_2O_3 含量达到 2.5% 时，其收缩率总的趋势是上升的，随着 Cr_2O_3 含量继续增加到 7.5% 之后，收缩率才相对稳定；Cr_2O_3 含量较高时（例如 Cr_2O_3 > 10%），其收缩率的变化较小（见图 6-19）。

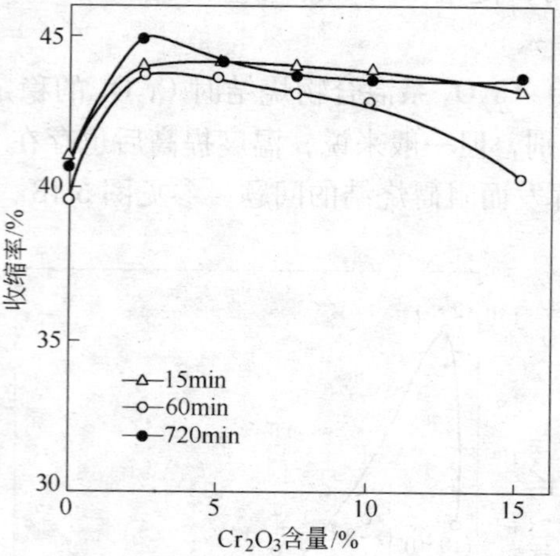

图 6-19　1700℃下氧化铬含量对烧结试样收缩率的影响

图 6-18 示明，烧结 Al_2O_3-Cr_2O_3 质材料的致密度随着 Cr_2O_3 含量的增加而下降。而且，Al_2O_3-Cr_2O_3 材料的抗拉强度受 Cr_2O_3 含量的控制。

6.4.1.4　Al_2O_3-Cr_2O_3 质耐火材料的设计

理论上认为，Al_2O_3-Cr_2O_3 质耐火制品（砖）可以采用任何比例（Al_2O_3/Cr_2O_3）的混合料来生产。然而，当采用刚玉材料和 Cr_2O_3 粉体搭配直接生产 Al_2O_3-Cr_2O_3 砖时，Cr_2O_3 粉体加入量则受到限制。如果需要提高 Al_2O_3-Cr_2O_3 砖中 Cr_2O_3 的含量，那就需要将 Cr_2O_3 粉体同 Al_2O_3 粉体事先混合进行预合成制成 Al_2O_3-Cr_2O_3 砂（实际是铝铬固溶体），然后以 Al_2O_3-Cr_2O_3 粗颗粒的形式加入配料中。

但是，随着 Cr_2O_3 含量增加，Al_2O_3-Cr_2O_3 砖的抗热震稳定却趋于降低。为此可采用添加单斜 ZrO_2 等技术措施，通过产生微裂纹使高 Cr_2O_3 含量的 Al_2O_3-Cr_2O_3 砖内的热应力得到释放，来提高抗热震稳定性。

Al_2O_3-Cr_2O_3 砖通常为陶瓷结合和由高纯度基质铬铝固溶体结合两种形式。二者的差别主要是抗热震性和抗侵蚀性不同。前者抗热震性较差，耐蚀性也有限；而后者则具有良好的抗热震性和耐蚀性能。

类似于 Al_2O_3-Cr_2O_3 砖，Al_2O_3-Cr_2O_3 质耐火浇注料同样可以采用任意比例（Al_2O_3/Cr_2O_3）的混合物进行生产。以刚玉为主要原料同时掺入一定量 Cr_2O_3 粉体生产 Al_2O_3-Cr_2O_3 质耐火浇注料时，由于 Cr_2O_3 粉体难以多量掺入，因而其掺入量也有限度，如果需要提高 Cr_2O_3 含量，那就必须掺入含 Cr_2O_3 的颗粒料。

韩行禄（2004）曾比较细致地介绍过在高纯氧化铝质耐火浇注料中掺入适量（10%）工业 Cr_2O_3 粉体，采用低水泥技术制成 Al_2O_3-Cr_2O_3 质耐火浇注料的配方设计、生产工艺和材料性能，其结果如图 6-20 所示。

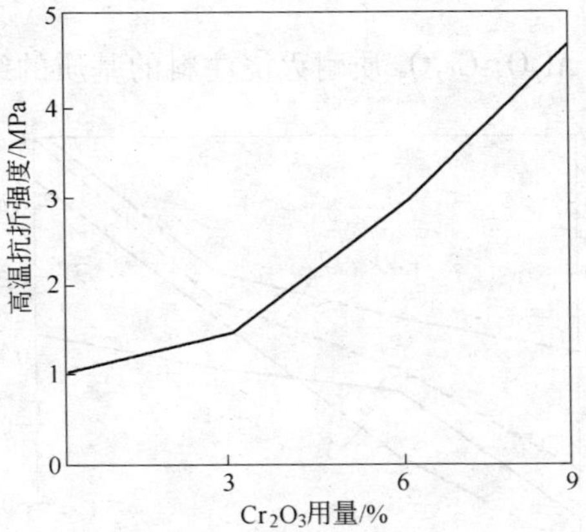

图 6-20 Cr_2O_3 用量对铬刚玉质浇注料高温抗折强度的影响

图 6-20 为 Cr_2O_3 的添加量对 Al_2O_3-Cr_2O_3 质耐火浇注料高温抗折强度的影响。由该图看出，随着 Cr_2O_3 的增加，Al_2O_3-Cr_2O_3 质耐火浇注料在 1400℃时的高温抗折强度显著提高。原因

显然是由于 Al_2O_3-Cr_2O_3 之间反应生成（Al_xCr_{1-x}）$_2O_4$ 固溶体的结果。

图 6-21 为 Cr_2O_3 掺入量与 Al_2O_3-Cr_2O_3 质耐火浇注料性能的关系。从该图看出，随着 Cr_2O_3 掺入量的增加，耐压强度增大，烧成后线变化由收缩转变为膨胀。因为 Cr_2O_3 粉体也是超细粉，添加到基质中能提高流动性和低温强度。刚玉耐火浇注料因其具有较大的晶格和较稳定的组织结构，物质难以迁移，因而烧结困难。然而，当添加 Cr_2O_3 粉体之后，与 Al_2O_3 能形成缺位型连续固溶体，与莫来石又可形成有限固溶体，与杂质成分可形成高黏度的含铬玻璃相。这样，便造成了刚玉玻璃畸形并使之活化，提高了离子的扩散速度，从而促进了 Al_2O_3-Cr_2O_3 之间的反应以及材料的烧结，而提高了该耐火浇注料的强度。同时，由于 Al_2O_3-Cr_2O_3 之间反应并伴有体积膨胀，所以其烧成后的线变化也随着 Cr_2O_3 含量的增加逐渐变为正值。

表 6-7 是 Al_2O_3-Cr_2O_3 质耐火浇注料的基质的组成与抗渣性

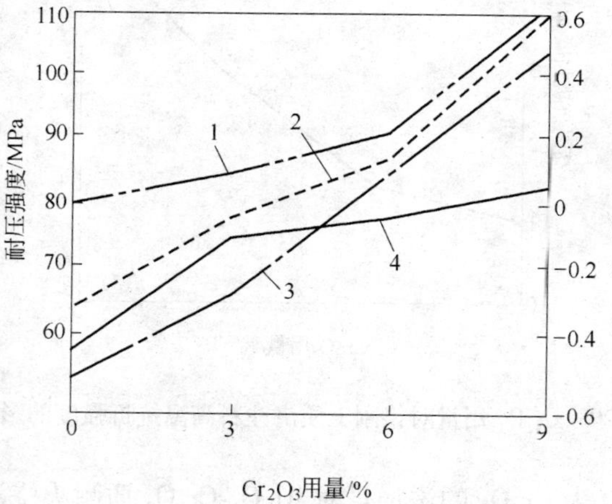

图 6-21　Cr_2O_3 用量与铬刚玉质浇注料性能的关系

1，2，3—1500℃、1100℃和 110℃时的耐压强度；4—1500℃烧后线变化

的关系。抗渣试验采用坩埚法以 LF 炉渣为侵蚀剂（CaO/SiO_2 = 1.86）。从表 6-7 中可以看出，1 号试样的 CAC 用量比含 Cr_2O_3 试样高 1 倍，随着 Al_2O_3-Cr_2O_3 质耐火浇注料中 Cr_2O_3 含量增加，抗渣性提高，特别是抗熔渣渗透性能显著提高，这可由 Al_2O_3-Cr_2O_3 二元相图（图 6-11）和提高熔渣黏度来解释。

表 6-7 铬刚玉质浇注料的基质组成和抗渣性的关系

编 号	基质组成/%			熔渣渗透深度/mm		坩埚内残渣厚度/mm
	Cr_2O_3	Al_2O_3	CaO	侵 蚀	渗 透	
1	0	96.67	3.33	22	21	1
2	16.67	81.67	1.67	17	17	8
3	30.00	68.33	1.67	20	13	14

为了提高 Al_2O_3-Cr_2O_3 质耐火浇注料的抗渣性，则需提高配料中 Cr_2O_3 含量。这就应向配料中添加预合成 Al_2O_3-Cr_2O_3 颗粒（电熔和/或烧结 Al_2O_3-Cr_2O_3 料粒）。而且，这种 Al_2O_3-Cr_2O_3 料粒应以致密材料为首选。

研究结果表明，采用致密 Al_2O_3-Cr_2O_3 砂为骨料能够获得高密度、高抗蚀性的 Al_2O_3-Cr_2O_3 质耐火浇注料。例如，汪哲和原口纯一等曾以表 6-8 中致密 Al_2O_3-Cr_2O_3 料按表 6-9 的配方设计研究了高 Cr_2O_3 含量的 Cr_2O_3-Al_2O_3 质耐火浇注料（LCC）的耐蚀性和热震稳定性，其结果示于表 6-10 中。

表 6-8 Cr_2O_3 颗粒的性能

试 样		A	B	C
化学组成/%	Cr_2O_3	91	91	91
	Al_2O_3	6	6	6
显气孔率/%		10.6	7.8	5.1
体积密度/$g \cdot cm^{-3}$		4.25	4.53	4.77

表 6-9　试样的组成

试　样	A	B	C	D	E
颗粒 A	70	49	7	0	0
颗粒 B	0	0	0	0	70
颗粒 C	0	21	63	70	0
细　粉	30	30	30	30	30

表 6-10　测试结果

试　样		A	B	C	D	E
化学组成/%	Cr_2O_3	77	77	77	77	77
	Al_2O_3	15	15	15	15	15
加水量/%		4.8	4.5	4.3	4.0	4.4
显气孔率(110℃,24h)/%		19.6	17.3	14.9	13.8	16.9
体积密度(110℃,24h)/$g \cdot cm^{-3}$		3.81	3.94	4.10	4.15	3.98
冷态耐压强度(110℃,24h)/MPa		44	45	46	50	46
耐崩裂性,1400℃空冷		◎	◎	○	△	△
耐侵蚀指数(C/S=1),(1600℃,15h)		100	73	61	48	70
抗渗透指数(C/S=1),(1600℃,15h)		100	88	71	61	83

注：◎：大于 15 次，○：10~15 次，△：5~10 次；值越低性能越好。

由该表看出，致密 Cr_2O_3-Al_2O_3 质骨料越多，材料的显气孔率就越低。结果，抗侵蚀性和抗熔渣渗透的能力均趋于更好。然而，低气孔率则导致抗热震稳定性降低，这就需要采用添加 ZrO_2 的技术来提高这类高密度耐火浇注料的抗热震稳定。

6.4.1.5　Cr_2O_3-Al_2O_3 质耐火材料在熔融炉上的应用

熔融炉里衬用的耐火材料，原则上均可采用 Cr_2O_3-Al_2O_3 砖进行砌筑，也可采用 Cr_2O_3-Al_2O_3 质耐火浇注料进行筑衬。越是结构复杂的炉子，考虑到成本问题和施工性，越应采用 Cr_2O_3-Al_2O_3 质耐火浇注料进行筑衬。特别像热分解气化熔融炉，由于炉壁多为锅炉水管，所以采用砖砌筑衬是很困难的。于是便认

为采用 Al_2O_3-Cr_2O_3 质耐火浇注料筑衬较为方便。

当熔融炉使用在刚玉耐火浇注料中掺入 Cr_2O_3 粉体的 Al_2O_3-Cr_2O_3 质耐火浇注料筑衬时，认为基质料中 Cr_2O_3 含量高的材料其耐用性能高。

为了确认这一点，比较研究了表 6-11 中所列的 4 种耐火浇注料的耐侵蚀性。这些耐火浇注料的耐侵蚀试验采用旋转式侵蚀实验炉进行（1600℃）。结果确认其耐侵蚀性随着基质中 Cr_2O_3 含量的增加而提高。尤其值得注意的是无论 Cr_2O_3 添加量为多少，即使是同样的添加量，若在考虑粒度配比时增加基质中的 Cr_2O_3 含量，便能提高 Al_2O_3-Cr_2O_3 质耐火浇注料的耐侵蚀性。这是因为在 Al_2O_3-Cr_2O_3 质耐火浇注料中，Cr_2O_3 在高温下同 Al_2O_3 反应形成了固溶体，而提高了基质的高温性能，进而也就提高了耐侵蚀性。

表 6-11 侵蚀试验用浇注料的组成

浇注料	A	D	E	F
基质（结合剂除外）/%	30	26	30	26
基质中的 Cr_2O_3/%	10	10	15	15
基质中的 Al_2O_3/%	20	16	15	11
$Cr_2O_3/(Cr_2O_3+Al_2O_3)$	33	38	50	58

根据以上讨论即可归纳出如下结果：

（1）根据 Al_2O_3-Cr_2O_3 质耐火浇注料的工作表面附近 Cr_2O_3 的浓度下降这一事实确认 Cr_2O_3 已向熔渣中转移。熔渣固溶有 Cr_2O_3 而提高了黏度，从而抑制了熔渣对 Al_2O_3-Cr_2O_3 质耐火浇注料的进一步渗透和侵蚀。

（2）Al_2O_3 和 Cr_2O_3 在高温下反应形成固溶体，在提高了 Al_2O_3-Cr_2O_3 质耐火浇注料高温性能的同时也就提高了其耐侵蚀性。

（3）由于 Cr_2O_3 熔于熔渣中，熔渣的黏度提高了，从而也就提高了材料的抗侵蚀和抗渗透性。

通过对用后 Al_2O_3-Cr_2O_3 质耐火内衬进行的 X 射线衍射结果得出，这类内衬工作层附近生成了（Al_2O_3-Cr_2O_3）$_{ss}$。由 Al_2O_3-Cr_2O_3 二元相图可知，Al_2O_3-Cr_2O_3 质耐火材料的耐火度随着 Cr_2O_3 含量的增加而上升，表明 Al_2O_3-Cr_2O_3 质耐火材料的抗侵蚀性和抗渗透性都会随着 Cr_2O_3 含量的增加而增强。

当将预合成 Al_2O_3-Cr_2O_3 砂作为颗粒使用，所生产的 Al_2O_3-Cr_2O_3 质耐火浇注料用作熔融炉内衬耐火材料时即可得出以下结果：Cr_2O_3 含量越高，Al_2O_3-Cr_2O_3 质耐火浇注料的抗侵蚀能力也就越高。但 Cr_2O_3 含量超过一定水平时，其耐侵蚀性与其说取决于 Cr_2O_3 含量，不如说取决于低熔点成分（CaO、SiO_2 等）的含量和 Al_2O_3-Cr_2O_3 砂原料的致密度。通过尽量减少该类耐火浇注料中所含的低熔点成分，即能提高抗侵蚀性。当进一步使用电熔 Al_2O_3-Cr_2O_3 砂原料时，由于能降低材料的气孔率，因而可获得耐蚀性和抗渣渗透性兼备的 Al_2O_3-Cr_2O_3 质耐火浇注料，提高耐用性能。

图 6-14 示出了通过回转侵蚀实验，评价使用 Cr_2O_3 含量不同的烧结 Cr_2O_3 原料所生产的 Al_2O_3-Cr_2O_3 质耐火浇注料抗侵蚀的性能。图中表明，随着 Cr_2O_3 含量的增加，耐蚀性变好，但在 Cr_2O_3 含量超过 45% 时，耐蚀性的改善效果变小。使用电熔 Cr_2O_3，而且抑制了低熔点成分的耐火浇注料的耐蚀性比使用烧结 Cr_2O_3 原料、Cr_2O_3 含量相同的耐火浇注料好一倍以上（见图 6-15a 和 b），熔渣的渗透量也大幅减少了。表 6-6 示出了图 6-15 相应各试样的性能。

另外，在热分解气化熔融炉内衬中采用 Al_2O_3-Cr_2O_3 质耐火浇注料砌筑时，也同样具有 Cr_2O_3 含量越高其使用寿命也就越高的倾向，参见图 6-12。该图中的耐侵蚀指数是指在回转抗渣侵蚀实验炉中，将碱度为 1.0 的城市垃圾渣以 1500℃ 侵蚀 6h 后，将侵蚀量的倒数作为指数，数值越大，耐蚀性就越好。

根据气化熔融炉中使用后的耐火残衬损毁图形的分析结果，可以认为这种损毁主要也是扩散速率型熔解反应。图 6-22 示出了含20% Cr_2O_3 的 Al_2O_3-Cr_2O_3 质耐火浇注料使用后化学组成的变化。由该图看出，渣渗透反应非常小，只有数毫米。根据这些结果可以认为没有出现因低熔物的生成而产生的损毁。另外，由于工作面的 Cr_2O_3 减少，并向渣中熔出，增加了渣的黏度，抑制了同渣的反应。

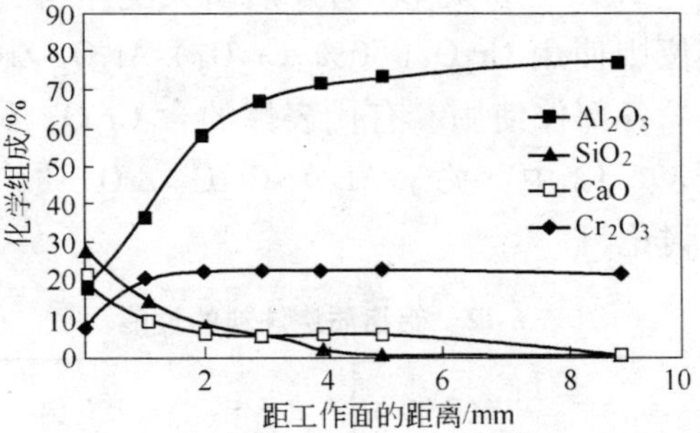

图 6-22 化学组成的变化

（使用过的含20% Cr_2O_3 的浇注料）

气化熔融炉用 Al_2O_3-Cr_2O_3 质耐火里衬损毁的主要原因为：

（1）扩散（耐火内衬向渣中扩散和熔出）速度由式（6-1）所决定，即耐火内衬的熔解速度与渣的黏度成反比，这表明含 Cr_2O_3 的耐火材料是最佳的；

（2）反应（低熔点物质的生成和熔融）；

（3）由工作面变质层的结构剥落而造成的损毁；

（4）由加热冷却产生的热震而造成的损毁；

（5）由热膨胀应力而造成的断裂损毁；

（6）由腐蚀气体造成的损毁。

通过以上讨论，我们就不难得出结论：不管是何种（非还原性气氛）废弃物熔融炉内衬，只要使用 Al_2O_3-Cr_2O_3 质耐火材料都能获得高寿命。同时认为在熔融炉运转条件最苛刻的部位采用 Al_2O_3-Cr_2O_3 质耐火材料筑衬是最佳的选材方案。

事实上，现在许多熔融炉（包括焚烧灰熔融炉、气化熔融炉）中，特别是炉内气氛为氧化性气氛的熔融炉全都使用了含 Cr_2O_3 的耐火材料（包括耐火砖和耐火浇注料）。

通常，在熔融炉内，侵蚀比较轻微的部位使用 Al_2O_3-Cr_2O_3（10% Cr_2O_3）的耐火浇注料；侵蚀严重的部位使用 Al_2O_3-Cr_2O_3（20%～30% Cr_2O_3）质耐火浇注料；侵蚀特别严重的渣口部位则使用 Cr_2O_3（60% Cr_2O_3）-Al_2O_3-ZrO_2 质耐火浇注料。熔融炉各部位使用、有代表性的含 Cr_2O_3 质耐火浇注料的性能列入表 6-12 中，关于 Al_2O_3-Cr_2O_3-ZrO_2 质耐火材料将在下一章中再讨论。

表 6-12　铝铬质浇注料的性能

组　成		氧化铝-10%氧化铬	氧化铝-20%氧化铬	氧化铝-30%氧化铬	氧化铝-40%氧化铬
化学成分/%	Al_2O_3	86.2	77.0	62.0	17.0
	SiO_2	0.4	0.4	1.8	5.5
	Cr_2O_3	9.9	20.0	30.0	62.0
	ZrO_2			3.5	11.4
要求的水分/%		4～5	4～5	4.5～5.5	4.8
体积密度/$g \cdot cm^{-3}$	110℃,24h	3.40	3.45	3.50	3.60
	1000℃,3h	3.35	3.36	3.40	3.50
	1500℃,3h	3.33	3.35	3.40	3.50
显气孔率/%	1100℃,24h	13	10	15	12
	1000℃,3h	16	16	18	16
	1500℃,3h	17	17	18	16
常温耐压强度/MPa	110℃,24h	65	70	59	78
	1000℃,3h	95	80	78	93
	1500℃,3h	195	200	177	59

续表 6-12

组成		氧化铝-10%氧化铬	氧化铝-20%氧化铬	氧化铝-30%氧化铬	氧化铝-40%氧化铬
抗折强度/MPa	110℃,24h	13	18	10	11
	1000℃,3h	17	20	13	17
	1500℃,3h	35	40	29	12
永久线性变化/%	1000℃,3h	0.0	0.0	0.0	0.0
	1500℃,3h	0.3	0.4	0.1	0.1
热导率/W·(m·K)$^{-1}$	500℃	2.1	2.3	2.6	3.0
	1000℃	2.3	2.6	2.8	3.0
热膨胀率/%		0.80	0.80	0.70	0.70
热剥落性(DIN,1400℃水冷却)/次		7	7	6	6
耐蚀性指数		300	500	700	1000
应用		一般部位	使用条件苛刻部位	使用条件苛刻部位	出渣口,回转窑,提料端,下料口

6.4.2 低铬耐火材料

目前，熔融炉本体使用的耐火材料以含有 Cr_2O_3 的耐火材料为主，其中大量使用最典型的含 Cr_2O_3 耐火材料是 Cr_2O_3-Al_2O_3 质耐火材料。

Cr_2O_3-Al_2O_3 质耐火材料之所以被广泛选作废弃物熔融炉用耐火材料，是因为其自身对高温熔渣的优良耐蚀性。而且，Cr_2O_3 含量越高，其抗蚀性就越强。因此，为了获得高寿命，熔融炉用 Cr_2O_3-Al_2O_3 质耐火材料中 Cr_2O_3 含量趋向选用 50% ~ 70%。然而，为了降低炉衬费用，也为了获得抗蚀性和抗热震性兼备的耐火材料，则趋向低铬化。

6.4.2.1　低 Cr_2O_3 含量的 Al_2O_3-Cr_2O_3 质耐火材料

降低 Cr_2O_3-Al_2O_3 质耐火材料中的 Cr_2O_3 含量会降低熔融炉内衬耐火材料的使用寿命。若要明显降低 Cr_2O_3 含量（50%以下），而又不能降低熔融炉内衬耐火材料的使用寿命，通常的做法是富化基质材料。因为耐火材料是从基质部位开始与熔渣发生反应，产生熔损，因而认为通过提高基质部分的 Cr_2O_3 含量，可期望提高其耐用性。基于这种想法，研究了 Cr_2O_3 含量与耐蚀性的关系，如图 6-23 所示。该图表明，Al_2O_3-Cr_2O_3 质耐火浇注料的基质组成 $Cr_2O_3/(Cr_2O_3\text{-}Al_2O_3) \geqslant 40\%$（相当于含 Cr_2O_3 15%～20%的 Al_2O_3-Cr_2O_3 质耐火浇注料）时，其蚀损速度明显减慢。这说明，以刚玉为骨料而以 Cr_2O_3-Al_2O_3 混合粉料为基质的 Al_2O_3-Cr_2O_3 质耐火浇注料，当 Cr_2O_3 含量达到 15%～20%时便可获得较高的使用寿命。其中对耐火浇注料的颗粒分布需要进行优化，以使基质对刚玉颗粒得到保护。

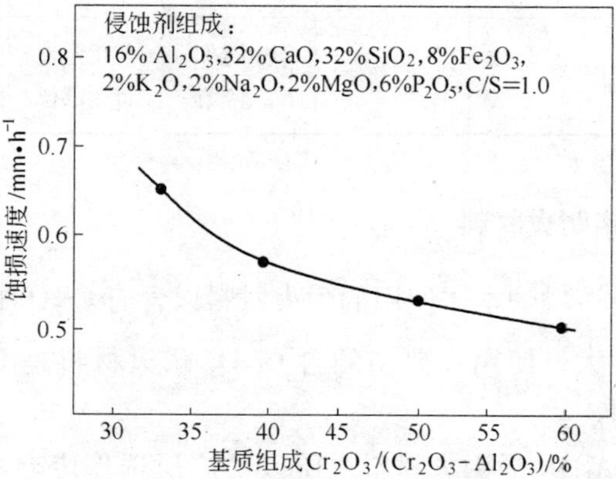

图 6-23　Cr_2O_3-Al_2O_3 质耐火浇注料侵蚀试验结果

（1600℃，回转试验）

6.4.2.2　Al_2O_3-Cr_2O_3-ZrO_2 系耐火材料

由于 Cr_2O_3-Al_2O_3 质耐火材料对于 $CaO/SiO_2 = 0.5 \sim 1.0$ 的

氧化气氛熔融炉炉渣具有非常高的抵抗能力，因而被大量选作这种高温炉窑内衬耐火材料，Cr_2O_3 含量越高，抗蚀性越强。因而熔融炉内衬用耐火材料的趋势是选择 Cr_2O_3 含量为 50% ~ 70% 的 Cr_2O_3-Al_2O_3 质耐火材料。

然而，高 Cr_2O_3-Al_2O_3 质耐火材料存在抗热震性能不好的问题。为了克服其缺点，则向配料中添加 ZrO_2 而获得抗蚀性和抗热震性兼备的 Al_2O_3-Cr_2O_3-ZrO_2 质耐火材料。使用结果同样表明，这类耐火材料中的抗蚀性也是 Cr_2O_3 含量越高，抗蚀性也越高。但为了减轻 Cr_2O_3 对环境的危害，则向 Cr_2O_3-Al_2O_3 配料中用熔解度小同时可增加熔渣黏度的 ZrO_2 替代较多的 Cr_2O_3，而获得 Cr_2O_3 含量相对较低的低 Cr_2O_3 质 Al_2O_3-Cr_2O_3-ZrO_2 质耐火材料。

P. Tassot 等人的研究结果表明，在 $(Al_{1-x}Cr_x)_2O_3$ 即 $(Al_2O_3$-$Cr_2O_3)_{ss}$（$0<x\leqslant1$）相中，若 ZrO_2 含量少于 2% 时，ZrO_2 几乎不会固溶于（Al_2O_3-Cr_2O_3）$_{ss}$ 中。因此，在 Al_2O_3-Cr_2O_3 质耐火材料中引入少量 ZrO_2，其平衡相组成应为（Al_2O_3-Cr_2O_3）$_{ss}$ 和 u-ZrO_2。由于 u-ZrO_2 的存在，有利于提高 Al_2O_3-Cr_2O_3 质耐火材料的高温性能、抗热震性能和抗蚀性能。

这种耐火材料是基于文献所指出的：Al_2O_3-Cr_2O_3-ZrO_2 系统的特点是接近固相线温度时，不稳定 ZrO_2（u-ZrO_2）同 $(Al_{1-x}Cr_x)_2O_3$ 固溶体共存，所以，当向 Al_2O_3-Cr_2O_3 混合料中配入多量 ZrO_2 替代同等数量 Cr_2O_3 时，便获得了低铬 Al_2O_3-Cr_2O_3-ZrO_2 质耐火材料。这类耐火材料的相组成亦为（Al_2O_3-Cr_2O_3）$_{ss}$ 和 u-ZrO_2，与 ZrO_2 作为 Al_2O_3-Cr_2O_3 质耐火材料（高铬质）性能改进剂相比，只是后者含量相对较高而已。

由此可见，Al_2O_3-Cr_2O_3-ZrO_2 质耐火材料的特征是：在 1600 ~ 1900℃ 温度范围内，u-ZrO_2（不稳定 ZrO_2）与（Al_2O_3-Cr_2O_3）$_{ss}$ 共存。

Al_2O_3-Cr_2O_3-ZrO_2 质耐火材料是氧化气氛熔融炉使用的一种重要耐火材料。通过对各成分进行调整和优化，还可实现低铬化，减少对环境的危害。

6.4.2.3　$MgO-Al_2O_3-Cr_2O_3$ 系耐火材料

图 6-24 示出了 $Al_2O_3-MgO-Cr_2O_3$ 三元系相图，而该图 1700℃等温截面则示出于图 6-25 中。这两幅图都表明，$Al_2O_3-MgO-Cr_2O_3$ 三元系中没有三元化合物,但存在 $MgO \cdot Al_2O_3-MgO \cdot Cr_2O_3$ 质连续固溶体。连接 $SP-Cr_2O_3$ 则获得了 $MgO-Cr_2O_3-SP$ 和 $Al_2O_3-SP-Cr_2O_3$ 两个三角形，它们分别属于 $MgO-Cr_2O_3-SP$ 质和 $Al_2O_3-SP-Cr_2O_3$ 质耐火材料的物相分布区域，其中，后者即相当于 $Al_2O_3-Cr_2O_3$ 质耐火材料添加了 Spinel，它们属于性能优异的 Al_2O_3-Spinel-Cr_2O_3 质耐火材料系列。在该系列耐火材料中，液相出现的温度高达 1925℃。

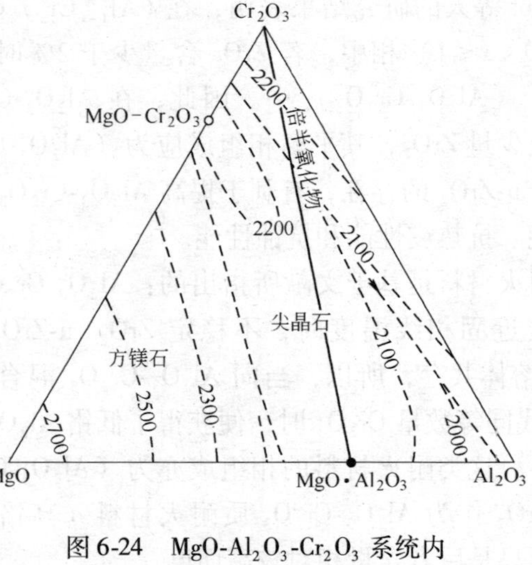

图 6-24　$MgO-Al_2O_3-Cr_2O_3$ 系统内
在液相线温度上推论出的相关系

图 6-24 的富 Al_2O_3 相区属于以 Al_2O_3 为主要成分而含有 MgO 和 Cr_2O_3 成分的耐火材料物相分布区域。该相区内的耐火材料可划分为 $Al_2O_3-SP-Cr_2O_3$ 质耐火材料和 $MgO \cdot Al_2O_3-Cr_2O_3$ 质耐火材料两大类型。

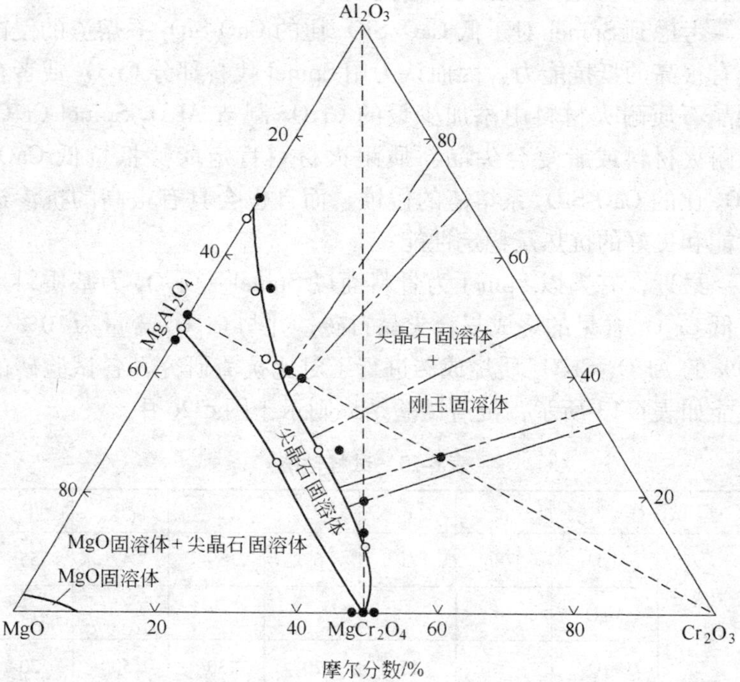

图 6-25 1700℃的 $MgO-Al_2O_3-Cr_2O_3$ 系统

图 6-24 和图 6-25 还表明，在平衡条件下，Al_2O_3-Spinel-Cr_2O_3 质耐火材料的相组成为刚玉固溶体 + 尖晶石固溶体，而 $MgO \cdot Al_2O_3$-Cr_2O_3 质耐火材料的相组成则为复合尖晶石固溶体。

由此可见，以 Al_2O_3 为主要成分的 Al_2O_3-Spinel-Cr_2O_3 质耐火材料和以 SP 为主要成分的 Spinel-Cr_2O_3 质耐火材料具有一系列优点，如耐火度高，抗侵蚀性强，而且具有良好的抗热震稳定性等，因而有着广泛的应用。

另外，使用结果还表明，在 Al_2O_3-Cr_2O_3 质耐火材料中，Cr_2O_3 含量越高，抗侵蚀性就强。而且认为高 Cr_2O_3 含量的 Cr_2O_3-Al_2O_3 质耐火材料多数被用于废弃物熔融炉中使用条件苛刻的部位，可获得高寿命。然而，Cr_2O_3 含量高的材料，其抗热震稳定性却较低，而且成本也高。

考虑到 Spinel 对于低 CaO/SiO_2 比的 $CaO-SiO_2$ 系熔渣的侵蚀具有很高的抵抗能力，因而认为用 Spinel 代替部分 Cr_2O_3 或者在尖晶石质耐火材料中添加少量的 Cr_2O_3 制造 Al_2O_3-Spinel-Cr_2O_3 质耐火材料或者复合尖晶石质耐火材料肯定能够抵抗低 CaO/SiO_2 比的 $CaO-SiO_2$ 系熔渣的侵蚀，而且也会具有很高的抗渗透性能和良好的抗热震稳定性能。

最近，有人以 Spinel 为骨料而以 Spinel + Cr_2O_3 为基质料生产低 Cr_2O_3 含量的烧成复合尖晶石砖，并与 Cr_2O_3 含量为 10% ~ 50% 的 $Al_2O_3-Cr_2O_3$ 质烧成砖进行了对比抗渣研究，各试验砖的性能如表 6-13 所示，抗渣试验结果则示于图 6-26 中。

表 6-13　试样性能

试　样		A	B	C	D	E	F
化学成分/%	Al_2O_3	78	71	69	59	47	55
	MgO						15
	Cr_2O_3	7	15	20	30	50	20
显气孔率/%		19.1	18.3	17.3	18.5	19.0	16.2
常温抗折强度/MPa		80	85	110	100	60	96

采用旋转侵蚀内衬法，使用 $CaO/SiO_2 = 1.0$ 的熔融炉渣，在 1650℃ 下进行 24h 试验。在此期间，每隔 8h 进行一次急速升温和急速降温操作，用试验后试样的龟裂状态判断抗热震性。由图 6-26 看出，$Al_2O_3-Cr_2O_3$ 质耐火砖的抗渣（低 CaO/SiO_2 比的 $CaO-SiO_2$ 系熔渣）性能随着砖中 Cr_2O_3 含量增加几乎成比例提高。而 Spinel-Cr_2O_3 质耐火砖（试样 F）虽然只含 20% Cr_2O_3，但其耐蚀性却与含 50% Cr_2O_3 的 $Al_2O_3-Cr_2O_3$ 质砖的抗蚀性接近。在抗热震性方面，含 20% Cr_2O_3 的 Spinel-Cr_2O_3 砖，也比 Cr_2O_3 含量 30% 和 50% 的 $Al_2O_3-Cr_2O_3$ 砖更优良。

这种 Cr_2O_3 含量相对较低的 Spinel-Cr_2O_3 质耐火砖，由于是

试样	A	B	C	D	E	F
断面	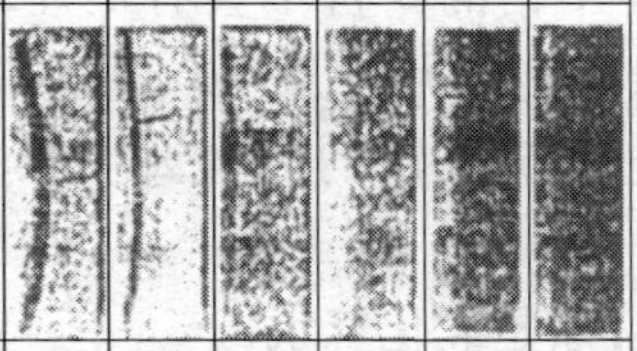					
侵蚀指数①	100	51	22	9	4	5
耐剥落性②	○	○	△	×	×	△

图 6-26 试验结果

（①数值越小，耐侵蚀性越好；②好○ > △ > ×不好）

以 SP 为主原料，并向配料中添加 Cr_2O_3 粉体生产出来的，因而制砖工艺相对较简单。在烧成过程中，Spinel 和 Cr_2O_3 反应形成高熔点的复合尖晶石的结合基质（即基质生成高熔点 Al_2O_3-Cr_2O_3-MgO 的固溶体），因而该类耐火材料砖的耐蚀性高。

上述研究结果表明，通过使用 Spinel 骨料，再向配料中添加 20% Cr_2O_3 粉体，成功地开发出 Spinel-Cr_2O_3 砖。这种耐火砖具有非常高的抗侵蚀性和优良的抗热震性，而且 Cr_2O_3 含量相对较低，因而其成本也比高 Cr_2O_3 含量的 Al_2O_3-Cr_2O_3 质耐火砖低得多，表明它们是废弃物熔融炉内衬较为理想的耐火材料。

6.4.3 无铬耐火材料

我们已经知道，含 Cr_2O_3 质耐火材料被广泛地用作废弃物熔融炉里衬，这主要是因为它们自身对于高温废弃物熔融炉熔渣具有非常优异的抗侵蚀性。即：

（1）Al_2O_3 自身在熔渣中具有很大的熔解度，因而很难期望它能获得良好的抗蚀性；

（2）高温下 Cr_2O_3 熔解到熔渣中，增加了熔渣的黏度，熔渣向耐火材料中的渗透和随之发生的侵蚀反应几乎全部被抑制；

（3）在加热时，Al_2O_3 和 Cr_2O_3 之间反应形成连续固溶体，有利于提高 Al_2O_3-Cr_2O_3 质耐火材料的耐火性能和耐蚀性能。

虽然 Cr_2O_3 中铬的3价不会有毒性，但由于使用环境的不同，3价铬有可能转变为有害的6价铬。向6价铬的转变是一种氧化反应。不过，6价铬的生成却要具备一定的条件才有可能，即：

（1）炉内必须是氧化气氛；

（2）必须有碱存在；

（3）温度必须在1200℃以下。

从这些条件来判断，在废弃物熔融炉操作运行时的熔渣中，完全不可能有6价铬混入，但在长时间使用后拆除内衬耐火砖的废料中，却有可能含有6价铬。因此，在废弃物熔融炉中也期望无铬化。

对于废弃物熔融炉内衬耐火材料无铬化已作了大量的工作，认为具有现场实际应用前途的耐火材料主要有：

（1）ZrO_2 基耐火材料（Moriwaki 等）；

（2）Al_2O_3-MgO-SiO_2 质耐火材料（Isobe 等）；

（3）Al_2O_3-MgO 质耐火材料（Ariyoshi 等）；

（4）MgO-Al_2O_3-ZrO_2 质耐火材料；

（5）MgO-Al_2O_3-TiO_2 质耐火材料。

其中，MgO-Al_2O_3-ZrO_2 质耐火材料等是代替 Al_2O_3-Cr_2O_3 质耐火材料在氧化气氛熔融炉中反应的较为理想的一种无铬耐火材料，现就此重点分述于下。

6.4.3.1 Al_2O_3-SiO_2-ZrO_2 质耐火材料

图6-27a 是早期的 Al_2O_3-ZrO_2-SiO_2 三元系平衡相图，而图6-27b 则是修正的 Al_2O_3-ZrO_2-SiO_2 三元系平衡相图。该图表明，Al_2O_3-ZrO_2-SiO_2 三元系中不存在三元化合物，而只存在 $3Al_2O_3\cdot 2SiO_2$ 和 $ZrO_2\cdot SiO_2$ 两个二元化合物。

图6-27 划定了锆刚玉和锆莫来石的相分布域，为生产 Al_2O_3-$3Al_2O_3\cdot 2SiO_2$-ZrO_2、$3Al_2O_3\cdot 2SiO_2$-ZrO_2 和 Al_2O_3-ZrO_2

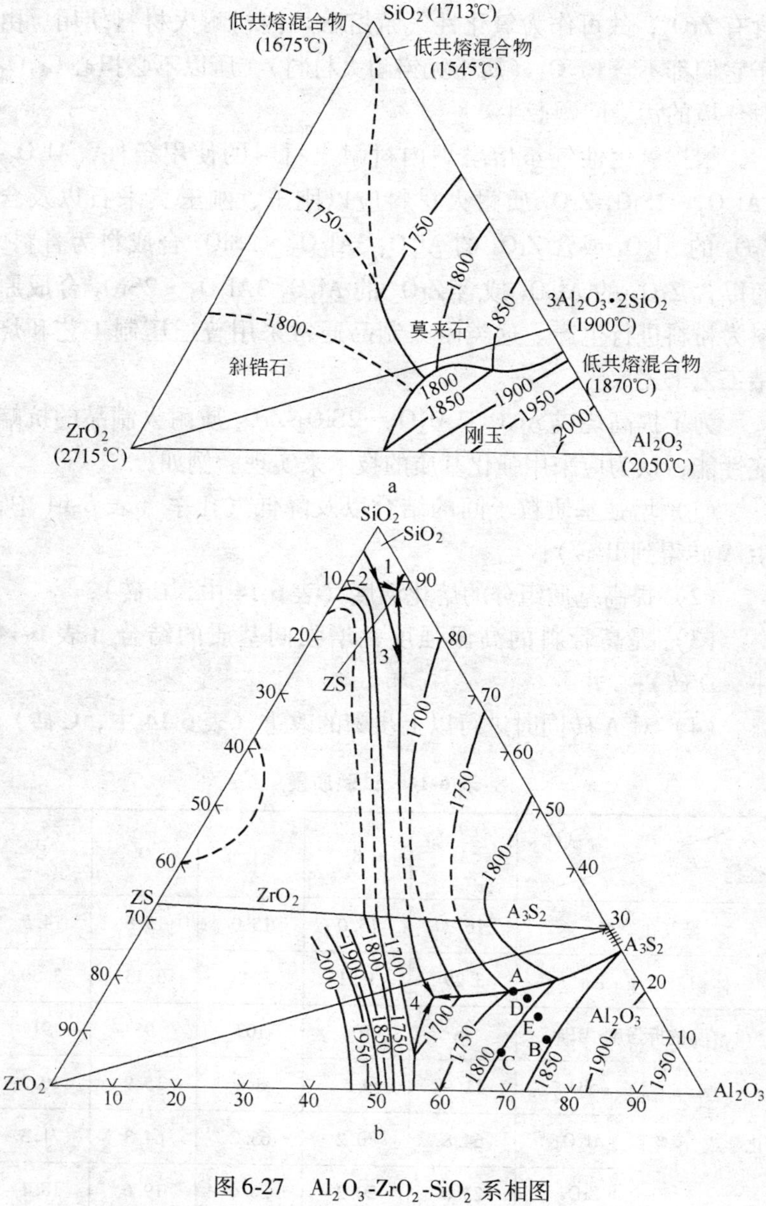

图 6-27　Al_2O_3-ZrO_2-SiO_2 系相图

质耐火材料提供了基本的理论依据。由于这些类型耐火材料都含有 ZrO_2，故可作为氧化性气氛熔融炉内衬耐火材料使用。由于它们都不含 Cr_2O_3（属于无铬耐火材料），所以不必担心 Cr_2O_3 对环境的污染问题产生。

根据氧化性气氛熔融炉内衬耐火材料的使用条件，Al_2O_3-$3Al_2O_3 \cdot 2SiO_2$-ZrO_2 质耐火材料应以刚玉、刚玉莫来石以及含 ZrO_2 的 Al_2O_3 或含 ZrO_2 的 Al_2O_3-$3Al_2O_3 \cdot 2SiO_2$ 合成料为骨料，而以含 ZrO_2 的 Al_2O_3 或含 ZrO_2 的 Al_2O_3-$3Al_2O_3 \cdot 2SiO_2$ 合成原料为粉料进行生产。这类耐火制品通常采用普通压制工艺和烧结工艺来完成。

为了提高烧成 Al_2O_3-$3Al_2O_3 \cdot 2SiO_2$-ZrO_2 质耐火制品的抗蠕变性能，认为应采用强化基质的技术来实现。例如：

（1）增强基质粒子间的结合以及降低气孔率（表 6-14 中，由 A 砖得到 B 砖）；

（2）提高基质组分的熔化温度（表 6-14 中，C 砖）；

（3）提高骨料的高温强度并增强同基质的结合（表 6-14 中，D 砖）；

（4）对 A 砖同时进行以上步骤的改进（表 6-14 中，C 砖）。

表 6-14 试验质量

性能 \ 试样		A	B	C	D	E
显气孔率/%		16.2	15.0	15.0	15.6	14.5
体积密度/$g \cdot cm^{-3}$		3.29	3.31	3.43	3.13	3.30
常温抗折强度/MPa		88	103	103	95	91
化学成分/%	SiO_2	11.9	9.5	8.3	15.9	10.3
	Al_2O_3	64.8	70.2	65.2	64.3	71.3
	ZrO_2	23.0	20.3	26.4	19.6	18.1

通过以上改进之后，该耐火材料的蠕变性能获得了明显改善（如图 6-28 所示），而且也增强了这类耐火材料的耐蚀性能。

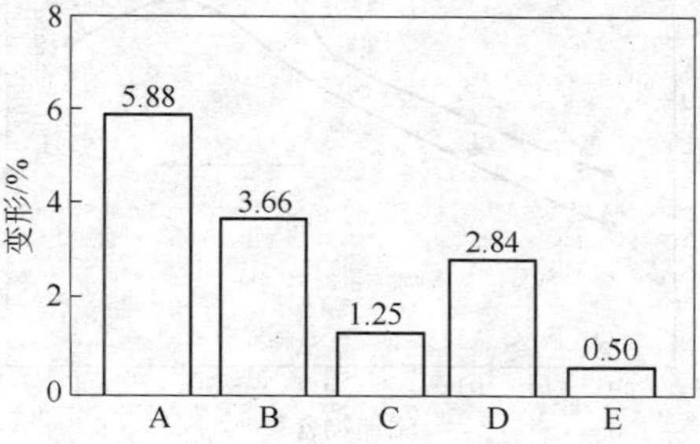

图 6-28 蠕变试验结果

关于使用含 ZrO_2 的 Al_2O_3-SiO_2 质合成原料的类型，认为应采用 ZrO_2-Al_2O_3-$3Al_2O_3$ · $2SiO_2$ 合成原料而避免采用 ZrO_2-$3Al_2O_3$ · $2SiO_2$ 合成原料。正如图 6-27 所表明的，后者在高温时会产生较多的液相，从而导致含 ZrO_2 的 Al_2O_3-$3Al_2O_3$ · $2SiO_2$ 质耐火材料高温性能降低、抗蚀性下降等。

另外，当向配料合成含 ZrO_2 的 Al_2O_3-$3Al_2O_3$ · $2SiO_2$ 质颗粒（1.0～0.12mm）时，会使含 ZrO_2 的 Al_2O_3-$3Al_2O_3$ · $2SiO_2$ 质耐火材料性能得到优化，如图 6-29 所示。该图表明，含 1.0～0.12mm Al_2O_3-$3Al_2O_3$ · $2SiO_2$-ZrO_2 合成颗粒的材料（烧成砖）抗热震损毁参数 R_{st} 值和经过 1100℃、1 次热震后的抗折强度值都随 1.0～0.12mm Al_2O_3-$3Al_2O_3$ · $2SiO_2$-ZrO_2 合成原料加入量的提高而增加，并在加入量为 30% 时达到最大值，而且抗热震损毁参数 R_{st} 值和 1 次热震后的抗折强度值的变化规律非常一致。

添加 1.0～0.12mm 颗粒导致 Al_2O_3-$3Al_2O_3$ · $2SiO_2$-ZrO_2 质耐火材料抗热震性的改进是添加材料与基质之间热膨胀差互相搭配以及颗粒因初始 ZrO_2 产生微裂纹，通过显微裂纹而引发生热应力释放的结果。

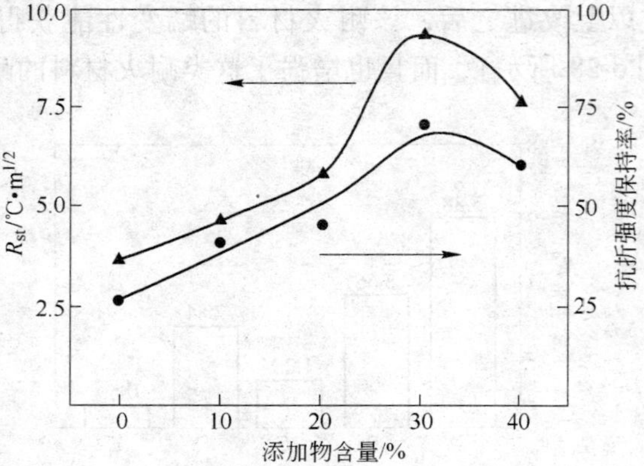

图 6-29　热震破坏参数（R_{st}）和 1 次热震后（$\Delta T = 1000$℃）的常温抗折强度

然而，正如试验结果表明的，随着含 ZrO_2 的 Al_2O_3-$3Al_2O_3 \cdot 2SiO_2$ 材料（1.0～0.12mm）数量的增加，却会导致蠕变性能和 1400℃时高温抗折强度下降，如图 6-30 所示。原因是随着含 ZrO_2 的 Al_2O_3-$3Al_2O_3 \cdot 2SiO_2$ 合成料增加其低熔相也增加了。

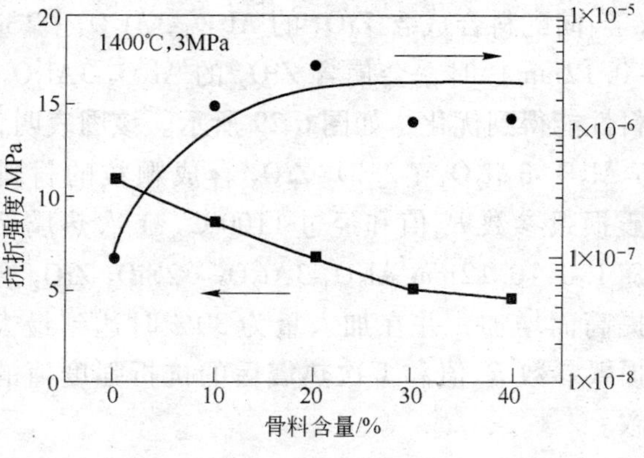

图 6-30　MZA 含量对抗折强度及 1400℃下蠕变率的影响

上述情况说明，要获得综合性能较佳的 Al_2O_3-$3Al_2O_3 \cdot 2SiO_2$-ZrO_2 质耐火材料。颗粒中 Al_2O_3-$3Al_2O_3 \cdot 2SiO_2$-ZrO_2 合成

材料应受到限制。在这种情况下，如果还需要进一步提高 Al_2O_3-$3Al_2O_3 \cdot 2SiO_2$-ZrO_2 质耐火材料的耐蚀性时，那就应向配料中配入少量的 ZrO_2 微粉。

Al_2O_3-$3Al_2O_3 \cdot 2SiO_2$-ZrO_2 质耐火材料的平衡物相为刚玉（α-Al_2O_3）、莫来石（$3Al_2O_3 \cdot 2SiO_2$）和 m-ZrO_2。但 m-ZrO_2 $\rightleftharpoons$ t-ZrO_2 之间转化时产生过大的体积变化，在反复加热过程中会导致 Al_2O_3-$3Al_2O_3 \cdot 2SiO_2$-ZrO_2 质耐火材料结构疏松、使用寿命下降。因此，需要根据含 ZrO_2 的 Al_2O_3-$3Al_2O_3 \cdot 2SiO_2$ 质耐火材料的性能要求和使用条件进行确定。Al_2O_3-$3Al_2O_3 \cdot 2SiO_2$-ZrO_2 质耐火材料另外的生产方法是用刚玉料或者铝矾土熟料和锆英石搭配直接生产。

采用向铝基混合料中配入锆英石生产 Al_2O_3-$3Al_2O_3 \cdot 2SiO_2$-ZrO_2 质耐火材料时，锆英石的颗粒度和配入量对材料性能有较大影响。锆英石颗粒增大时，烧成制品的烧成线变化随之减少，表明大颗粒的锆英石因产生局部膨胀效应，而使材料难以烧结，结果则导致材料致密度下降，抗蚀性降低，使用性能恶化。

由铝基混合料和锆英石搭配生产耐火材料时，在材料烧成过程中，锆英石将分解：

$$ZrO_2 \cdot SiO_2 \longrightarrow ZrO_2 + SiO_2 \tag{6-8}$$

生成 $fZrO_2$ 和 $fSiO_2$，后者同 Al_2O_3 反应生成 $3Al_2O_3 \cdot 2SiO_2$（二次莫来石化）产生体积膨胀：

$$3Al_2O_3 + 2SiO_2 \longrightarrow 3Al_2O_3 \cdot 2SiO_2 \tag{6-9}$$

同时导致在锆英石粒子周围的铝基物料在烧成过程中收缩，因而锆英石粒子越大，局部作用就越强，结果则越不利于制品烧结。另外，锆英石粒子大时，其分解反应仅发生于表面，结果，二次莫来石化也只是在锆英石表面发生。于是，锆英石的助烧结作用以及有益矿物 ZrO_2 和提高材料高温性能所需要的莫来石含量低，而不利于材料性能的提高。

相反，当锆英石以微粉形式配入配料中时，锆英石微粉在烧结中趋于完全分解并生成锆刚玉——莫来石基质相，而有效地发挥出锆英石的增韧效果，从而获得具有高抗热震性和较佳耐蚀性的 Al_2O_3-$3Al_2O_3 \cdot 2SiO_2$-ZrO_2 质耐火制品。

Al_2O_3-$3Al_2O_3 \cdot 2SiO_2$-ZrO_2 质耐火制品的性能明显受到锆英石数量的影响。因为锆英石在烧成过程中分解生成具有增韧和增黏作用的 ZrO_2 细小晶粒，有利于提高材料的抗热震性和抗蚀性能。然而，也因锆英石分解伴随二次莫来石化导致材料结构疏松，耐蚀性降低。这表明，锆英石配入量有一个最佳范围。研究结果得出，这一最佳范围为5%～15%。这就是采用铝基混合料同锆英石搭配直接生产 Al_2O_3-$3Al_2O_3 \cdot 2SiO_2$-ZrO_2 质耐火材料的局限性。

采用铝基混合料和锆英石搭配直接生产 Al_2O_3-$3Al_2O_3 \cdot 2SiO_2$-ZrO_2 质耐火材料的优点是取材容易，生产工艺简单，制造费用低，而且具有较佳的使用性能，不仅可作为熔融炉内衬耐火材料，而且在以废轮胎、废油和污泥等工业废物为一部分燃料源而导致炉内温度高的水泥回转窑预热带——过渡带上使用时，有可能避免以往使用高铝砖、MgO-Cr_2O_3 砖以及 MgO-Spinel 砖因窑内温度高引起寿命降低和碱性成分浸润引起结构剥落损毁的问题。

6.4.3.2　MgO-Al_2O_3-ZrO_2 系耐火材料

A　概述

MgO-Al_2O_3-ZrO_2 系耐火材料中，由于 ZrO_2 具有提高熔渣黏度的作用，而 Spinel 则具有高的抗熔渣渗透的性能，二者组合，则具有与 Cr_2O_3 相同的能同低碱度熔渣相适应的能力，是熔融炉可使用的一类重要的无铬耐火材料。现简单说明如下。

MgO-Al_2O_3-ZrO_2 三元系相图如图 6-31 和图 6-32 所示。图 6-31表明，在这个三元系中不存在稳定的三元化合物，但在1600～1700℃时却存在三元化合物 X。如图 6-32 所示。三元化合物 X 为 $Mg_{5+x}Al_{2.4-x}Zr_{1.7+0.25}O_{12}$ $(-0.4 \leqslant x \leqslant 0.4)$。另外，该

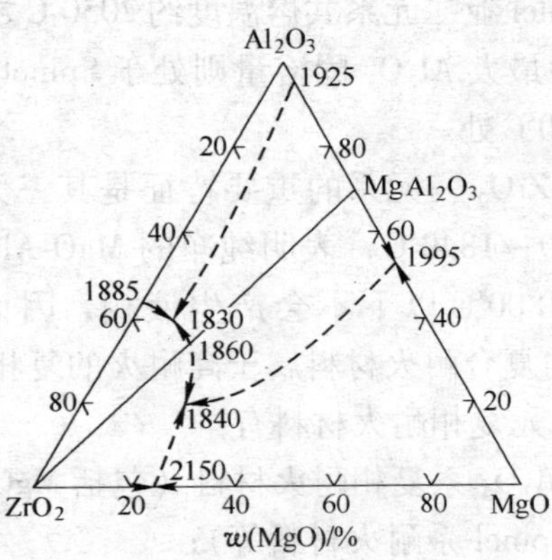

图 6-31 MgO-ZrO_2-Al_2O_3 三元系相图

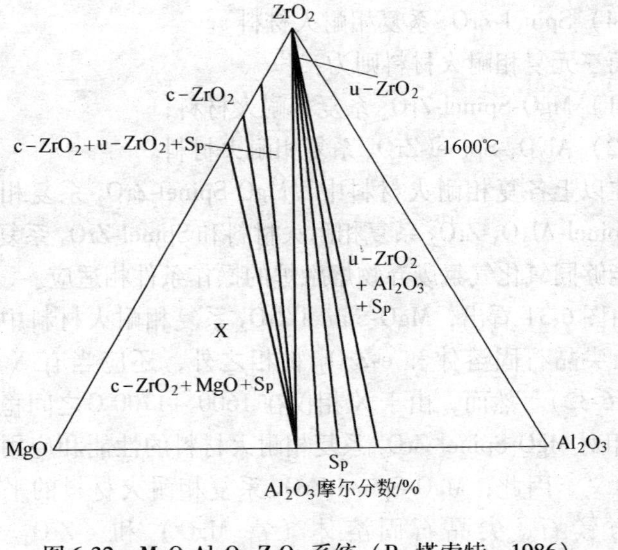

图 6-32 MgO-Al_2O_3-ZrO_2 系统（P. 塔索特，1986）

u-ZrO_2—不稳定 ZrO_2；c-ZrO_2—立方（稳定）ZrO_2；S_p—镁铝尖晶石

三元系中的二元化合物仅有 MgO·Al_2O_3，实际它是 MgO/Al_2O_3 比组成范围广泛的尖晶石固溶体，该尖晶石固溶体组成范围随着温度升高而扩大，而且富 MgO 尖晶石固溶体中最大 MgO 固溶量处于 MgO-Spinel 亚二元系共熔温度约 2050℃之处，而富 Al_2O_3 尖晶石固溶体中最大 Al_2O_3 固溶量则处于 Spinel-Al_2O_3 亚二元系共熔温度约 2020℃处。

MgO-Al_2O_3-ZrO_2 三元系的重要特征是其三元组成的最低共熔温度高达 1830～1840℃，表明纯净的 MgO-Al_2O_3-ZrO_2 组成的三元混合物在 1800℃以下不会产生液相，因而由 MgO-Al_2O_3-ZrO_2 物相组成的复合耐火材料属于高耐火的复相耐火材料系列。该三元系中的二元复相耐火材料有：

（1）MgO-Al_2O_3 系复相耐火材料（包括 MgO-Spinel 系、Spinel-Al_2O_3 系和 Spinel 系耐火材料等）；

（2）Al_2O_3-ZrO_2 系复相耐火材料；

（3）MgO-ZrO_2 系复相耐火材料；

（4）Spinel-ZrO_2 系复相耐火材料。

而三元复相耐火材料则为：

（1）MgO-Spinel-ZrO_2 系复相耐火材料；

（2）Al_2O_3-Spinel-ZrO_2 系复相耐火材料。

在以上各复相耐火材料中，MgO-Spinel-ZrO_2 系复相耐火材料、Spinel-Al_2O_3-ZrO_2 系复相耐火材料和 Spinel-ZrO_2 系复相耐火材料能够同氧化气氛废弃物熔融炉的操作条件相适应。

由图 6-31 看出，MgO-Spinel-ZrO_2 系复相耐火材料中除了方镁石、尖晶石固溶体和 c-ZrO_2 物相之外，还应当有 X 相存在（见图 6-32）。然而，由于 X 相仅在 1600～1700℃之间稳定，所以 X 相对 MgO-Spinel-ZrO_2 系复相耐火材料的性能和应用不会有实际意义。因此，MgO-Spinel-ZrO_2 系复相耐火材料的平衡物相只有方镁石、尖晶石固溶体（富 MgO）和 c-ZrO_2。同样，Al_2O_3-Spinel-ZrO_2 系复相耐火材料的平衡物相也只有刚玉、尖晶石固溶体（富 Al_2O_3）和 u-ZrO_2。而 Spinel-ZrO_2 系复相耐火材料的平衡物相仅为尖晶石固溶体、u-ZrO_2/c-ZrO_2。只是在 MgO/Al_2O_3 >1（摩尔比）时，平衡物相为富 MgO 尖晶石、u-ZrO_2 和 c-ZrO_2；而在 MgO/Al_2O_3 <1（摩尔比）时，其平衡物相为富

Al_2O_3 尖晶石和 u-ZrO_2；在 $MgO/Al_2O_3=1$（摩尔比）时，其平衡物相则为理论尖晶石和 u-ZrO_2。

B　配方设计和原料选择

图6-33 和图 6-34 表明，当 MgO、Spinel 和 Al_2O_3 分别同 $CaO/SiO_2=1.0$ 及 $CaO/SiO_2=0.5$ 的熔体相遇时，在1600℃的温度条件下，$CaO/SiO_2=1.0$ 时，熔体吸收 MgO、Spinel 和 Al_2O_3 分别为23%、39%和53%；$CaO/SiO_2=0.5$ 时，熔体吸收 MgO、Spinel 和 Al_2O_3 分别为34%、40%和46%。吸收后便会进入异相（液-固）平衡相区，这表明 $CaO/SiO_2=0.5\sim1.0$ 熔体熔解 MgO、Spinel 和 Al_2O_3 的能力按 MgO < Spinel < Al_2O_3 的顺序递增，因而对 $CaO/SiO_2=0.5\sim1.0$ 的熔体侵蚀的抵抗能力为 MgO > Spinel > Al_2O_3。抗蚀性而论，作为氧化气氛熔融炉用 MgO-Al_2O_3-ZrO_2 质复合耐火材料中，MgO-Spinel-ZrO_2 质耐火材料优于 Spinel-ZrO_2 质耐火材料，更优于 Al_2O_3-Spinel-ZrO_2 质耐火材料。

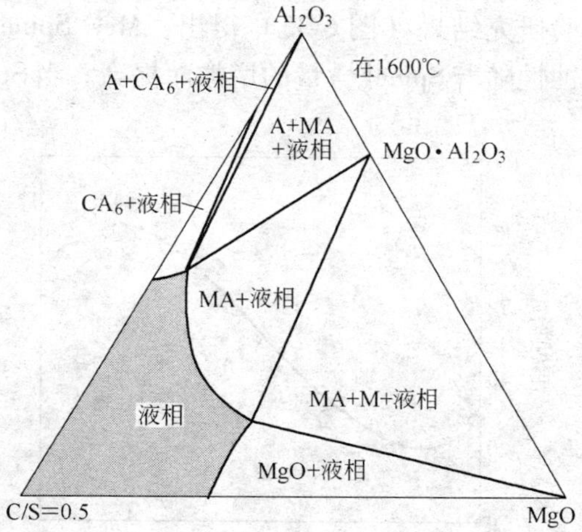

图6-33　MgO-Al_2O_3-CaO/SiO_2（=0.5）相图

然而，抗渗透性能却按 Spinel > Al_2O_3 > MgO 的顺序递减。

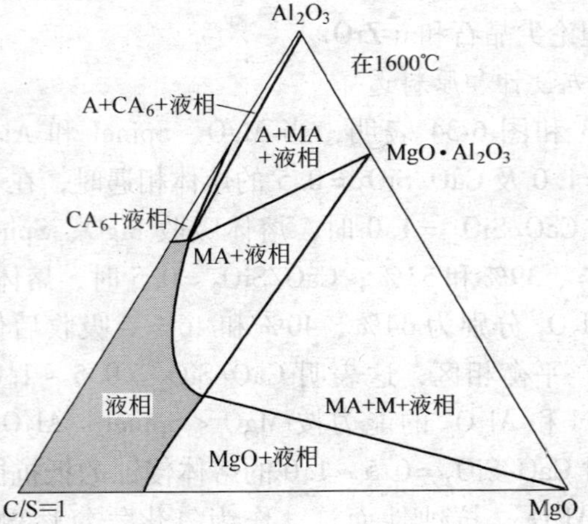

图 6-34　MgO-Al_2O_3-CaO/SiO_2（=1）相图

这说明，为了获得抗渣性最佳的 MgO-Spinel-ZrO_2 质复相耐火材料，需要对配方中 MgO 和 Spinel 的相对数量进行仔细平衡。现在，已由试验研究结果（图 6-35）得出：MgO-Spinel-ZrO_2 质耐火材料的抗蚀性随着 Spinel 含量的增加而提高。当 Spinel 含量达

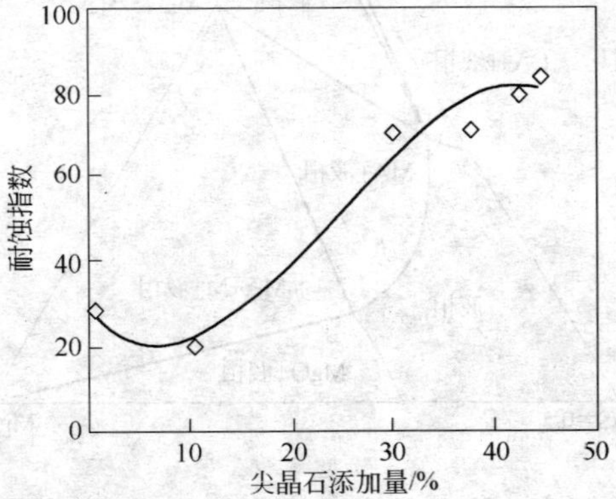

图 6-35　MgO-MgO · Al_2O_3-ZrO_2 中尖晶石
含量与耐蚀性之间的关系

到35% ~45%时，耐侵蚀性能最好（见图6-35）。

关于配入Spinel的类型，通常都认为在Spinel含量较高的情况下，再配入预合成Spinel的同时还应该配入一定数量的原位Spinel，以便获得最佳的抗蚀性。图6-36对两种化学成分相同、原料构成不同的耐火材料的抗蚀性作了比较。其中一种材料加入43%预合成Spinel，而另一种则用一定数量$MgO + Al_2O_3$在受热过程中原位形成Spinel来代替相同量的预合成Spinel。正如图6-36所表明的那样，由于在原位形成Spinel的反应过程中伴随体积膨胀，导致材料结构致密，这可阻止熔渣向耐火材料结构中的气孔内渗透，而降低耐火材料的熔解蚀损反应。根据图6-35的结果认为，当配入8%（$MgO + Al_2O_3$）来形成原位Spinel时便能获得一种抗渣性最佳的MgO-Spinel-ZrO_2质耐火材料。

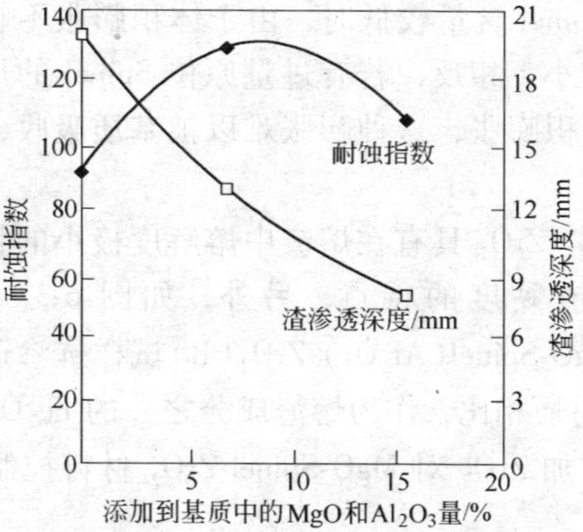

图6-36 添加到MgO-MgO·Al_2O_3-ZrO_2浇注料基质中的MgO和Al_2O_3量对耐蚀性及渣渗透深度的作用

如图6-37所示，预合成Spinel在防止熔渣渗透进入MgO-Spinel-ZrO_2质耐火材料结构中的作用较小，因为熔渣能轻易地在颗粒周围游动。而含一定数量原位Spinel的同种成分耐火材料由于在受热条件下fMgO和fAl_2O_3反应就地形成Spinel（原位

Spinel)，伴有40%的体积膨胀，导致结构致密，使熔渣渗透受限制，从而提高了抗渣性。

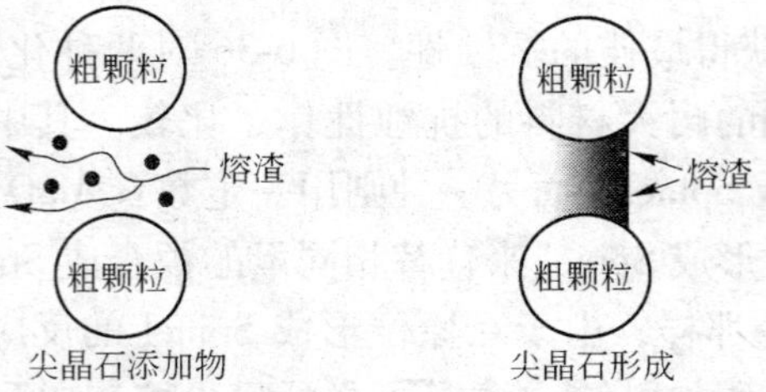

图 6-37　尖晶石成形（自成尖晶石）料与含尖晶石料的比较
（在自成尖晶石情况下，熔渣与耐火材料反应，渗透受到限制；
在含尖晶石情况下，熔渣能轻易地绕过尖晶石颗粒形成渗透）

当原位 Spinel 含量较低时，由于体积膨胀不够，导致结构密度的作用较小。相反，若有过量原位 Spinel 的形成，由于产生了更大的体积膨胀，这种膨胀难以被基质吸收，而导致材料结构破坏。

众所周知，ZrO_2 具有在熔渣中熔解度极小的特点，而且还具有增加熔渣黏度的特点，另外，如图 6-37 所表明的含 ZrO_2(B)的 MgO-Spinel(Al_2O_3)-ZrO_2(B)试样抗渗透试验后与未含 ZrO_2 的同材质相比，作为熔渣成分之一的 Fe_2O_3 的渗透已被抑制，说明添加 ZrO_2 对 MgO-Spinel-ZrO_2 材料控制熔渣渗透有效果。

然而，ZrO_2 存在多晶转化，而且相转化还伴有非正常的体积膨胀，会导致该类耐火材料在长期炉役期间的组织结构破坏，说明需要对 ZrO_2 源进行精心选择。

图 6-38 示出了含不同 ZrO_2 源的 MgO-Sp(Al_2O_3)-ZrO_2 质耐火浇注料在 1300℃ 加热后的 PLC 随保温时间不同的变化规律。其中 ZrO_2(A)为非稳定 ZrO_2 源，而 ZrO_2(B)则为经过特殊处理的 ZrO_2 源。图中表明，含非稳定 ZrO_2 的材料在重复进行热处理

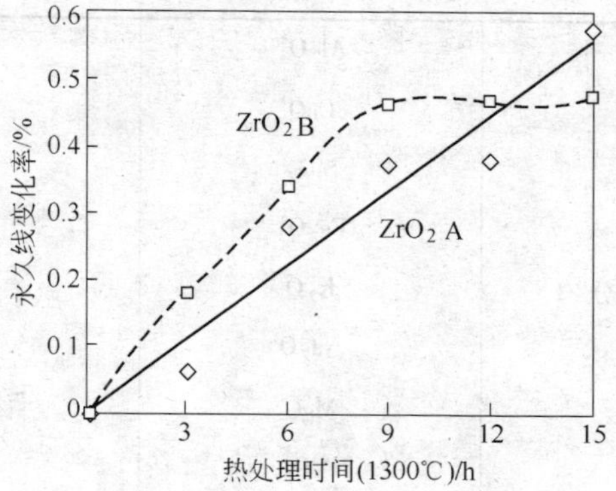

图6-38　热处理时间和永久线变化之间的关系

后，其PLC连续增加，而含ZrO_2(B)的耐火材料在重复热处理时，其PLC在一定的保温时间后却能保持稳定。

通过以上分析可以得出如下结论：

(1) 以镁砂和/或ZrO_2作为骨料颗粒，并通过采用基质保护以避免骨料直接同熔融炉炉渣接触；

(2) 选用Spinel细粉和（$MgO+Al_2O_3$）微粉为原料，期望通过原位Spinel形成时所伴随的体积膨胀获得致密组织，从而抑制熔渣渗透；

(3) 配入少量ZrO_2以期望溶解于熔渣中，提高熔渣黏度。作为ZrO_2源，认为t-ZrO_2或u-ZrO_2最理想。

按照这一思路设计的MgO-Spinel-ZrO_2质耐火材料对于废弃物熔融炉炉渣具有良好的抵抗性，因而其耐用性能高，使用寿命长。

图6-35示出了MgO-Spinel-ZrO_2质耐火材料耐蚀性与Spinel含量的关系，侵蚀剂为熔融炉炉渣（见表6-15）。该图表明MgO-Spinel-ZrO_2质耐火材料的抗蚀性随Spinel含量的增加而提高，当Spinel含量为35%～45%时，耐蚀性最好。

表 6-15　侵蚀试验条件

渣的化学成分/%	Al_2O_3	16
	CaO	32
	SiO_2	32
	Fe_2O_3	8
	K_2O	2
	Na_2O	2
	MgO	2
	P_2O_5	6
	C/S	1
温度/℃		1600

如果 MgO-Spinel-ZrO_2 质耐火材料中既含有预合成 Spinel 又含有原位形成的 Spinel，那么原位 Spinel 为 6% ~ 10% 时，该耐火材料的耐蚀性能最高，并且其抗渗透性能随原位形成的 Spinel 含量的增加而增加，如图 6-36 所示。距 EMPA 检测的渗透深度如图 6-39 所示。

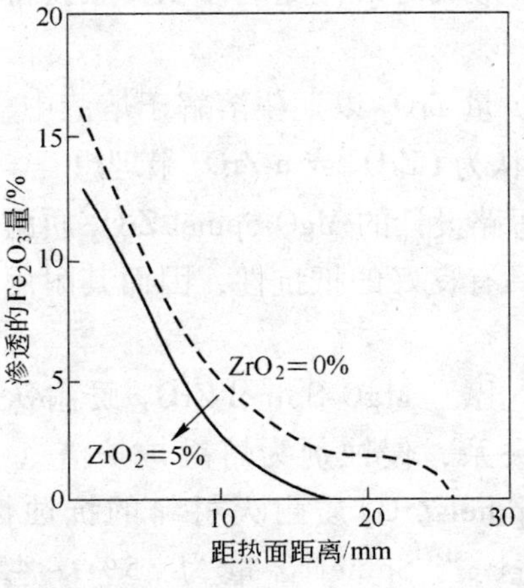

图 6-39　距 EMPA 检测的渗透深度

表6-16 列出了 MgO-Spinel-ZrO_2 质耐火浇注料与 Al_2O_3-Cr_2O_3 质耐火浇注料的对比研究结果。由表6-16可见，MgO-Spinel-ZrO_2 质耐火浇注料在抗废弃物熔融炉炉渣侵蚀方面的性能达到甚至超过 Cr_2O_3 含量为10%的传统 Al_2O_3-Cr_2O_3 质耐火浇注料（见图6-40）。

表6-16 传统浇注料与改进浇注料的典型性能

浇注料		传统料	改进料
		Al_2O_3-Cr_2O_3	MgO-MgO · Al_2O_3-ZrO_2
化学成分/%	ZrO_2		5
	Al_2O_3	86.2	32
	Cr_2O_3	9.9	
	MgO		61
显气孔率/%	110℃，24h	8	16
	1000℃，3h	10	20
	1500℃，3h	13	19
永久线变化率/%	1000℃，3h	±0	+0.4
	1500℃，3h	+0.2	+0.1
常温耐压强度/MPa	110℃，24h	69	39
	1000℃，3h	78	25
	1500℃，3h	147	34
加水量/%		4.5	5.7
体积密度/g · cm^{-3}	110℃，24h	3.55	2.99
	1000℃，3h	3.45	2.91
	1500℃，3h	3.45	2.85
耐蚀指数（C/S=1）		100	129
耐剥落性（JIS 方法）		7	9

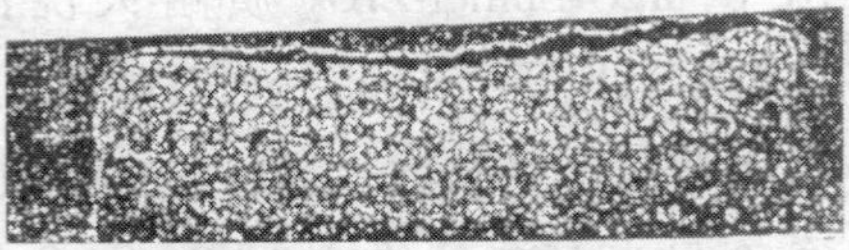

a

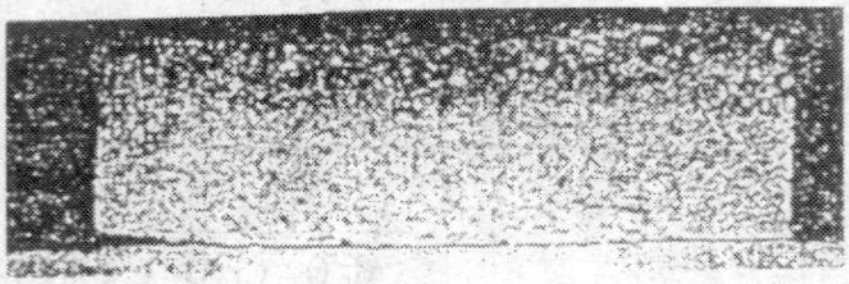

b

图6-40 侵蚀试验后的浇注料断面

a—Al_2O_3-Cr_2O_3（传统料）；b—MgO-MgO·Al_2O_3-ZrO_2（改进料）

这说明 MgO-Spinel-ZrO_2 质耐火浇注料能够与废弃物熔融炉的操作条件相适应。因为：

（1）MgO 和 ZrO_2 比 Al_2O_3 更难溶于熔渣中，采用 MgO 和 ZrO_2 提高了耐蚀性；

（2）并用预合成 Spinel 和原位 Spinel 使耐火材料组织结构致密化，从而抑制了熔渣的渗透；

（3）加入经过特殊处理的 ZrO_2（例如 t-ZrO_2 或 u-ZrO_2 等）原料，控制了非正常体积膨胀，增加了熔渣黏性，提高了材料的适应性和耐蚀性。

6.4.3.3 MgO-Al_2O_3-TiO_2 系耐火材料

熔融炉用无铬耐火材料，是考虑到 ZrO_2 也具有类似于 Cr_2O_3 的特性，即熔解度小和可增加熔渣黏性。不过，与 Cr_2O_3 不同，ZrO_2 存在易被 FeO_n 熔解的缺点，而难以同高 FeO_n 含量的熔融炉炉渣相适应。ZrO_2 与 FeO_n 的共晶温度仅为1325℃，而且同 FeO_n 反应形成二元化合物。

TiO_2 对于铁质熔渣中 SiO_2 质成分有明显的过滤作用，而且

同 FeO_n 反应生成熔点较高的 $FeO \cdot TiO_2$，可阻止 FeO_n 向耐火材料内部渗透。由此看来，在高 FeO_n 含量熔渣的条件下，便可采用 TiO_2 代替 ZrO_2 生产熔融炉用 MgO-Al_2O_3-TiO_2 质耐火材料。

MgO-Al_2O_3-TiO_2 三元液面图和固面图分别示于图 6-41 和图 6-42 中。图6-41 表明，该三元系共晶点温度为 1570℃ 和 1730℃（图中为 1600℃）。图 6-41 和图 6-42 都表明，这一三元系没有三元化合物，二元化合物则有 $MgO \cdot Al_2O_3$、$Al_2O_3 \cdot TiO_2$、$2MgO \cdot TiO_2$、$MgO \cdot TiO_2$ 以及 $MgO \cdot 2TiO_2$。其中前三个二元化合物熔化温度高，可用于耐火材料。这两幅图还表明，MgO-Al_2O_3-TiO_2 三元系中还存在一系列固溶体，其中 $2MgO \cdot TiO_2$ 也是一种尖晶石，可用 Spinel 在 1350℃ 以上完全固溶，但温度下降，互溶度降低。相图 6-41 中 MgO-$2MgO \cdot TiO_2$-$MgO \cdot Al_2O_3$ 相区为 MgO-Spinel（Al，Ti）质耐火材料物相的分布区域。在该组成三角形中，存在由 MgO-Spinel 边（2030℃）延伸到 MgO-$2MgO \cdot TiO_2$ 边（1707℃）的谷线，将组成三角形划分为两个部分：富

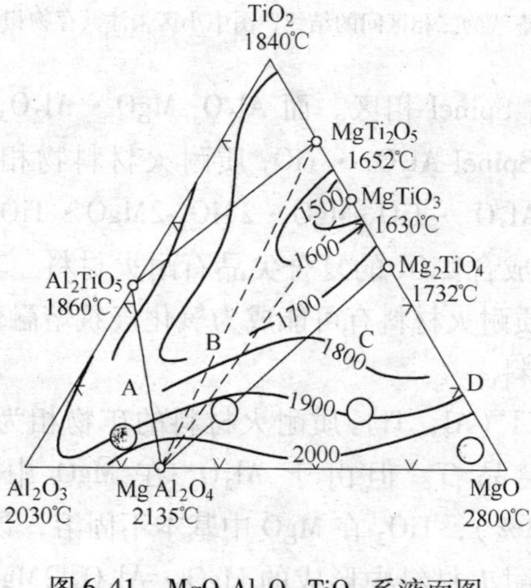

图 6-41 MgO-Al_2O_3-TiO_2 系液面图

（抗渗透能力/mm A 5.6 B 5.0 C 2.4 D 3.0）

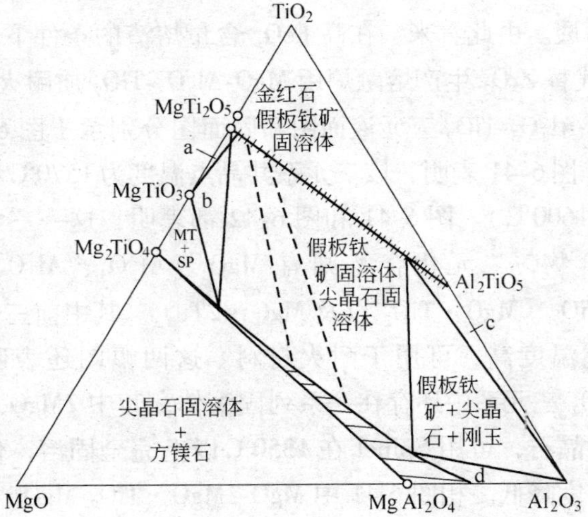

图 6-42 $MgO\text{-}Al_2O_3\text{-}TiO_3$ 系固面图

a—假板钛矿固溶体 + $MgTiO_3$；b—假板钛矿 + 尖晶石固溶体 + $MgTiO_3$；

c—假板钛矿固溶体 + Al_2O_3；d—尖晶石固溶体 + Al_2O_3

虚线为二相区间的结线，图中小区未注共存物相

MgO 相区和富 Spinel 相区。而 $Al_2O_3\text{-}MgO \cdot Al_2O_3\text{-}Al_2O_3 \cdot TiO_2$ 相区为 Al_2O_3-Spinel-$Al_2O_3 \cdot TiO_2$ 质耐火材料物相的分布区域。另外，Spinel-$Al_2O_3 \cdot TiO_2\text{-}MgO \cdot 2TiO_2\text{-}2MgO \cdot TiO_2$ 相区的混合物也有可能构成含 TiO_2 的复合尖晶石耐火材料。其中 MgO-Spinel(Al，Ti) 质耐火材料有可能成为氧化气氛熔融炉使用的另一种无铬耐火材料。

MgO-Spinel（Al，Ti）质耐火材料的矿物相为方镁石和镁、铝、钛复合尖晶石。但由于 Al_2O_3 在 MgO 中固溶度较低（1700℃时为 3%），TiO_2 在 MgO 中基本不固溶，说明含 TiO_2 的 MgO-Spinel 质耐火材料中形成的 $MgO \cdot Al_2O_3\text{-}2MgO \cdot TiO_2$ 固溶体应为方镁石晶间相。

众多研究结果表明：

（1）对于以镁砂为骨料而以 $MgO-Al_2O_3-TiO_2$ 质合成细粉料或混合物细粉料为基质生产的 MgO-Spinel(Al，Ti）质耐火材料来说，当基质组成中 MgO 含量一定时，随着 TiO_2 含量的增加，材料的烧结性能提高，因而其体积密度增加，抗水化性能提高，显气孔率下降；而 Al_2O_3 和 TiO_2 含量相对均衡的耐火材料抗热震性则有所改善。

（2）当基质中 MgO、Al_2O_3 和 TiO_2 的含量都比较均衡时，即处于 $MgO-MgO \cdot Al_2O_3-2MgO \cdot TiO_2$ 组成三角形内谷线中间位置的附近组成时，相应组成 MgO-Spinel(Al，Ti）质耐火材料具有最佳的抗渣渗透性，而且受熔渣碱度（CaO/SiO_2 比）的影响也不明显。

上述结果为能与具体使用环境相适应的 MgO-Spinel(Al，Ti）质耐火材料的配方设计提供了重要依据。例如，对以高纯度镁砂为骨料、以 $MgO \cdot Al_2O_3-2MgO \cdot TiO_2$ 合成材料为细粉（基质的 TiO_2/Al_2O_3 比最佳化）的 MgO-Spinel(Al，Ti）质无铬耐火材料，利用旋转侵蚀试验研究了其对 $CaO/SiO_2 \approx 0.8$ 的熔融炉熔渣的耐蚀性（1600℃，16h)，并用 $MgO-Cr_2O_3$ 质和 $Al_2O_3-Cr_2O_3$ 质耐火材料作了比较，其结果如图 6-43 所示，表 6-17 则示出了实验耐火试样的特征。图 6-43 表明，MgO-Spinel 质耐火材料具有与 $MgO-Cr_2O_3$ 质耐火材料同等或以上的耐蚀性。

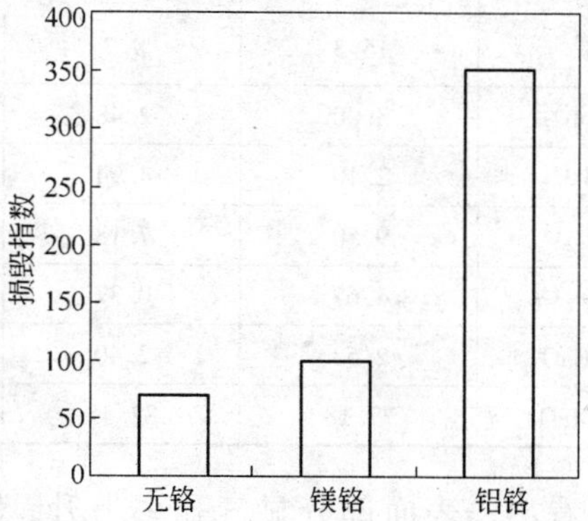

图 6-43　各种材质耐火材料的损毁指数

表 6-17　试样的性能

试　样		无铬质	镁铬质	铝铬质
化学组成/%	Al_2O_3	8.2	8.9	82.1
	Cr_2O_3		12.2	9.9
	MgO	82.3	72.3	
	ZrO_2			3.6
	TiO_2	7.5		
体积密度/$g\cdot cm^{-3}$		3.15	3.05	3.43
抗折强度/MPa		70	53	196
显气孔率/%		11.4	16.5	13.2

据此，则将表 6-17 中 MgO-Spinel 质耐火材料砌筑于氧化性气化熔融炉内运行 10 天（炉内温度为 500 ~ 1500℃，熔渣 $CaO/SiO_2 \approx 0.8$，运行 240h）之后，检验其性能，结果示于表 6-18中。

表 6-18　运行 10 天后无铬砖的分析结果

试　样		表　面	中　心	原　料
体积密度/$g\cdot cm^{-3}$		3.00	3.14	3.15
显气孔率/%		15.3	9.7	11.4
化学组成/%	SiO_2	3.00	2.48	—
	TiO_2	2.10	4.94	7.50
	Al_2O_3	9.50	7.18	8.20
	Fe_2O_3	4.67	0.37	
	CaO	2.53	2.40	—
	MgO	77.18	82.45	82.30

由表 6-18 看出，表面部分显气孔率上升，SiO_2、Fe_2O_3 和 CaO 成分增加，但 Fe_2O_3 仅侵入表面而未侵入内部，而 Al_2O_3、

SiO_2 和 CaO 已侵入内部。

通过用后残砖显微结构研究确认：

（1）从工作表面至中心方向 10mm 的范围有变色现象，但内部仍保持原砖状态。

（2）工作表面的变色部分和内部原砖层的分界处没有裂纹等损伤。

（3）熔渣 SiO_2、Fe_2O_3 和 CaO 等成分除 Fe_2O_3 侵入表面部位之外，SiO_2 和 CaO 等成分则侵入到中心部位，表明 TiO_2 有限制 Fe_2O_3 渗透的作用。

上述试验研究和实炉试用结果表明，以高纯度镁砂为骨料、以 $MgO \cdot Al_2O_3$-$2MgO \cdot TiO_2$ 合成料为基质的 MgO-Spinel 质耐火材料能够同氧化性气氛熔融炉的使用条件相适应。

这类无铬耐火材料的制取方法有二：

（1）基质材料按全合成 MgO-Al_2O_3-TiO_2 材料配入；

（2）基质材料按合成 Spinel 砂和 TiO_2 粉配入。

两种方法均以镁砂为骨料。无论哪种方案，基质材料中 TiO_2/Al_2O_3 比例均应达到最佳化，即 MgO-Spinel-$2MgO \cdot TiO_2$ 组成三角形中的富 MgO 相区靠近谷线处，考虑到耐火性能和抗渗透性的平衡，其 Spinel（Al，Ti）中 TiO_2/Al_2O_3 的摩尔比应略小于 1。

对于 MgO-Spinel（Al，Ti）质耐火材料来说，当 $Al_2O_3 + TiO_2$ 含量一定时，TiO_2 含量越高越能促进烧结；TiO_2 和 Al_2O_3 含量相对接近时，可改善 MgO-Spinel 质耐火材料的抗热震性和抗蚀性能。

6.5 还原气氛熔融炉用耐火材料

用氮气作载气体的等离子熔融炉和用焦炭作燃料的直接气化熔融炉中，炉内气氛为还原性，含铬（Cr_2O_3）耐火材料难以获得较好的使用效果（图 6-2），这类耐火材料的 Cr_2O_3 在还原气氛下容易被还原，而导致损坏加快。也就是认为含 Cr_2O_3 的耐火材料在还原气氛下耐蚀性差，原因是 Cr_2O_3 被还原，不能发挥出原来的可增大熔渣黏度的效果。

在这种情况下，即可使用 C-SiC、SiC、ZrB_2 等非氧化物系耐火材料，参见图 6-44。

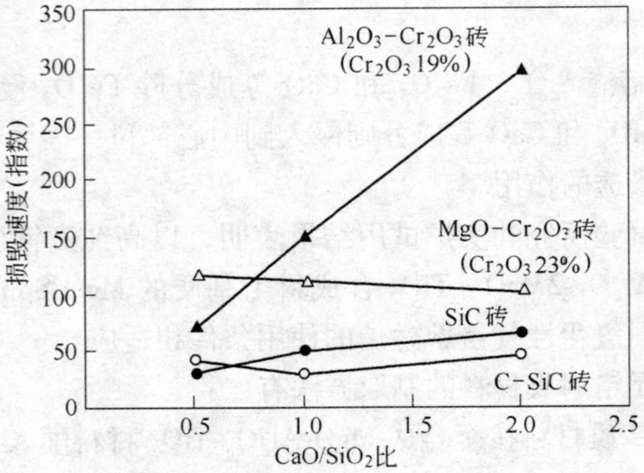

图 6-44　渣碱度与各种耐火材料损毁速度的关系（非氧化性气氛）

图 6-44 示出了碱度在 0.5 ~ 2.0 范围内变化而进行的转鼓侵蚀试验所得到的各种耐火材料损毁速度与渣碱度之间的关系。侵蚀试验的热源采用电弧放电，试验中的气氛是非氧化性气氛，试验温度为 1650℃，试验时间为 4h。图中表明，在还原气氛或非氧化气氛下，C-SiC 砖和 SiC 砖的抗侵蚀性最佳。因此，在还原气氛的废弃物熔融炉中使用 C-SiC 砖的情况特别多，它们的抗侵蚀性能高，而且几乎不受渣碱度的影响。

然而，在熔融钙盐处理飞灰时，C-SiC 砖的损毁量有时出现增大的情况。原因被认为是钙盐处理时没有完全反应，而残留有 $Ca(OH)_2$、$CaCO_3$ 和反应生成的 $CaCl_2$ 水合物的影响。

这些残留物在熔融处理温度下，会发生以下反应：

$$Ca(OH)_2 \longrightarrow CaO + H_2O_{(g)} \tag{6-10}$$

$$CaCO_3 \longrightarrow CaO + CO_{2(g)} \tag{6-11}$$

放出 H_2O、CO_2 等气体，从而促进了碳的氧化，使 C-SiC 砖的损毁增大。

解决的办法是增加抗氧化性比 C 更好的 SiC 的含量。但图 6-44 表明 SiC 砖在碱度增大时存在损毁速度略有增加的倾向，由此则担心过多增加 SiC 会降低 C-SiC 砖的耐用性能。因此，C-SiC砖中需要考虑抗氧化性和抗侵蚀性之间的平衡。

6.6 可动式熔融炉用耐火材料

在可动式炉——回转窑中，由来自窑壳等的应力所导致的机械剥片也是内衬耐火材料损坏的重要原因。因此，这类熔融窑主体内衬用耐火材料除了要具备高耐蚀性之外，还需要具备缓和应力的能力（适应性）。也就是说，在可动式炉——回转窑中需使用具有抗蚀性和耐剥落性兼备的耐火材料。前文已指出，含 Cr_2O_3 的耐火材料在废弃物氧化气氛熔融炉中使用时具有高的耐蚀性。

已有的研究结果表明，在混合熔融钙盐处理飞灰时，由于溶渣碱度通常为 1.0 左右，$MgO\text{-}Cr_2O_3$ 质耐火材料的耐蚀性比 $Al_2O_3\text{-}Cr_2O_3$ 质耐火材料好，但差异较小。在单独熔融飞灰的熔融炉中，熔渣碱度有时超过 2.0，由于 $MgO\text{-}Cr_2O_3$ 质耐火材料的损毁速度远比 $Al_2O_3\text{-}Cr_2O_3$ 质耐火材料小，因而在这种情况下，往往使用 $MgO\text{-}Cr_2O_3$ 质耐火材料。对于主灰熔融炉内衬用耐火材料来说，由于主灰的碱度小于 0.5（通常仅为 0.3 ~ 0.4），$Al_2O_3\text{-}Cr_2O_3$ 质耐火材料的损毁速度低于 $MgO\text{-}Cr_2O_3$ 质耐火材料，所以，应选用 $Al_2O_3\text{-}Cr_2O_3$ 质耐火材料，尤其应选高 Cr_2O_3 的 $Cr_2O_3\text{-}Al_2O_3$ 质耐火材料。

考虑可动式炉——回转窑的实际操作条件，即需要使用具备抗蚀性和耐剥落性兼备的耐火材料，因而认为 $Al_2O_3\text{-}Cr_2O_3\text{-}ZrO_2$ 质耐火材料和采用能增长非线形性加强技术所生产的 $MgO\text{-}Cr_2O_3$ 质耐火材料即能满足使用要求。

通过在高耐蚀性 Al_2O_3-Cr_2O_3 质耐火材料引入微裂便能提高材料在可动式炉子中的适应性，通常的做法是向 Al_2O_3-Cr_2O_3 质耐火材料中配入少量的 ZrO_2 质（主要是 u-ZrO_2 或者 m-ZrO_2）。

表 6-19 列出了三种 Al_2O_3-Cr_2O_3-ZrO_2 质耐火材料（砖）的性能(7% Cr_2O_3,28%(B,C))，其中 C 砖含有粗颗粒 Cr_2O_3 原料。采用三点弯曲试验（MOR）的荷载应变曲线评价了它们的应力缓和性能，同时还进行了抗渣试验研究，得出以下结果：

（1）Cr_2O_3 含量的高低直接影响 Al_2O_3-Cr_2O_3-ZrO_2 质耐火材料的抗蚀性能。图中表明，B 砖和 C 砖的抗蚀性能相同，而 A 砖因 Cr_2O_3 含量低，其抗蚀性也低。

（2）Cr_2O_3 含量低的 A 砖却具有良好的应力缓和性。C 砖由于通过提高 Cr_2O_3 含量（含有粗颗粒）的技术，也同样具有应力缓和性。

表 6-19 Al_2O_3-Cr_2O_3-ZrO_2 砖的性能

砖号		A	B	C
成分/%	Al_2O_3	68.0	58.9	58.6
	Cr_2O_3	6.6	27.8	28.0
	ZrO_2	13.3	6.4	6.9
显气孔率/%		13.7	13.5	14.4
体积密度/g·cm^{-3}		3.41	3.59	3.55
常温耐压强度/MPa		96	149	110
耐蚀损指数		5.92	1	1.02
挠曲性		6.9	1	6

上述研究结果告诉我们，通过在 Cr_2O_3 含量较低的具有应力缓和的 Al_2O_3-Cr_2O_3-ZrO_2 质耐火材料中添加一定数量含 Cr_2O_3 的粗颗粒，便可获得 Cr_2O_3 含量较高并同时具有抗蚀性和应力缓和性能（适应性）的 Al_2O_3-Cr_2O_3-ZrO_2 质耐火材料，这种高性能材料（例如 C 砖）便能与可动式炉子——回转窑的操作条件相适应。

$MgO\text{-}Cr_2O_3$ 质耐火材料本身具有抗低碱度熔渣侵蚀的优良性能，但存在抗剥落性不足的缺点，采用能增长非线形性加强技术可提高 $MgO\text{-}Cr_2O_3$ 质耐火材料的抗剥落性能。

为了使直接结合 $MgO\text{-}Cr_2O_3$ 质耐火材料兼备耐蚀性和抗剥落性，其途径主要有两种：

（1）控制配料粒度分布并减小临界颗粒尺寸，以及调整 MgO/Cr_2O_3 比例；

（2）选用特殊添加物。

当采用第一种加强技术时，主要是减少粗颗粒用量，同时降低颗粒尺寸。试验研究结果表明，大于1mm颗粒的质量分数为35%以下的直接结合 $MgO\text{-}Cr_2O_3$ 砖，在反复加热、空冷25次不剥落，而大于1mm颗粒的质量分数降至30%时，抗折强度增大。

虽然直接结合 $MgO\text{-}Cr_2O_3$ 砖的抗蚀性随着 Cr_2O_3 含量的增加而提高，但抗剥落性却随着 Cr_2O_3 含量的增加而下降。为了协调直接结合 $MgO\text{-}Cr_2O_3$ 砖的抗蚀性和耐剥落性能，则需要向配料添加 Cr_2O_3 微粉，提高低铬直接结合 $MgO\text{-}Cr_2O_3$ 砖的抗蚀性能。

当采用第二种加强技术时，则向直接结合 $MgO\text{-}Cr_2O_3$ 砖添加低膨胀的材料（例如 $CaO \cdot ZrO_2$ 等）来提高其非线形性能。例如直接结合 $MgO\text{-}Cr_2O_3$ 砖添加3%低膨胀特殊物质 $CaO \cdot ZrO_2$ 时（砖的A.P为17.5%，B.D为3.23g/cm^3，模数E为16GPa，MOR为6.4MPa），能显著增加其非线形性能，如图6-45和图6-46所示。图6-45中试样b与试样a相比显示出突出的非线形性，因而具有优良的抗剥落性，若再对原料进行精心选择和 MgO/Cr_2O_3 比例进行仔细调整便能获得耐蚀性高而且适应性较佳的直接结合 $MgO\text{-}Cr_2O_3$ 砖。使用这种 $MgO\text{-}Cr_2O_3$ 砖作为可动式炉子——回转窑炉本体内衬耐火材料可获得高寿命。

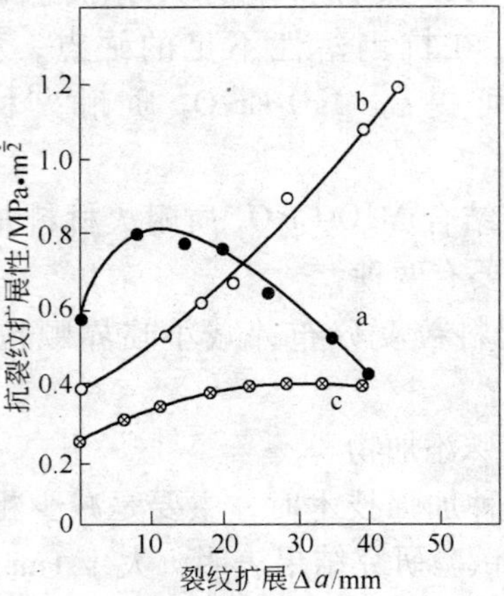

图 6-45　镁铬砖试样的曲线行为

a—0% $CaO \cdot ZrO_2$；b—3% $CaO \cdot ZrO_2$；c—5% $CaO \cdot ZrO_2$

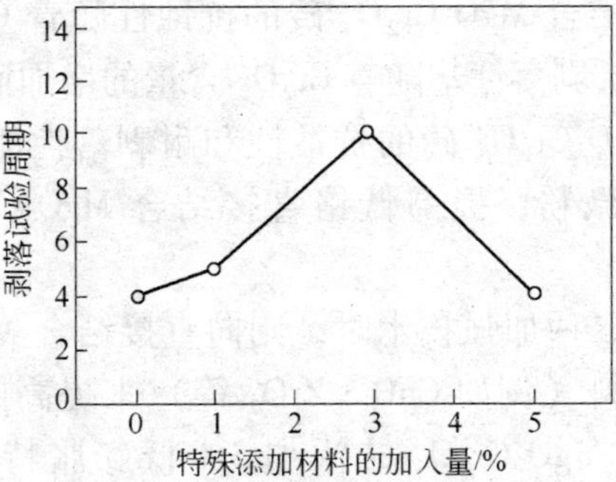

图 6-46　特殊添加材料加入量与镁铬砖试样耐剥落性的关系

回转窑的投料口和下料口部位，通常使用耐火浇注料，由于要求具有与炉子本体相同的耐用性，特别是在下料口端要求渣易于剥离，故认为 Cr_2O_3 含量愈高使用效果愈好。然而，要使难以润湿的 Cr_2O_3 牢固结合确是很困难的事情，而且良好的抗热震性和耐蚀性也难以并存。

当前所使用的 Cr_2O_3 含量为15%的 Al_2O_3-Cr_2O_3 质耐火浇注料达到了实际炉子的使用要求，但还是希望延长其使用寿命，这就需要选用高密度 Al_2O_3-Cr_2O_3 合成砂为原料，并大量使用 Al_2O_3-Cr_2O_3 超细粉以及对颗粒分布进行优化、对接和系统进行精心选择，以获得高性能 Al_2O_3-Cr_2O_3 质耐火浇注料，为延长投料口和下料口的使用寿命创造条件。

7 耐火行业超高温窑炉用耐火材料

耐火行业用高纯原料的烧结和高技术氧化物系耐火制品的烧成都在超高温炉窑中完成。由于耐火工业使用的超高温炉窑种类很多，不可能一一介绍，下面仅就高纯镁砂烧结的超高温竖炉和高技术氧化物系耐火制品烧成的超高温隧道窑用耐火材料的情况作些简单说明。

7.1 超高温竖窑用耐火材料

高纯度、低气孔率、粗晶粒镁砂是生产特种镁质耐火材料的原料。为了促进方镁石晶粒长大，以前采用添加少量（小于0.5%）的 Cr_2O_3、Fe_2O_3、ZrO_2 以及 Ti、V、Mn、Al、Cu 和稀土元素的氧化物和盐类的方法。虽然这些物质促进 MgO 致密化和晶粒长大的机理不相同，但它们都是利用加速扩散的方法实现的。正是这种原因，它们也就降低了材料的热化学稳定性，尤其是当作用在晶界熔体形成上（如 Fe_2O_3 等）时更是如此。这说明，如果不想降低镁质耐火材料的热化学稳定性，就应当避免向其内部添加其他外来物质。

在不添加外来物质的情况下，其技术措施则是采用500℃预处理氢氧化镁或900℃预处理菱镁矿，然后处理活性 MgO 物料（细磨），在成球/压块前加入或者不加惰性 MgO 晶种，再经高压压球/压坯，最后于超高温炉窑中烧结，制取特种镁砂。

上述这些技术措施都能减少阻止结晶作用的气孔率，改进致密度，在没有烧结促进剂的条件下，同样可导致方镁石晶粒长大。

如果死烧在回转窑内进行，那么即便达到上限温度

(1900～2000℃)，并且延长在内的时间，以增大煅烧强度，倘若无特殊措施，也只能获得晶粒直径大约为50～120μm的镁砂。如果需要获得晶粒更大的镁砂，那就需要采用竖窑作为制取大晶粒烧结镁砂的死烧窑炉（如图7-1所示）。竖窑的死烧温度在无富氧条件下也能达到2100～2300℃，这可使低铁烧结镁砂的平均方镁石晶粒直径达到200μm以上。

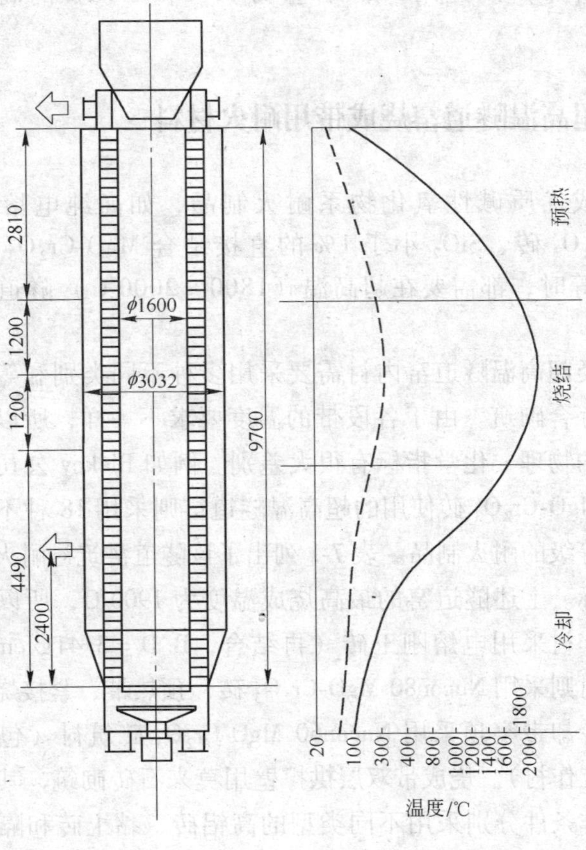

图7-1 RCE竖窑的窑内温度分布曲线

显然，生产上述镁砂的超高温竖窑烧结带内衬的耐火材料应满足：

（1）对高纯度镁砂无污染；

（2）能够适应2100～2300℃的操作条件。

因此，应选择超高纯的特种镁砖砌筑烧成带。这种镁砖通常选用纯度为99%的MgO、体积密度不小于3.40g/cm^{3}的粗晶粒镁砂为原料生产，其性能指标为MgO为98%～99%，体积密度为3.0g/cm^{3}的$p_a \leqslant 17\%$，$T_0 \geqslant 1800$℃。其他部位（预热带和冷却带）则选用MgO含量为97.5%～98%的高纯镁砖砌筑。

7.2 超高温隧道窑烧成带用耐火材料

烧成优质碱性氧化物系耐火制品，如高纯电熔再结合MgO-Cr_2O_3砖、SiO_2小于1%的直接结合MgO-Cr_2O_3特种高纯镁砖等时，都需要在超高温（1800～2000℃）隧道窑内完成。

这类超高温隧道窑内衬需要采用多种不同类别和等级的耐火制品综合砌筑。由于各段带的温度要求不一样，所以使用耐火制品的物理、化学指标有很大差别。例如Bickey公司年生产10000t MgO-Cr_2O_3砖使用的超高温隧道窑则采用18种不同类型和不同等级的耐火制品。表7-1列出了该隧道窑筑衬耐火制品的技术指标。上述隧道窑的最高烧成温度为1900℃，所以烧成带拱顶工作衬采用电熔刚玉砖（再结合，B. D = 3.41g/cm^3），窑壁工作衬则采用Nucon80 MgO-Cr_2O_3砖，预热带、紧接烧成带的一段和冷却带窑顶采用Nucon60 MgO-Cr_2O_3砖筑衬（包括对应的窑壁工作衬）。烧成带双层拱撑壁用莫来石砖砌筑，其他部位根据工作条件分别采用不同类型的高铝砖、黏土砖和隔热砖砌筑。

表 7-1 Bickey 高温隧道窑砌衬用部分耐火材料的技术指标

耐火材料		Nucon80 镁铬砖	Nucon 60 镁铬砖	莫来石砖	Arco 90 高铝砖	Arco 80 高铝砖	Kruzite D 高铝砖	Clipper DP 特级黏土砖	Emdier DP 优质黏土砖	Alfax 发泡电熔刚玉材料
体积密度/$g \cdot cm^{-3}$		3.075	3.107	2.78	3.05	2.68	2.58	2.28	2.10	1.45
显气孔率/%		15.7	17.3	19.8	16	21.5	19	15	20	62
常温耐压强度/MPa		340	315	540	1000	390	380	280	180	85
常温抗折强度/MPa		45	62	110	220	106	88	92	60	56
化学成分/%	SiO_2	0.9	1.8	9.5	8.1	14.4	25	52.5	56.5	0.5
	Al_2O_3	3.9	8.9	89.8	91	80.3	70	44	39	99.2
	Fe_2O_3	5.7	9.2	0.1	0.6	1.8	1.4	1.5	1.8	0.1
	CaO	0.8	0.6	0.2	0.05	0.1	0.25	0.3	0.3	
	MgO	78.8	62.4		0.05	0.1	0.4	0.4	0.3	0.1
	Cr_2O_3	9.9	16.9							
	TiO_2		0.2	0.02		3.0	3.0	2	1.5	
	$Na_2O + K_2O$						0.3	0.8	1.0	0.1(Na_2O)
	碱性物质				0.2	0.3				

我国烧成优质碱性砖的超高温（1800～2000℃）隧道窑烧成带内衬拱顶一般采用电熔半再结合 $MgO-Cr_2O_3$ 砖和高纯镁砖（$MgO \geq 98\%$，$SiO_2 < 1\%$）按斑马结构砌筑。由于前者在1800℃重烧线变化 PLC = +0.1% ~ +0.3%（膨胀），而后者1800℃重烧线变化 PLC = −0.1% ~ −0.3%（收缩），当采用这两种砖按斑马结构砌筑时，可取长补短，互相调剂余缺，提高拱顶砌筑体的体积稳定性。

不过，上述超高隧道窑烧成带拱顶砌筑的半再结合 $MgO-Cr_2O_3$ 砖，由于 Cr_2O_3 长期处于超温操作条件下，发生氧化-还原反应，导致砖体膨胀，而成为拱顶损坏的原因。为了解决上述问题，王诚训曾经建议，采用低铬半再结合 $MgO-Cr_2O_3$ 砖砌筑超高温隧道窑烧成带整个拱顶，从而延长了使用寿命，取得较好的经济效果。表 7-2 列出了两种半再结合 $MgO-Cr_2O_3$ 砖的主要理化指标。

表 7-2　烧成带用 $MgO-Cr_2O_3$ 砖的主要理化性能

项　目		再结合镁铬砖	低铬镁铬砖
成分/%	MgO	74.4	90.10
	Cr_2O_3	8.09	3.32
	Al_2O_3	5.05	2.30
	SiO_2	2.68	1.32
	CaO	1.60	0.95
	Fe_2O_3	6.95	2.40
常温耐压强度/MPa		50.4	47.5
显气孔率/%		16	17
荷重软化点 T_i/℃		>1700	>1700
体积密度/$g \cdot cm^{-3}$		3.05	2.94

由此可见，高质量氧化系耐火制品的烧成所采用的超高温窑炉烧成带主要采用刚玉质耐火制品、高纯 $MgO-Cr_2O_3$ 砖（再结合、半再结合和直接结合）以及高纯镁砖砌筑，而其他各段带，根据温度条件选用多种类型和等级的耐火材料进行综合筑衬。

8 电热储能装置用耐火材料

众所周知，用电高峰会导致电力负荷过高而产生供电不足或停电的问题。为了解决这一问题就需建设安装额外负荷备用发电设备，结果则增加了发电成本。反之，在低峰电力负荷期间，即会产生发电厂效率降低的问题。这样一来，对电力负荷进行平衡便显得尤为重要。平衡电力负荷有多种方法，其中，利用耐火材料的高热容特性而设计建造电热储能装置是用来拉平电力负荷的一种较经济的技术设施。图 8-1 是电热储能装置的简图，图 8-2 则是电热储能装置用耐火材料蓄能元件示意图，它

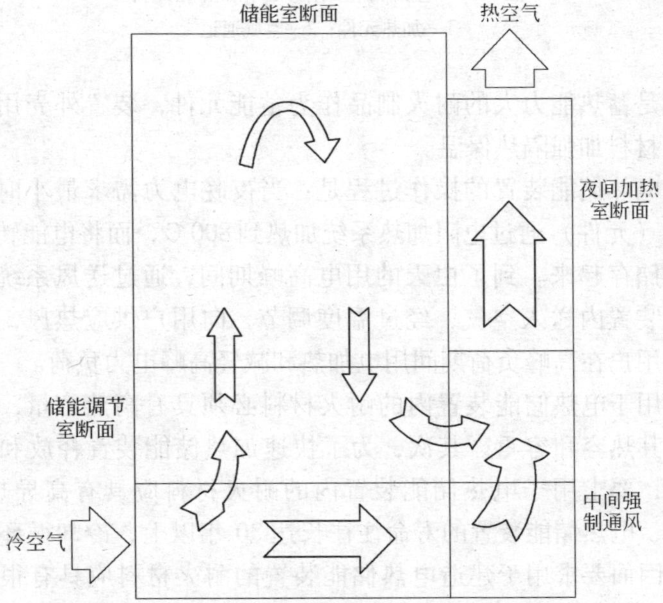

图 8-1　电热储能装置

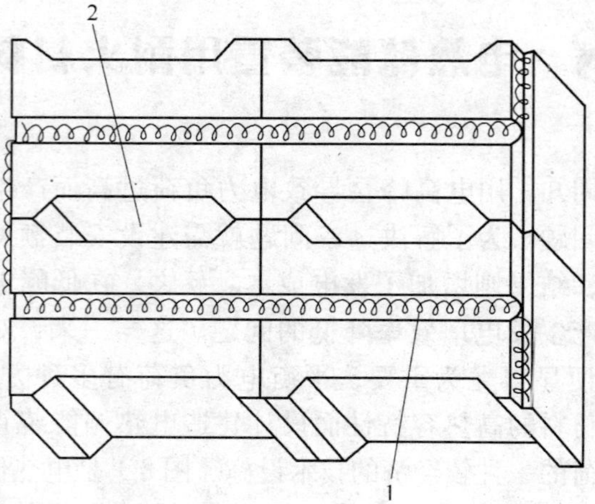

图 8-2　电热储能用耐火材料蓄能元件

1—加热元件；2—空气通道

实际是蓄热能力大的耐火制品作为蓄能元件，装置外壳用轻质耐火材料加强隔热保温。

电热储能装置的操作过程是：当夜晚电力需求最小时，蓄热砖（元件）通过电阻加热系统加热到800℃，而将电能转变成热能储存起来。到了白天的用电高峰期间，通过送风系统，向储能装置内送入空气，经过温度调节，向用户供应热风，从而避免用户在高峰负荷期间用电加热和减轻高峰电力负荷。

用于电热储能装置内的耐火材料必须具有高热容量，这取决于其热容和容重。其次，为了快速加热储能装置释放和储存能量，要求用于电热储能装置内的耐火材料应具有高导热性。此外，电热储能装置的寿命往往长达 30 年以上，冷却循环数千次，因而要求用于建造电热储能装置的耐火材料应具有很高的抗热震性能，即应具有热疲劳寿命长的性能。

在电热储能装置中使用的耐火材料，可以作为线弹性体来看，在线弹性断裂力学中，裂纹在疲劳载荷下的扩展率 da/dN

（每个载荷循环引起的裂纹亚临界扩展量）一般用下式表示：

$$\frac{\mathrm{d}a}{\mathrm{d}N} = A(\Delta k)^n \tag{8-1}$$

式中，A、n 是与材料有关的常数；Δk 是交变应力强度因子；a 为材料裂纹；N 为循环次数。

如果用应力强度因子 K_i 代替 Δk，因为应力强度因子与应用的应力 σ 和裂纹的初始长度 a 有关，因而有：

$$K_1 = Y\sigma a^{\frac{1}{2}} \tag{8-2}$$

式中，Y 为常数。

当应力强度因子达到极限值 K_{IC}时发生断裂，则：

$$K_{\mathrm{IC}} = Y\sigma a^{\frac{1}{2}} = (2E\gamma_{\mathrm{eff}})^{\frac{1}{2}} \tag{8-3}$$

式中，γ_{eff}为有效表面能；E 为弹性模量。

对于非均质耐火材料来说，使用基于断裂功 $\gamma_{\mathrm{\omega of}}$时，则式（8-3）可以表示为：

$$K_{\mathrm{IR}} = Y\sigma_{\mathrm{f}} a^{\frac{1}{2}} = (\alpha E\gamma_{\mathrm{\omega of}})^{\frac{1}{2}} \tag{8-4}$$

式中，σ_{f} 为抗折强度。

对于同一形状的不同材质耐火材料而言，由式（8-1）可以推出：

$$K_{\mathrm{IR_1}}^n N_1 = K_{\mathrm{IR_2}}^n N_2 = K_{\mathrm{IR_3}}^n N_3 = \cdots\cdots \tag{8-5}$$

由此即可得到：

$$\frac{N_1}{N_2} = \left(\frac{K_{\mathrm{IR_2}}}{K_{\mathrm{IR_1}}}\right)^n \tag{8-6}$$

对于初始断裂相同并且疲劳破坏程度亦相同的两种耐火材料来说，由式（8-4）和式（8-6）可得：

$$\frac{N_1}{N_2} = \left(\frac{\sigma_{f_2}}{\sigma_{f_1}}\right)^{\frac{n}{2}} \tag{8-7}$$

以及

$$\frac{N_1}{N_2} = \left(\frac{E_2\gamma_{\omega of2}}{E_1\gamma_{\omega of1}}\right)^{\frac{n}{2}} \tag{8-8}$$

式（8-7）说明，不同材质耐火材料的疲劳寿命比与其抗折强度倒数比的 $n/2$ 次方相等。而式（8-8）则说明，它们的疲劳寿命比与其 $E\gamma_{\omega of}$ 倒数比的 $n/2$ 次方相等。

另外，若耐火材料疲劳应力由温度差（ΔT）引起，那么 σ_f 可以表示为

$$\sigma_f = \frac{\alpha E \Delta T}{(1-\mu)C} \tag{8-9}$$

式中，α、E、μ 分别为耐火材料的膨胀系数、弹性模量和泊松比；C 为形状因子。耐火材料可取 $\mu \approx 1/6$，将式（8-9）代入式（8-7）中得：

$$\frac{N_1}{N_2} = \left(\frac{\alpha_2 E_2 \Delta T_2}{\alpha_1 E_1 \Delta T_1}\right)^{\frac{n}{2}} \tag{8-10}$$

对于同一材质耐火材料的不同温度冲击疲劳寿命为：

$$\frac{N_1}{N_2} = \left(\frac{\Delta T_2}{\Delta T_1}\right)^{\frac{n}{2}} \tag{8-11}$$

该式说明，同一材质耐火材料在疲劳温差小时，其使用寿命长。

8.1　$(Mg, Fe)_2SiO_4/MgO\text{-}FeO_n$ 质耐火材料

$(Mg, Fe)_2SiO_4/MgO\text{-}FeO_n$ 质耐火材料是以天然橄榄石为骨料颗粒，配以镁砂和 FeO_n（铁矿精矿粉等）混合细粉生产的不烧成或烧成镁橄榄石砖。橄榄石是镁橄榄石（$2MgO \cdot SiO_2$，简写为 M_2S，$T_e = 1890℃$）和铁橄榄石（$2FeO \cdot SiO_2$，简写为 F'_2S，$T_e = 1205℃$）的类质同相的中间矿物，即 $(Mg, Fe)_2SiO_4$。正

如图 8-3 所示，$2MgO \cdot SiO_2$ 与 $2FeO \cdot SiO_2$ 可生成连续固溶体 $(Mg, Fe)_2SiO_4$。该图表明，提高 $2MgO \cdot SiO_2$ 含量有利于提高该耐火材料的耐热性能。

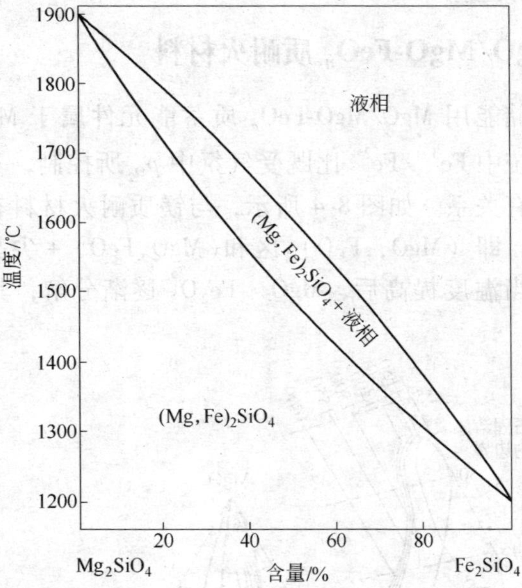

图 8-3 $2MgO \cdot SiO_2$-$2FeO \cdot SiO_2$ 系相图

天然橄榄石中含 45% ~49% MgO、6% ~9% FeO、40% ~ 43% SiO_2，其他成分为 1% ~3%，Ig 小于 1%。由于天然橄榄石的主要矿物组成为无水矿物，在煅烧过程中没有明显的体积变化，所以它们不经煅烧可直接用于制砖。

为了提高镁橄榄石质耐火材料的热容量和热传导率，可向材料中配入适当数量的 FeO_n，而为了提高它们的耐热性能，则采用 $MgO-FeO_n$(MV)结合的橄榄石砖的配方设计。典型的镁铁材料（MV）结合的橄榄石砖（46% ~55% MgO、41% ~44% SiO_2、7% ~9% Fe_2O_3、0.5% ~1.5% Al_2O_3）的性能为：B. D 为 2.56 ~ 2.70g/m^3，AP 为 3.2% ~ 3.3%；容积比热 1000℃ 时为

2.30 ~ 2.58MJ/(m^3 · K)，550℃时为 2.55 ~ 2.90MJ/(m^3 · K)，导热系数 100℃时为 1.80 ~ 2.18W/(m · K)，550℃时为 1.25 ~ 1.70W/(m · K)。说明这类镁橄榄石砖能够同电热储能装置的操作条件相适应。

8.2 MgO/MgO-FeO$_n$ 质耐火材料

电热储能用 MgO/MgO-FeO$_n$ 质蓄能元件属于 MgO-FeO$_n$ 系统，该系统中 Fe^{3+}/Fe^{2+} 比既受气氛中 p_{O_2} 所控制，又与所处环境的温度有关系。如图 8-4 所示，与镁质耐火材料有关的共有两个相区，即（MgO，FeO）$_{ss}$ 区和（MgO，FeO）+ 尖晶石固溶体共存区。当温度提高后，MgO · Fe_2O_3 逐渐分解，其数量逐渐

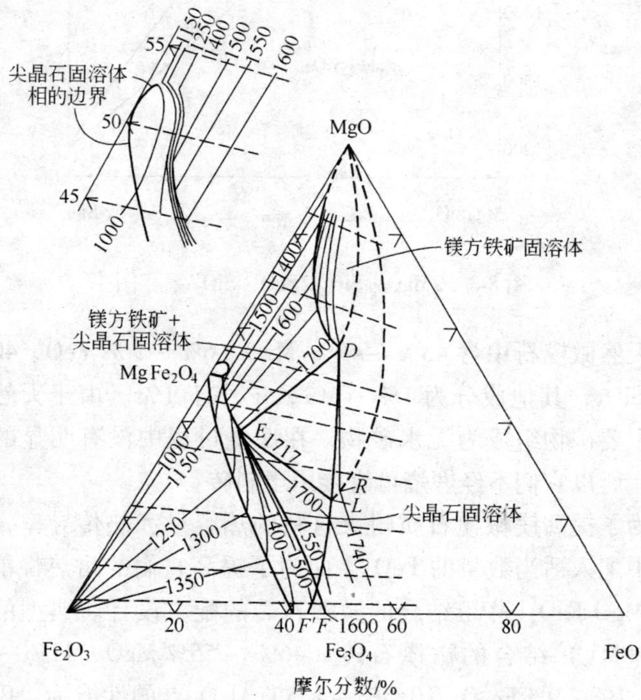

图 8-4 Fe_2O_3-FeO-MgO 系统（在空气中）

减少，(MgO，FeO)$_{ss}$则逐渐增加。图中虚线示出了 $MgO \cdot Fe_2O_3$ 的分解路线。

图 8-4 的 E 和 $MgO \cdot Fe_2O_3$ 组成点之间的尖晶石边界线有一隆起（图 8-4 上方的附图），它标志接近于 $MgO \cdot Fe_2O_3$ 的原始组成点能在镁方铁矿析出为一相以前形成 O/Fe 比例小于 1.33 的尖晶石。由图 8-4 中等温线的外形看出，在 1400℃ 以下的空气中，与 Fe_2O_3 平衡的尖晶石有一接近 $FeO \cdot Fe_2O_3$ 的 O/Fe 比例（1.33），而与镁方铁矿平衡的尖晶石则有一接近 Fe_2O_3 的 O/Fe 比例（1.5）。在这种转化中，当 Fe_2O_3 与 MgO 借固态阳离子扩散进行反应生成尖晶石时，便能观察到 KirKendall 效应，即当 Fe_2O_3 与 MgO 之间的阳离子扩散形成一层尖晶石时，在 Fe_2O_3-尖晶石界面将发生氧的损失，进入气相；而尖晶石-MgO 界面却将从气相中取得氧。这一过程可以表示为：

（1）在 Fe_2O_3-尖晶石界面发生：

$$3Fe_2O_3 + 2Mg^{2+} = 2MgFe_2O_4 + 2Fe^{2+} + \frac{1}{2}O_2 \quad (8\text{-}12)$$

（2）在尖晶石-MgO 界面发生：

$$2Fe^{2+} + 3MgO + \frac{1}{2}O_2 = MgFe_2O_4 + 2Mg^{2+} \quad (8\text{-}13)$$

这表明，在前一界面比后一界面形成了约两倍之多的尖晶石。结果则导致含 Fe_2O_3 粒子的 MgO 在压块时产生组织膨胀，如图 8-5 所示。而 FeO_n 的上述氧化—还原反应所伴随的体积变化会对 $MgO\text{-}FeO_n$ 质耐火材料的应用有危害，不过，由于 $MgO\text{-}FeO_n$ 质耐火材料中 FeO_n 的上述转化反应在高温条件下才能明显进行，即在温度高于 500℃ 才可观察到，而实际上在 200 ~ 800℃ 下使用的 $MgO\text{-}FeO_n$ 质耐火材料都是稳定的。这就说明 $MgO\text{-}FeO_n$ 质耐火材料作为电热储能用蓄热元件是可行的。早期 $MgO\text{-}FeO_n$ 质耐火材料蓄热元件是以工业窑炉上拆除回来的废镁砖破碎至 0.2 ~ 2.8mm 为原料，为提高砖的体积密度，细粉用含 94% Fe_2O_3 的铁矿精矿粉，粒度为 0.01 ~ 0.2mm，用硫酸铁

(0.5% ~10%) 或用钢件清洗废液结合。泥料经压制成形后于250℃烘干即获得不烧 $MgO\text{-}FeO_n$ 制品，典型不烧镁铁砖的性能为：密度 $3.1g/m^3$，比热容 1128J/(kg·K)，导热系数 4 ~ 26.4W/(m·K)。

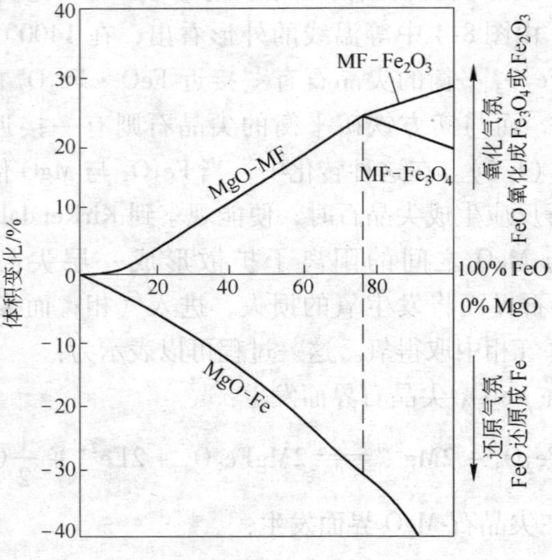

图 8-5　(Mg, Fe)O 在氧化和还原时的体积变化

用于电热储能装置中的 $MgO\text{-}FeO_n$ 质蓄能元件也可采用烧成工艺生产。它们亦以废镁砖或者普通烧结镁砂为原料，同时配入一定数量的铁矿精矿粉或者是轧铁皮，主要是 FeO 细粉或者“铁红”作为 FeO_n 原料进行生产。烧成镁铁砖的烧成温度大于1200℃，烧成镁铁砖（60% ~65% MgO、30% ~32% Fe_2O_3）的性能为：B.D≥$3.1g/m^3$，比热容约为 1140J/(kg·K)，导热系数约 6.0W/(m·K)。

由此可见，镁铁砖蓄能力大，热传导率高，在 200 ~800℃下使用时其稳定性非常好，是电热储能装置中耐火蓄能元件的理想材质。

参考文献

[1] 王晓阳. 国外耐火材料，1999，(10)：50～54.

[2] 周矿民，孙加林，等. 2003 年全国不定形耐火材料学术会议论文集：265～269.

[3] 霍素真. 国外耐火材料，1997，(8)：10～16.

[4] 吴琼，等. 国外耐火材料，1998，(4)：3～7.

[5] 陈肇友. 陈肇友耐火材料论文选. 北京：冶金工业出版社，1998：533～541.

[6] 侯谨，张义先，等. 新型耐火材料. 北京：冶金工业出版社，2007：89～91，124～126.

[7] 于萍霞. 国外耐火材料，1977，(4)：34～36.

[8] 尹润生，朱德先，等. 耐火材料，2009，(1)：73～74.

[9] 蔺婉若，孙露霞，等. 99 全国不定形耐火材料学术会议论文集：276～282.

[10] 刘李莉. 第五届青年耐火材料学术报告论文集，1995：49～54.

[11] 桂明玺. 铬系耐火材料的有用性和存在的问题 [J]. 国外耐火材料，2005，30 (4)：57～58.

[12] 孙国强，张长喜. 99 全国不定形耐火材料学术会议论文集：338～341.

[13] 桂明玺. 国外耐火材料，2002，(1)：33～37.

[14] 桂明玺. 国外耐火材料，2002，(2)：14～19.

[15] Peter. J. Hoagland，Light Metal Age，1990，(10)：19.

[16] Claude Allaire. J. Am. Cer. Soc，1992，75(8)：2308.

[17] 关世文. 国外耐火材料，2003，(2)：7～11.

[18] 向井楠宏，陶再南. 耐火物，1998：50(12)：661～669.

[19] 久保卓也，吉田毅，等. 耐火物，2000，52(1)：32～33.

[20] 坂本敏，小野泰史. 耐火物，1999，51(4)：237～246.

[21] 坂本敏，宫岸佳正. 耐火物，2001，53(3)：127.

[22] 森胁宏治，延原敬一，等. 耐火物，1999，51(11).

[23] 宫路贵浩，坂本敏，等. 耐火物，2000，52(10)：532～536.

[24] 吉田毅，小原学，等. 耐火物，2000，52(10)：537～541.

[25] 大河诚，苏方允，等. 耐火物，1999，51(5)：297～302.

[26] 元木英二，吉水由蚬. 耐火物，2001，53(4)：239～245.

[27] 土屋芳树，羽根田文彦，等. 耐火物，2001，53(4)：252～258.

[28] 坂本敏. 耐火物，2001，53(4)：246～251.

[29] 前田荥造. 耐火物，2000，52(7)：388～389.

[30] 李贵勤. 耐火信息：第 3 版，1998-10-15.

[31] 耐火信息：第 4 版，1999-09-15.

[32] 桂明玺. 耐火信息：第3版，1998-09-15.
[33] 赵敬忠. 耐火材料，2001，35(1)：50 ~ 52.
[34] 蔡雁兵，王志宏. 耐火材料，2002，36(5)：295 ~ 298.
[35] 肖国庆，刘民生，等. 耐火材料，2003，37(1)：28 ~ 29，33.
[36] 陈肇友. 耐火材料，1998，32(1)：45 ~ 48.
[37] 陈肇友. 耐火材料，2002，36(2)：107 ~ 110.
[38] 陈品飞. 耐火材料，1997，31(2)：69 ~ 72.
[39] 杨乐琴，杨志兵，等. 99 全国不定形耐火材料学术会议论文集：156 ~ 167.
[40] 魏同，桂明玺. 第六届耐火材料技术研讨会论文集，2000：28 ~ 36.
[41] 李志刚. 不定形耐火材料的技术与发展 ~ UNITECR’99 不定形耐火材料译文集：156 ~ 159.
[42] 王诚训，张义先，等. ZrO_2 复合耐火材料：第2版. 北京：冶金工业出版社，2003：20 ~ 23.
[43] 宫路贵浩，板本敏，等. 耐火物，2000，52(10)：532 ~ 536.
[44] 高垣宏，清水勇. 耐火物，2000，52(9)：475 ~ 478.
[45] 陶再南，向井楠宏，等. 耐火物，1998，50(6)：316 ~ 325.
[46] 刘素健. 国外耐火材料，1997，(11)：40 ~ 41.
[47] 王守权. 国外耐火材料，1997，(6)：65.
[48] 王诚训，孙炜明，等. 钢包用耐火材料. 北京：冶金工业出版社，2003：2 ~ 14.
[49] 王诚训. Mg-C 质耐火材料. 北京：冶金工业出版社，1995：33 ~ 34.
[50] 王守权. 国外耐火材料，1999，(12)：6 ~ 13.
[51] 国外耐火材料，1996，(2)：2 ~ 5.
[52] 沼田哲始，等. 材料プロセス，1989，(2)：171.
[53] 中尾淳，等. 耐火物，1992，44：114.
[54] 植村健一郎. 耐火物，1995，47(10)：480 ~ 487.
[55] 吴秋玲. 国外耐火材料，1997，(6)：9 ~ 14.
[56] 吴秋玲. 国外耐火材料，1993，(5)：35 ~ 38.
[57] 刘景林. 国外耐火材料，1993，(10)：53 ~ 55.
[58] 刘庆生. 国外耐火材料，2005，(5)：56 ~ 57.
[59] 廖建国. 国外耐火材料，2003，(6)：1 ~ 5.
[60] 刘素健. 耐火信息，2001-11-30.
[61] 刘素健. 耐火信息，2002-11-30.
[62] 牧野浩，森雅人，等. 耐火物，2003，55 (7)：340 ~ 356.
[63] 牧野浩，中本公人，等. 耐火物，2001，53 (11)：656 ~ 657.
[64] 耐火信息：第2版，2002-12-15.

[65] 张育秀. 国外耐火材料，2004，(2)：56 ~ 57.
[66] 张育秀. 国外耐火材料，2004，(2)：58 ~ 59.
[67] 中国金属学会耐火材料分会秘书处. 不定形耐火材料的技术与发展 ~ UNITECR99 不定形耐火材料论文集. 2000：132 ~ 138，156 ~ 159，160 ~ 164.
[68] 梁训裕. 国外耐火材料，1994，(5)：2 ~ 10.
[69] 王凤森. 国外耐火材料，2001，(3)：49 ~ 51.
[70] 吕峻. 国外耐火材料，1992，(7)：41 ~ 45.
[71] 佟桂莲. 国外耐火材料，1979，(12)：40 ~ 44.
[72] 崔学岐. 国外耐火材料，1994，(5)：15 ~ 20.
[73] 陈肇友. 耐火材料，2009，(2)：81 ~ 95.
[74] 王诚训，孙炜明，等. 钢包用耐火材料. 北京：冶金工业出版社，2003：3 ~ 4.
[75] 侯谨，张义先，等. 新型耐火材料. 北京：冶金工业出版社，2007：90 ~ 92.
[76] 刘景林. 耐火与石灰，2009，(6)：56 ~ 58.
[77] 李再耕. 第六届耐火材料技术研讨会论文集，2000：146 ~ 154.
[78] 朱存良，李再耕. 第五届青年耐火材料学术报告论文集，1995：1 ~ 18.
[79] 刘李莉. 第五届青年耐火材料学术报告论文集，1995：49 ~ 54.
[80] 王建平. 国外耐火材料，1999，(9)：3 ~ 16.
[81] 邵阳，等. 1997 年全国耐火材料综合学术年会论文集：上卷：166 ~ 170.
[82] 钟香崇. 展望新一代优质高效耐火材料. 耐火材料，2003，37(1)：9.